**LED/モータからA-D/D-A変換まで
2線インターフェースI²Cで数珠つなぎ！**

トライアル
シリーズ

マイコンにプラス！
シリアル拡張IC
サンプルブック [基板付き]

全19種！ mbed対応！

岡野 彰文, 渡辺 明禎 著

CQ出版社

目次

マイコンにプラス！シリアル拡張 IC サンプル・ブック [基板付き]

第 1 章　2 線シリアル・インターフェース I²C 詳解　岡野 彰文　　4

- 基礎知識 …………………………………… 4
- 仕様①通信時の信号レベルや送受信の手順 …… 8
- 通信プロトコル …………………………… 11
- 仕様②電気的特性 ………………………… 19
- 行き詰まったときの攻略法 ……………… 22
- アドレスの衝突を回避したり一斉配信したい　　　　　　　　　　　　　　……………………………………………… 25
- バスが動かないときはノイズも疑う …… 26
- サンプルを使ってみる …………………… 29

- Column 1　I²C だけじゃない！ IC 間インターフェースのいろいろ ………………… 6
- Column 2　誕生から現在までの仕様の移り変わり ……………………………… 9
- Column 3　フィリップス魂！最小限のハードウェアで最大限の機能 …… 12
- Column 4　相性良し!? I²C デバイス×お膳立てマイコン mbed ……… 28
- Column 5　サンプル・コードは 2 種類 …… 40

第 2 章　GPIO（8 ポート）PCAL9554BPW　渡辺 明禎（第 2 章～第 20 章）　41

- 特　徴 ……………………………………… 41
- ブロック・ダイアグラム ………………… 42
- 電気的特性 ………………………………… 42
- 機能説明 …………………………………… 43
- 回　路 ……………………………………… 44
- 基本的な使い方の例 ……………………… 44

第 3 章　GPIO（16 ポート）PCAL9555APW　　47

- 特　徴 ……………………………………… 47
- ブロック・ダイアグラム ………………… 47
- 電気的特性 ………………………………… 47
- 機能説明 …………………………………… 49
- 回　路 ……………………………………… 50
- 基本的な使い方の例 ……………………… 51

第 4 章　I²C バス・バッファ（高電流ドライブ）PCA9600DP　　53

- 特　徴 ……………………………………… 53
- ブロック・ダイアグラム ………………… 53
- 電気的特性 ………………………………… 53
- 回　路 ……………………………………… 53

第 5 章　バス・バッファ（標準ドライブ）PCA9517ADP　　56

- 特　徴 ……………………………………… 56
- ブロック・ダイアグラム ………………… 56
- 電気的特性 ………………………………… 57
- 回　路 ……………………………………… 57

第 6 章　LED コントローラ（4ch，電圧スイッチ型）PCA9632DP1　　59

- 特　徴 ……………………………………… 59
- ブロック・ダイアグラム ………………… 59
- 電気的特性 ………………………………… 61
- 機能説明 …………………………………… 61
- 回　路 ……………………………………… 63
- 基本的な使い方の例 ……………………… 64

第 7 章　LED コントローラ（8ch，電圧スイッチ型）PCA9624PW　　65

- 特　徴 ……………………………………… 65
- ブロック・ダイアグラム ………………… 65
- 電気的特性 ………………………………… 66
- 機能説明 …………………………………… 67
- 回　路 ……………………………………… 68
- 基本的な使い方の例 ……………………… 68

第 8 章　LED コントローラ（16ch，電圧スイッチ型）PCA9622DR　　71

- 特　徴 ……………………………………… 71
- ブロック・ダイアグラム ………………… 71
- 電気的特性 ………………………………… 72
- 機能説明 …………………………………… 73
- 回　路 ……………………………………… 74
- 基本的な使い方の例 ……………………… 74

第 9 章　LED コントローラ（24ch，電圧スイッチ型）PCA9626B　　77

- 特　徴 ……………………………………… 77
- ブロック・ダイアグラム ………………… 77
- 電気的特性 ………………………………… 78
- 機能説明 …………………………………… 79
- 回　路 ……………………………………… 81
- 基本的な使い方の例 ……………………… 82

第 10 章　LED コントローラ（16ch，定電流型）PCA9955ATW　　84

- 特　徴 ……………………………………… 84
- ブロック・ダイアグラム ………………… 85
- 電気的特性 ………………………………… 85
- 機能説明 …………………………………… 87

回 路	92	基本的な使い方の例	92

第11章　LEDコントローラ（24ch，定電流型）PCA9956ATW　97

特　徴	97	機能説明	100
ブロック・ダイアグラム	98	回　路	102
電気的特性	98	基本的な使い方の例	104

第12章　ブリッジ（I²C to UART変換）SC16IS750IPW　105

特　徴	105	レジスタの説明	108
ブロック・ダイアグラム	106	回　路	112
機能説明	107	基本的な使い方の例	112

第13章　温度センサ　LM75BD　115

特　徴	115	機能説明	116
ブロック・ダイアグラム	116	回　路	118
電気的特性	116	基本的な使い方の例	118

第14章　温度センサ　PCT2075D　120

特　徴	120	機能説明	122
ブロック・ダイアグラム	121	回　路	123
電気的特性	121	基本的な使い方の例	123

第15章　モータ・コントローラ　PCA9629APW　125

特　徴	125	機能説明	127
ブロック・ダイアグラム	126	回　路	133
電気的特性	127	基本的な使い方の例	134

第16章　マルチプレクサ　PCA9541AD/01　136

特　徴	137	応用回路例	139
電気的特性	137	基本的な使い方	139
機能説明	137	Column 6　2相ステッピング・モータの	
回　路	139	駆動方法	142

第17章　スイッチ　PCA9546AD　143

特　徴	143	機能説明	144
ブロック・ダイアグラム	144	回　路	145
電気的特性	144	基本的な使い方の例	146

第18章　A-Dコンバータ/D-Aコンバータ　PCF8591T　147

特　徴	147	機能説明	149
ブロック・ダイアグラム	148	回　路	151
電気的特性	148	基本的な使い方の例	151

第19章　RTC　PCF85263ATT1　153

特　徴	153	機能説明	153
ブロック・ダイアグラム	153	回　路	157
電気的特性	153	基本的な使い方の例	157

第20章　RTC（発振子一体型）PCF2129AT/2　160

特　徴	160	機能説明	161
ブロック・ダイアグラム	160	回　路	163
電気的特性	160	基本的な使い方の例	164

著者略歴　167

※本書の第1章は，トランジスタ技術2014年10月号に掲載された『2線シリアル・インターフェースI²C詳解』を再編集したものです．

第1章 付け足し簡単！ ICとICをつなぐならコレで決まり

2線シリアル・インターフェース I²C詳解

規格化されてから30年以上が経ち，IC間のシリアル通信バスとして広く採用されているI²Cの生い立ちと通信のしくみを解説する．

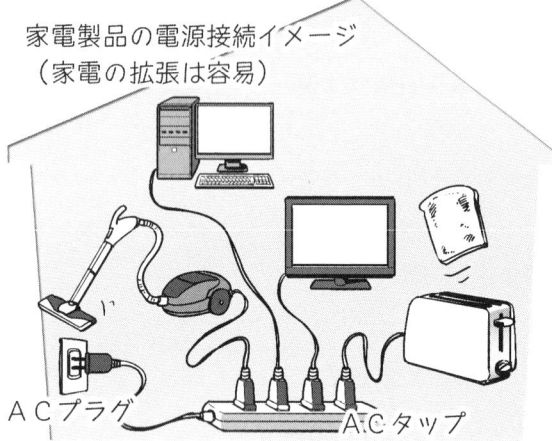

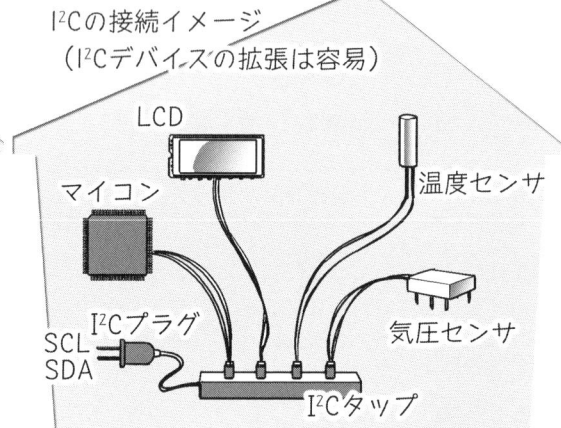

家電製品の電源接続イメージ
（家電の拡張は容易）

I²Cの接続イメージ
（I²Cデバイスの拡張は容易）

基礎知識

● クロック周波数や接続可能数

I²Cバスは，とてもポピュラな，IC間のシリアル通信バスのひとつです．マイコンどうしの通信や，IOポート・エキスパンダ，温度や加速度などの各種センサ，各種専用ICやモジュール，機器の制御信号などのデータのやりとりに使われています．

データのやりとりのための信号線は，2本だけです（**図1-1**）．また，ひとつのバスに多くのデバイスを接続できるため，さまざまなベンダの製品で使われています．

I²Cで，よく使われる通信クロック周波数は，100k～400kHzと比較的低速ですが，IC内部の通信回路が拡張仕様に準拠していれば，1MHz，3.4MHz，5MHzの転送速度にも対応できます（**図1-2**）．

I²Cに対応したICどうしなら，とてもスムーズに通信できます．たとえI²Cに対応していないマイコンでも，空いている2ピンを使って，I²Cに対応したファームウェアを用意することで，データのやり取りが可能になります．

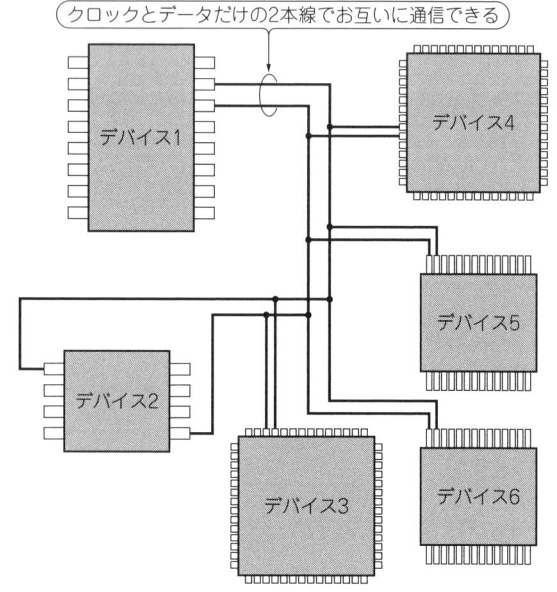

図1-1 I²Cなら2本線でたくさんのデバイスを追加接続していける

通信するIC間は，クロックとデータの2本の信号を接続するだけでよく，7ビット・アドレスを使用す

※第1章は，トランジスタ技術2014年10月号p.152～176「2線シリアル・インターフェースI²C詳解」の記事に加筆して再収録しています．

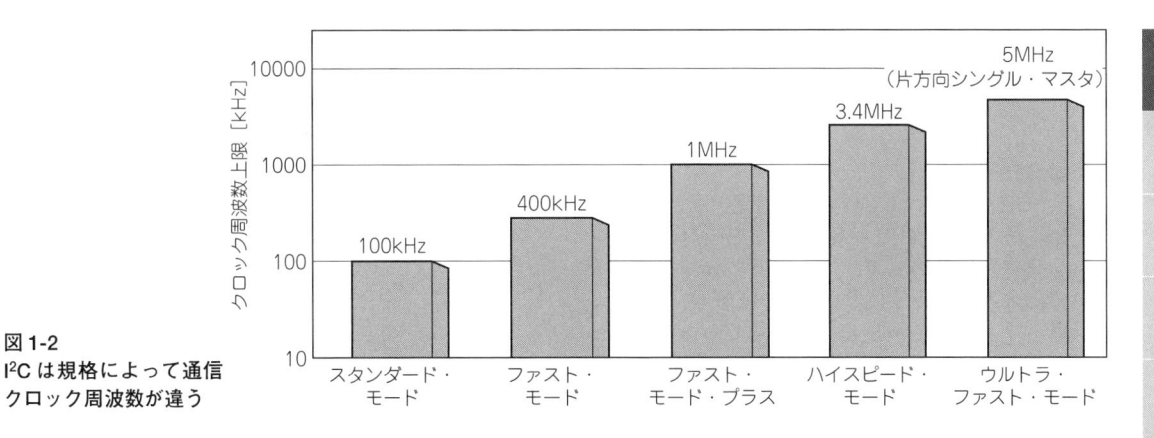

図1-2
I²Cは規格によって通信クロック周波数が違う

る場合，最大112個のICに対してデータの読み書きが可能です．

I²Cは，基本仕様として，7ビットのアドレスで個々のデバイスを認識するため，最大128個までのアドレスを使うことができますが，そのうちの16個は予約されており，実際に使用できるアドレスは，112個です．

I²Cが規格化されてから，30年以上が経ちました．現在では，マイコンをはじめとした，多くの周辺ICに採用されており，さまざまな機能をもつハードウェアを構築するために，欠かせない技術のひとつとなっています．

● 信号線はSDAとSDLの2本

I²Cは，データのやり取りに2本の信号線を用います．よく，「GNDも入れると3本ではないの？」という意見も聞きますが，ここでは，基準電位に対して2本の信号のやりとりで通信を行う方式，と言う意味で，2線式と言っています．1本は，SDA(Serial Data)で，データ信号が乗せられ，もう1本は，SCL(Serial CLock)で，クロック信号が乗せられています．この2本の信号線の使い方を工夫することによって，データの始まりと終わりを正しく認識でき，双方向の通信も可能にしています．

● I²Cは，どう読む？

I²Cバスは，Inter-ICバスを略したものを，その名称としています．「I」を2回重ねて書くため，それを洒落てIの自乗として，I²Cとしました．

上付き文字が表示できない環境では，IICと略されることもありましたが，現在では，一般的には，I2Cと表記されることが多いようです．このことから，アイ・ツー・シーと呼ばれることも多くありますが，元の意味を反映して，アイ・スクエアド・シーと読むのが正式な読み方です．日本では，アイ・自乗・シーと呼ばれることもあります．図1-3にI²Cのロゴ・マー

図1-3 I²Cのロゴ・マーク

クを示します．

I²Cは，TWI（Two Wire Interface）と呼ばれたこともありました．これは，同等のインターフェースを実装する際の，フィリップスに対するライセンス回避のために，このような名前としたと言われています．

本稿では，以降，I²CバスをI²Cと略すことにします．

● 特許料は不要

① I²Cを使う場合（速度に関わらず），ライセンスは必要ない
② I²Cの知的財産権は，パブリック・ドメインである
③ I²Cはオープンな規格ですが，実装や回路については，個々に特許などの権利がある場合がある

● 多くの半導体メーカが対応ICを作っていて種類も豊富

最近のマイコンには，I²Cが実装されています．思い付くものを挙げると，NXPセミコンダクターズのマイコン，フリースケール・セミコンダクタのkinetisやColdFireのシリーズ，STマイクロエレクトロニクスのSTM32やSTM8，Broadcom CorporationのBCM2835(Raspberry Pi)，AtmelのATmega48/88/168/328，マイクロチップ・テクノロジーのPIC（SSP搭載品），ルネサス エレクトロニクスのH8やSHシリーズなどです．

ハードウェアがI²C非対応でも，ピンをソフトウェ

基礎知識 **5**

Column 1 I²Cだけじゃない！IC間インターフェースのいろいろ

● SPI

I²Cとともに、よく使われる通信方式としては、SPIバス(以下SPI)があります．SPIは、単純なシリアル通信方式で、片方向であれば3本，双方向の通信を行うには、4本の信号を必要とし、単一マスタで使う場合は、I²Cよりも速いスピードでのデータ通信を簡単に実現できます(**図A**)．I²Cのウルトラ・ファスト・モードでの通信速度は5MHzですが、SPIなら数十MHz程度の速度が得られます．

● I²Sバス

I²Cと同様に、フィリップス社によって開発されました(**図B**)．これは、Inter-IC Soundを略した名前のバスで、PCM音声などの片方向の時系列データを流すための規格です．CDデコーダICとD-Aコンバータの間のデータの受け渡しに用いられたのが、その最初の利用例です．データの入力/出力の方向を決めて、一定のワード長のデータを流し続けることができます．通信先をアドレスによって指定するような使い方には対応してません．

図Cに、I²C，I²S，SPI，それぞれの特徴を示します．

● I²Cの派生規格

I²Cは、各種のシリアル・バス規格の元となっており、さまざまな派生規格が存在します(**図D**)．システム管理バス(SMBus)，パワー・マネジメント・バス(PMBus)，インテリジェント・プラットフォーム・マネジメント・インターフェース(IPMI)，ディスプレイ・データ・チャネル(DDC)，アドバンスト・テレコム・コンピューティング・アーキテクチャ(ATCA)などが

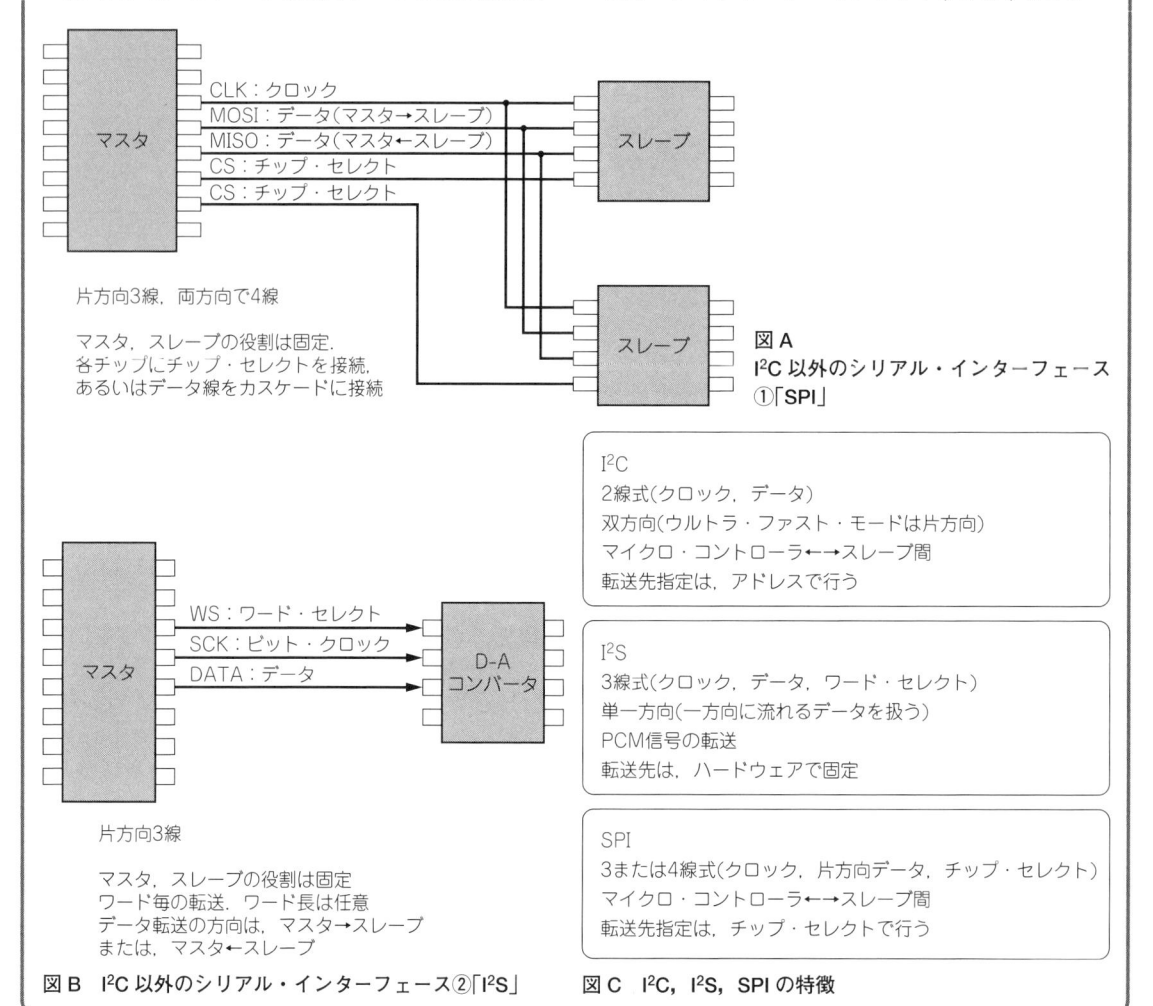

CLK：クロック
MOSI：データ(マスタ→スレーブ)
MISO：データ(マスタ←スレーブ)
CS：チップ・セレクト
CS：チップ・セレクト

片方向3線，両方向で4線

マスタ，スレーブの役割は固定．
各チップにチップ・セレクトを接続．
あるいはデータ線をカスケードに接続

図A I²C以外のシリアル・インターフェース①「SPI」

WS：ワード・セレクト
SCK：ビット・クロック
DATA：データ

片方向3線

マスタ，スレーブの役割は固定
ワード毎の転送．ワード長は任意
データ転送の方向は，マスタ→スレーブ
または，マスタ←スレーブ

図B I²C以外のシリアル・インターフェース②「I²S」

I²C
2線式(クロック，データ)
双方向(ウルトラ・ファスト・モードは片方向)
マイクロ・コントローラ←→スレーブ間
転送先指定は，アドレスで行う

I²S
3線式(クロック，データ，ワード・セレクト)
単一方向(一方向に流れるデータを扱う)
PCM信号の転送
転送先は，ハードウェアで固定

SPI
3または4線式(クロック，片方向データ，チップ・セレクト)
マイクロ・コントローラ←→スレーブ間
転送先指定は，チップ・セレクトで行う

図C I²C，I²S，SPIの特徴

その例で，I²Cの仕様に，それぞれ独自のルールを追加したものになっています．

たとえば，I²Cには低速側の周波数に制限はありませんが，SMBusでは，10kHz以下だとタイムアウトするような独自の拡張がされています．

それぞれの規格と，I²Cとの違いは，I²Cの仕様を定義しているUM10204の第4節「I²Cバス通信プロトコル−その他の用法」を参照してください．

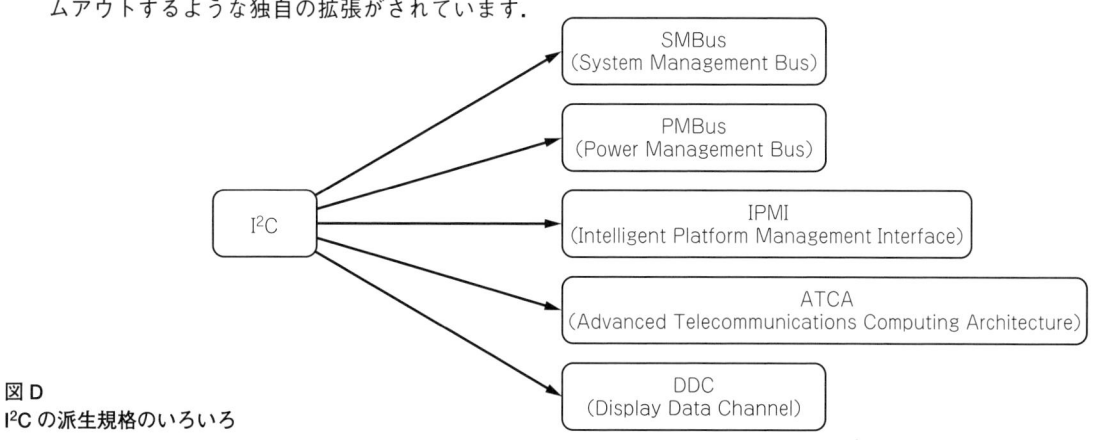

```
         ┌─→ SMBus (System Management Bus)
         ├─→ PMBus (Power Management Bus)
  I²C ───┼─→ IPMI (Intelligent Platform Management Interface)
         ├─→ ATCA (Advanced Telecommunications Computing Architecture)
         └─→ DDC (Display Data Channel)
```

図D
I²Cの派生規格のいろいろ

アで制御することで，I²Cを実装することが可能です．

マイコンに接続される側としてはEEPROM等の各種メモリ，LCDコントローラ，LEDコントローラ，各種センサ（温度，湿度，気圧，輝度，色，加速度，近接，タッチ・センサ），リアル・タイム・クロック，LEDコントローラ，モータ・コントローラ，A-DコンバータとD-Aコンバータ（データ入出力や，各種設定用インターフェースとして），各種ASICデバイス（テレビ，ビデオ，ラジオ，オーディオ等の信号制御，エンコード／デコード用），認証チップ（NFCなど）で使われています．

使われているアプリケーションは，これらのデバイスを使ったものすべてです．たとえば，テレビ，ビデオ等の映像機器，ラジオやオーディオの各種機器，PCのシステム管理バス，電話の交換器やコンピュータのサーバのシステム管理にも使われています．また，パチンコ機器などのLEDやモータの制御，ビル内の照明や空調装置などのインターフェースとして，よく使われています．

● 1980年代初頭生まれのフィリップス製

I²Cは，1980年代初頭に，オランダにあるフィリップス社によって開発され，仕様が公開されました．

その当時のアプリケーションは，おもに家電用ICの制御を行うものでした．多くのテレビがリモコンに対応しはじめ，各機能をディジタル信号で制御する必要が出てきたのです．また当時の家電，とくにテレビやラジオには，出荷するまでに調整しなくてはならない箇所が多く，それらは人手によって作業していました．

ラジオは，選局・音量などの他に，表示パネルも電

NOTE
現在公開されているI²Cバスの仕様は，「I²C-busspecification and user manual」として，次のURLで公開されています（http://www.nxp.com/documents/user_manual/UM10204.pdf）．また，この日本語版「I²Cバス仕様およびユーザ・マニュアル」も，http://www.nxp.com/documents/user_manual/UM10204_JA.pdfで公開されています．

これ以降，I²Cの仕様書「I²C-bus specification and user manual」を，I²C仕様書と呼びます．

子化されつつあり，その配線量が増加する傾向にありました．アナログのテレビは，画像やRFの各種調整に，コイルや可変コンデンサ，半固定抵抗をトリマ棒で回していました．加えて，ユーザ・インターフェース部で行われる選局や音量調整は，配線をフロント・パネルまで引き回して，スイッチや可変抵抗で行っていました．

このような状況だったので，調整の自動化や省配線化が必然的に要求され，それを実現するためにマイコンが搭載され，さらにマイコンによる制御が可能な，ASICが開発されました．このマイコンとASICを結ぶインターフェースとして開発されたのがI²Cです．

たとえば，テレビの製造工程では，センサによって，画像のひずみなどを簡単に調整できるようになりました．ユーザ・インターフェース部分を電子チューナや電子ボリュームに置き換えることで，フロント・パネルのボタンの状態を，マイコンが読み取り，その状態によって，各ASICを操作することで，機器内の配線を大幅に減らすことが可能になりました．

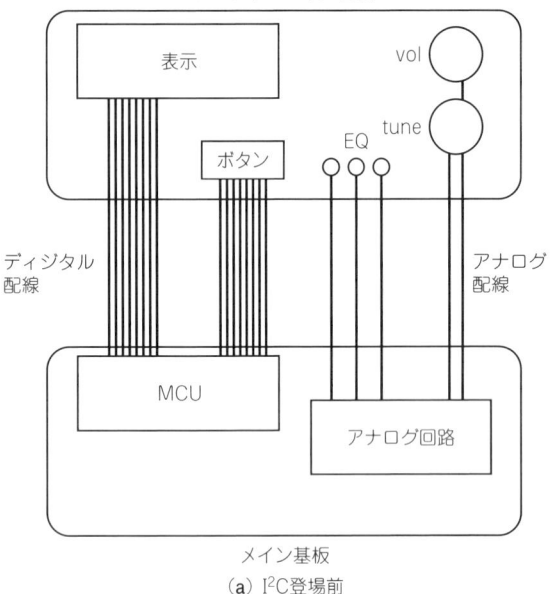

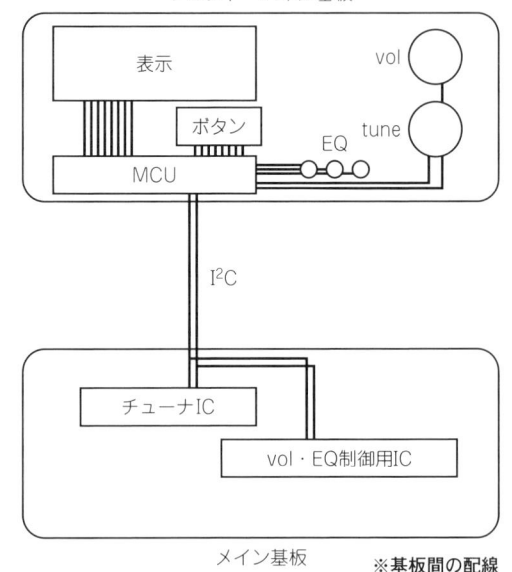

図1-4 システム構成の変化，I²C登場の前後で

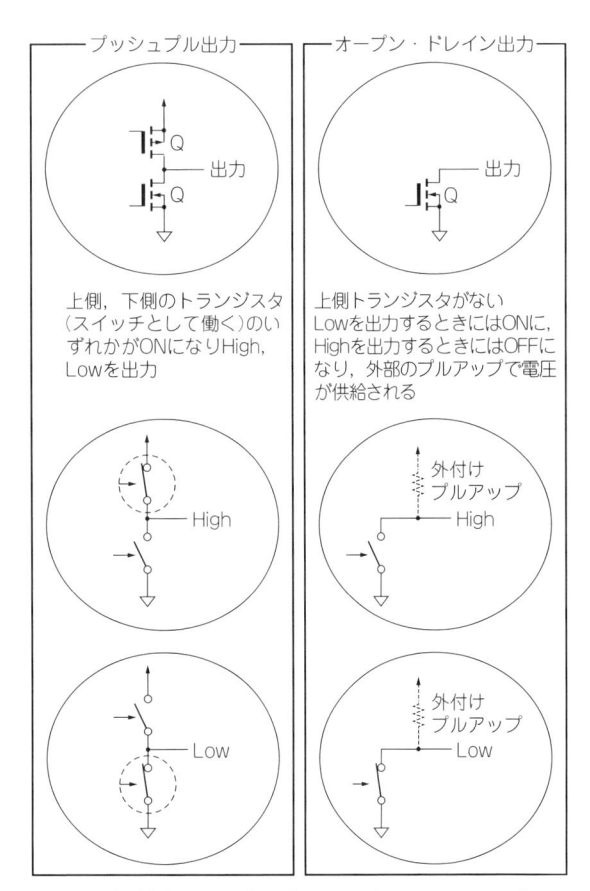

(a) I²C登場前
(b) I²C登場後
※基板間の配線を大幅に削減

図1-5 I²C対応ICの出力回路はオープン・ドレインになっていて外付け抵抗でプルアップされている

さらに，このような設計手法が一般化されたおかげで，I²Cは基板上だけでなく，たとえば，フロント・パネルが取り外し可能なカー・ステレオの接続インターフェースとして，応用されていきます(**図1-4**)．

当時，ヨーロッパでは，カー・ステレオの盗難対策として，車から本体を取り外して持ち歩くことがありました．フロント・パネルを外してしまえば，外からはカー・ステレオが付いてあるようには見えず，大きく嵩張る本体を持ち歩かなくても良くなったのです．

その後，I²Cが普及するにともない，対応するICの種類も増えました．マイコン，各アプリケーション向けASIC，ポート・エキスパンダ(GPIO)，EEPROM，センサなどに加え，I²C自体を拡張するための，バッファやスイッチなどの応用製品も生まれました．

仕様① 通信時の信号レベルや送受信の手順

■ データ通信時の論理レベル

● オープン・ドレイン出力

SDAとSCLの信号線には，プルアップ抵抗が付けられています．

それぞれの信号は，オープン・ドレイン(または，オープン・コレクタ)と呼ばれる出力になっています．出力段は，**図1-5**のように下側のトランジスタだけで構成された回路になっています．そのため，ICが直接LレベルとHレベルの信号を出すのではなく，Lレベルのときには，GNDと導通，Hレベルを出すべきときには，オープン(ハイ・インピーダンス状態)に

Column 2　誕生から現在までの仕様の移り変わり

　最初のI²C仕様書は，1982年に公開されました．これは100kHzのクロックを上限としており，現在の仕様のもっとも基本となるものです．

　その10年後の1992年には，400kHzのファスト・モードを盛り込んだ，バージョン1.0の仕様が公開されます（従来の100kHzの通信は，スタンダード・モードと呼ばれる）．このころになると，接続できるデバイスも多くなり，さらにスピードの要求に対応して，仕様が拡張されました．

　1998年には，さらに高速化が行われました．液晶表示デバイスなどへの応用を考えて，3.4MHzの通信が可能になりました．これはハイスピード・モードと呼ばれます．このハイスピード・モードの通信は，これまでのファスト・モードの通信に影響を与えないように設計されています．ハイスピード・モード通信を行うバスを混在させる際は，ブリッジを介し，ファスト・モードからの切り替えプロトコルによる制御が必要になります．

　また，2007年には，400kHzのファスト・モードの通信速度を，1MHzに拡張したファスト・モード・プラスの仕様が公開されました．引き込み電流を大きくすることにより，より速い信号が扱え，耐ノイズ性を向上させています．このモードは，ハイスピード・モードのようなハードウェアや複雑なプロトコルを必要としません．

　2012年には，従来の仕様と互換性のない，ウルトラ・ファスト・モードが，特別に追加されました．単一マスタ，マスタからスレーブへの片方向，最大5MHzクロックでのデータ転送をサポートする，プッシュプルでの信号駆動を行う方式です．この仕様は，おもにゲーム機やパチンコ機器などのLEDドライバを多数使うアプリケーションを主眼に，策定されました．

　I²Cの仕様の変遷を，図Eに示します．また，I²Cの動作モードを表Aに示します．

　2006年，フィリップス半導体事業部は独立し，NXPセミコンダクターズという会社になりました．これにより，2007年の仕様更改からは，NXPセミコンダクターズが，I²Cの仕様のとりまとめを行っています．

　I²Cの仕様は，マーケットの要求に合わせて発展してきました．今後も，さまざまなアプリケーションのニーズに合わせた仕様が，策定されていく予定です．なお，この稿では，I²Cの基本となる，100kHzのスタンダード・モードと，400kHzのファスト・モードを説明します．

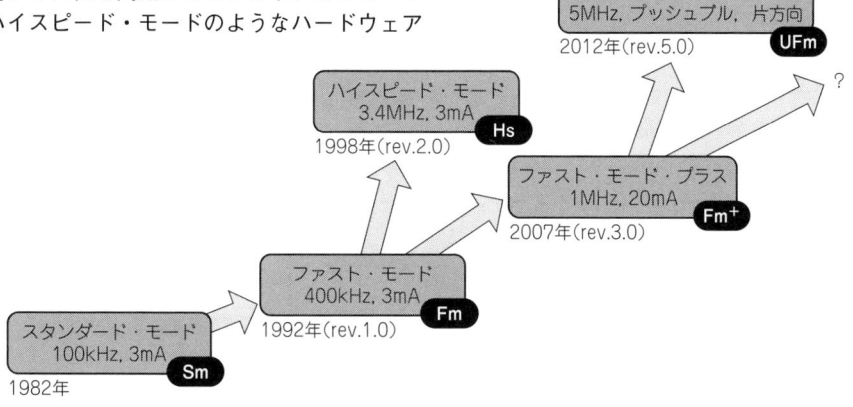

図E　I²C仕様のロードマップ

表A　I²Cの動作モード（2014年8月時点）

名　称	略称	速度（SCL周波数）	通信方向	互換性	備　考
スタンダード・モード	Sm	100 kHz	双方向	－	
ファスト・モード	Fm	400 kHz	双方向	Smで動作可能	
ハイスピード・モード	Hs	3.4 MHz	双方向	Sm，Fmで動作可能	Hsが影響しないようにブリッジを使用
ファスト・モード・プラス	Fm+	1 MHz	双方向	Sm，Fmで動作可能	
ウルトラ・ファスト・モード	UFm	5 MHz	片方向	互換なし	プッシュプル駆動．ACKなし

なります.

オープン状態になった場合には，外部に取り付けられたプルアップ抵抗によって，Hレベルの信号が得られるようになっています．

● ワイヤードAND接続

同じ信号線に，上記のような複数のオープン・ドレイン出力のデバイスが接続された場合，ワイヤードANDと呼ばれる接続状態となります．

各信号は，接続されたすべてのデバイスの出力がオープンである場合は，Hレベルに，そして，どれかひとつでもLレベルを出力するとLレベルになります．このよう接続形態であるために，電気的な衝突（あるデバイスがHレベルを出しているときに，他のデバイスがLレベルを出力すると，電源からGNDへショートする）が起こることはありません（図1-6）．

この接続方法をうまく使って，少ない線数で，かつ，単純なプロトコルで，双方向通信や同一バスに複数のマスタが存在する，マルチ・マスタ構成を扱えるようにしてあります．

● マルチ・ドロップ接続

各デバイスは，マルチ・ドロップと呼ばれる方法で行われます．各デバイスが，バス線にぶら下がるような接続方法です（図1-7）．I²Cは低速のバスであり，信号自体に高い周波数成分を含まないため，信号線のインピーダンスをさほど気にする必要はありません．後述する特別な状況でない限り，信号にバッファを入れたり，ハブを介したりする必要はありません．

■ マスタとスレーブ

デバイス間のデータの転送は，マスタとスレーブの間で行われます（図1-8）．転送を開始するのは，常にマスタです．マスタになるデバイスは，ひとつのバスに1個とは限りません．同時に複数のマスタが，調停を行いながら転送を行うことができます（図1-9）．あるいは，ひとつのデバイスが，マスタ／スレーブの役割を切り替えながら通信を行うことも可能です（図1-10）．

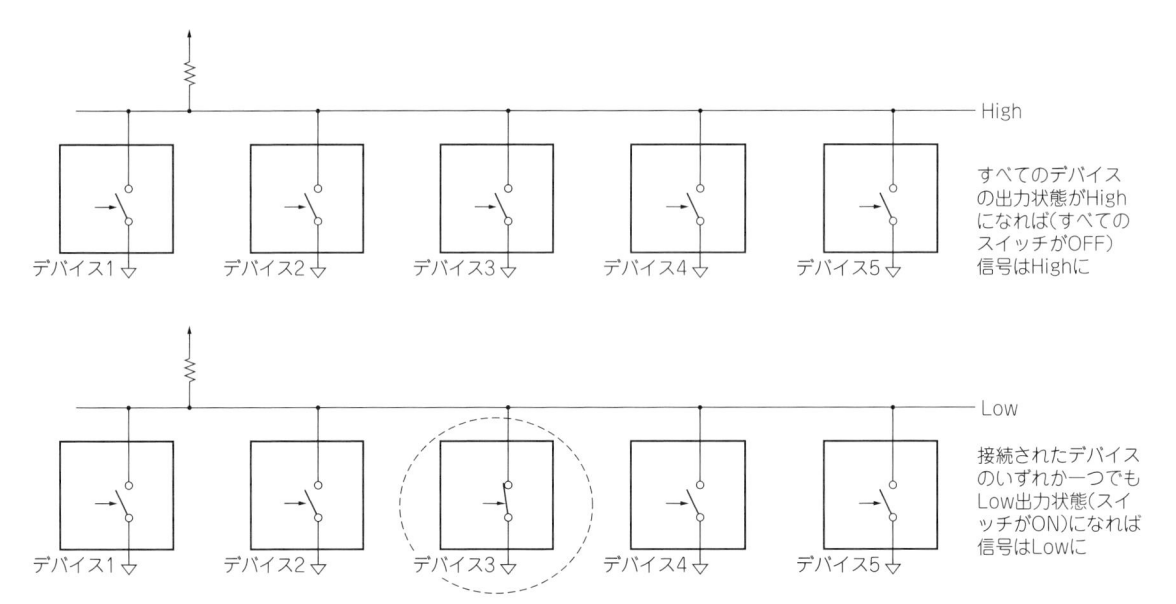

図1-6 一つでもLレベルに引くと通信線のレベルはLになるので電気的な衝突は起きない（ワイヤードAND接続という）

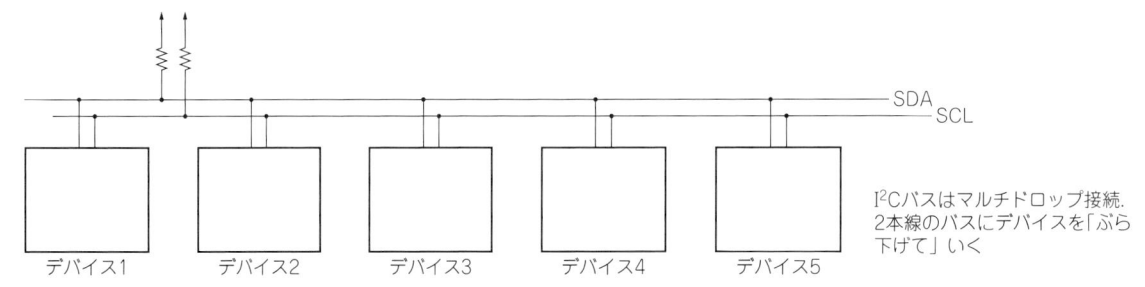

図1-7 2本の配線にICをぶら下げて追加していける（マルチドロップ接続という）

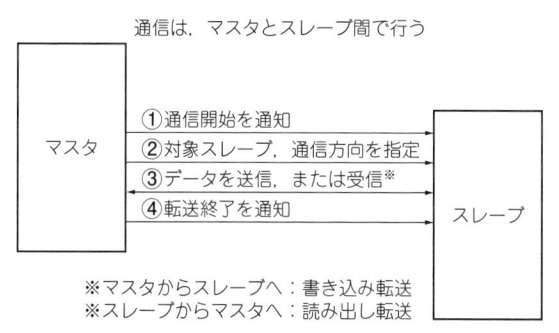

図1-8 二つのデバイスが通信しているときは親（マスタ）と子（スレーブ）の主従関係が成立している

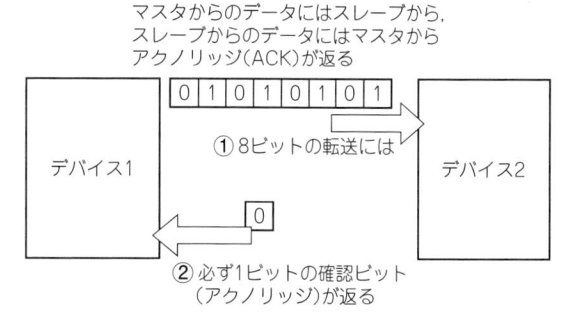

図1-11 8ビットのデータに必ず1ビットのアクノリッジが返る

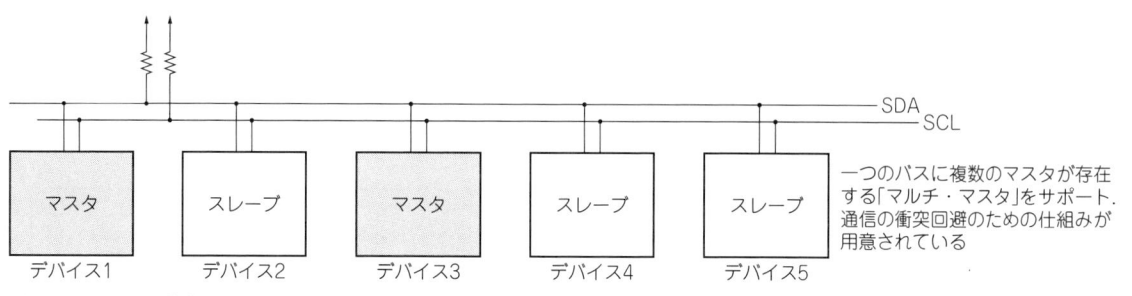

図1-9 マスタが複数あるときは調停をしながら通信する（マルチ・マスタと呼ぶ）

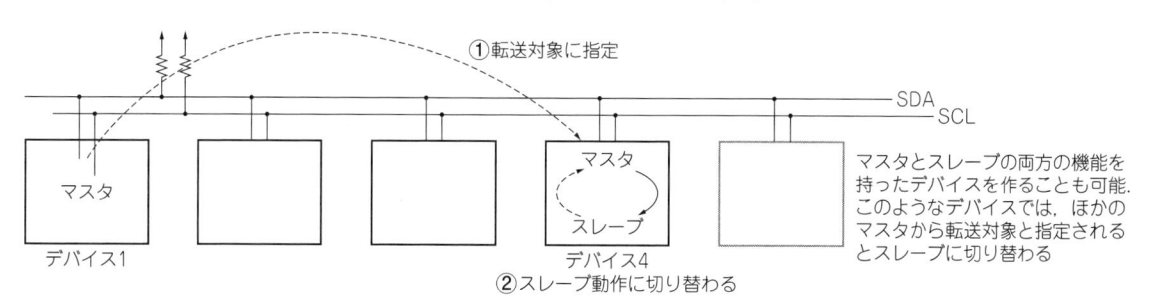

図1-10 一つのICがマスタになったりスレーブなったりすることもある

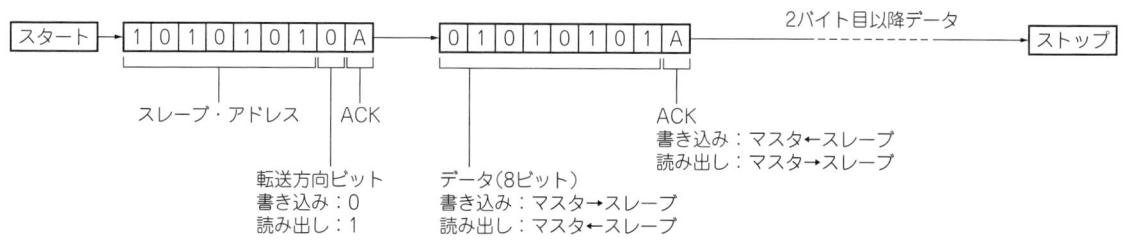

図1-12 まずマスタがアドレスを送信して通信したいスレーブICを指定し，続いてデータを送る

通信プロトコル

■ データ転送の単位

 I^2C の，基本的なデータ転送について説明します。I^2C は，すべてのデータ転送を，8ビット（1バイト）のデータと，1ビットのアクノリッジ（Acknoledge：以下ACK）の，合計9ビットをひとつの単位として扱います．各1バイトの転送ごとに，それに続く1ビットのACKで転送結果を確認しています（**図1-11**）．

 データの転送は，マスタが開始します．転送開始後に送られる1バイト目は，スレーブ・アドレスです．このスレーブ・アドレスで指定されたデバイスが，転送対象です．それ以降は，マスタと指定されたスレーブの間でデータの転送が行われます（**図1-12**）．

 アドレスは，通常7ビットで指定します（10ビット・

通信プロトコル **11**

Column 3 フィリップス魂！最小限のハードウェアで最大限の機能

I²Cは，後述のように，2本の信号線だけで，さまざまな通信を実現できる仕様です．この「最小限のハードウェアで多機能化」という考え方は，フィリップス的です．フィリップスのさまざまな仕様を見ると，最小限のアプリケーションとハードウェアで，いろいろな機能を持たせたり，少ない部品点数で同等の機能を持たせるアプローチが，よく見られます．

● フィリップス魂①…I²S フォーマット

例えば，前述のI²Sのフォーマットでは，他の多くのオーディオPCM信号転送規格と同様に，MSBファストのデータ転送を行いますが，データは，同期信号から1クロック遅らせた前詰めのデータ・フォーマットとしています．同目的の他の信号フォーマットでは，ラッチ信号に合わせた後詰めのものが多いのですが，I²Sでは，このような仕組みでワード長の制限をなくし，データの転送方向も任意に設定できるようにしています（**図F**）．

さまざまな要求に個別の対応を行うのではなく，I²Sというフォーマットを採用することにより，単純なデータ・フォーマットにも柔軟性を持たせることができている例です．

● フィリップス魂②…CD プレーヤ

もうひとつの例として，メカが絡んだ例を挙げると，CDプレーヤが代表的です．シングル・ビーム・ピックアップをスイング・アームで動かすメ

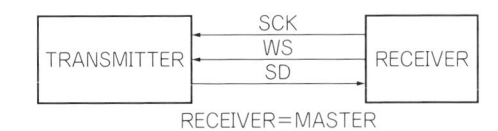

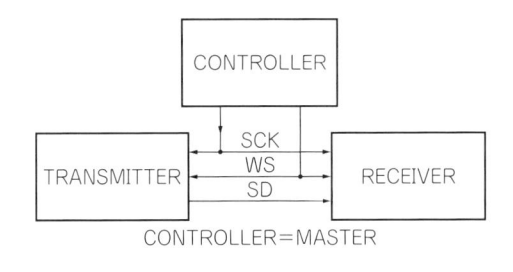

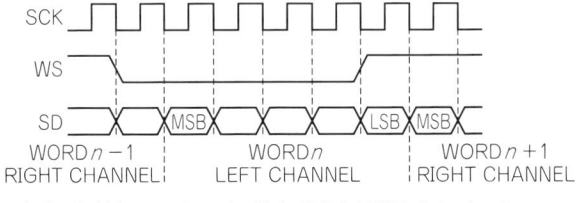

※I²S仕様書，図1より

図F I²SインターフェースにもI²Cと似たフィリップス的な考え方が導入されている

NOTE

I²Cの拡張仕様として，10ビット・アドレスを使うことができます．10ビット・アドレスは，まず，I²Cの仕様で予約されたアドレスを指定することで，それに続くデータが，10ビット・アドレスを使用することを宣言します．このため，通常の7ビット・アドレスと，10ビット・アドレスが衝突することはありません．詳細は，I²C仕様書の，3.1.11節を参照してください．

アドレスを用いるスレーブ・デバイス以外）．8ビット目は，これに続くデータの転送方向を指定するビットです．8ビット目がLレベルなら，マスタからスレーブへの，書き込み（Write）転送を意味し，Hレベルであれば，スレーブからマスタへの読み出し（Read）転送を意味します．

■データ転送の開始と終了の合図

前節で，1バイト目は，スレーブ・アドレスと書きましたが，1バイト目であることを認識するには，転送の開始がわかるようになっていなければなりませ

力は，ほかに類を見ないものでした．CDのトラックをトレースするために，複数のレーザ・ビームを使わなくてもよいので，ピックアップをCDの放射方向に平行移動させる必要がなくなりました．結果として，メカ部分を簡略化できました．このピックアップは，マルチビームの代わりに，一定周波数でそれを揺らします（トラッキング・サーボ信号に，ウォブリング・トーンを重畳させる）．その信号で操作されたピックアップにより，CDから拾った信号は，ウォブリング・トーンによる強弱の変調がかかることになります．これを検波し，位相の情報を得ることで，トラッキング・サーボの方向検出を行っていました．こうすることにより，IC内部やソフトウェアでの処理は大きくなりますが，その代わり，部品点数や可動部分を減らし，コストを削減させ，信頼性を向上させることができました（図G）．

● 魂はI²Cにも宿っている

I²Cにも，同様の哲学が生きています．少ないアプリケーション回路で，いろいろな機能を実現するアイデアが盛り込まれています．これ以降の記事や仕様書などを見ると，ハードウェアはとても単純なのに，操作方法はとても複雑に感じることがあるかもしれません．しかし，それは，「最小限のハードウェアで多機能を実現させる」という考え方がベースになっているからです．

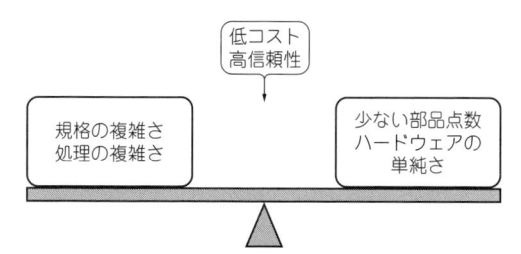

図G フィリップス精神！ 部品点数を必要最小限に抑えて低コストと高信頼性を両立
ひとつの規格で多くの問題を解決

ん．この転送開始を示す状態が，スタート・コンディションとして定義されています．また，転送終了を示す，ストップ・コンディションも規定されています．

データ転送は，スタート・コンディション（以下，STARTと略す）で開始します．SCLがHレベルの間に，SDAがHレベル→Lレベルに変化するのが，このスタート・コンディションです（図1-13）．I²Cでは，データ・ビット転送中，すなわちSCLがHレベルの期間中にSDAが変化することを禁じています．もし転送中にそのような信号が発生したとすると，その時点で，改めてスタート・コンディションが発生したも

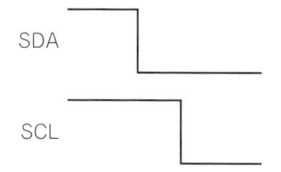

図1-13 マスタは最初に転送開始状態を意味する「スタート・コンディション」を作る
SCLがHレベルの間にSDAをHレベル→Lレベルと変化させる

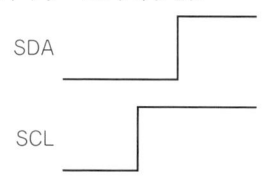

図1-14 データ転送を終えたときは転送終了状態を意味する「ストップ・コンディション」を作る
SCLがHレベルの間にSDAをLレベル→Hレベルと変化させる

のと認識され，新たな転送が開始されます．

ストップ・コンディション（以下，STOPと略します）は，SCLのHレベル期間中，SDAがLレベル→Hレベルに変化した場合です（図1-14）．ストップ・コンディションの後，一定時間が経過すると，バスは，通信が行われていないフリーな状態になります．

マスタが転送を開始する際は，最初に，バスがフリーな状態であることを確認してから，スタート・コンディションを行わなければなりません．

シングル・マスタのバスであれば，通信を管理するのは，そのマスタ1個だけなので，問題はありませんが，複数のマスタが存在する場合には，他のマスタの通信を妨害しないようにするのがこの規定です．

ストップ・コンディションは，スレーブ・デバイスの出力同期に使われることもあります．IOエクステンダや，LEDコントローラなどのデバイスでは，出力ポートの状態変化を，ストップ・コンディションのタイミングで行えるようにしたものがあります（図1-15）．

■ データのL/H判定と受信確認のしくみ

● 9ビット（データ8ビット＋ACK1ビット），MSBファースト

各データは，8ビット単位で転送が行われます．

クロック信号がLレベルに落ちた後，SDAが変化し，その後，クロック信号が再度Hレベルになり，さらにLレベルに落ちるまでの間は，データ転送の状態を維持します（図1-16）．

通信プロトコル 13

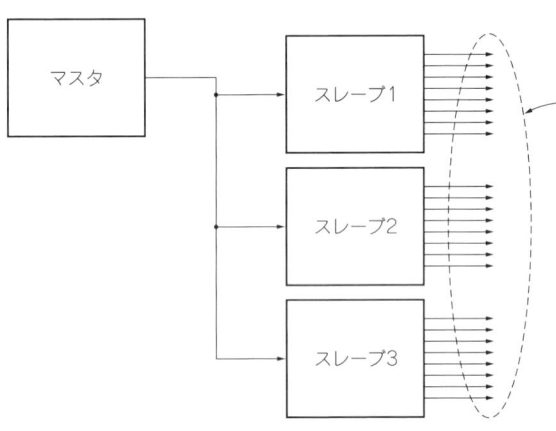

図1-15 ストップ・コンディションは複数のデバイスの同期にも使われる

データは，最上位ビットから順にビットを転送する，MSBファーストで転送されます．各8ビットのデータ転送後，9ビット目にアクノリッジ（ACK）が返送されます．

● データ送受信の結果を確認するしくみ

ACKは，転送データが，マスタからスレーブへの転送であれば，スレーブからマスタへ，スレーブからマスタへの転送だったのであれば，マスタからスレーブへの返送となります．

ACKは1ビットのデータで，転送されたデータが有効であればLレベルを，そうでなければ，Hレベルを送ります．この9ビット目がHレベルの状態を，ノット・アクノリッジ（以降NACKと略します）と呼びます（図1-17）．

スレーブ・アドレスの転送では，データ転送の1バイト目で指定されたアドレスのスレーブが存在すれば，そのスレーブがアクノリッジ（ACK）を返します．

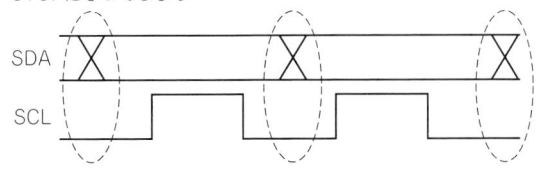

図1-16 1ビット分のデータが転送されるときのSDAとSCLのようす

スレーブが存在しない場合は，9ビット目のSDAをLレベルにするデバイスは存在せず，SDA信号はそのまま放置されるためNACKとなります（図1-19）．

この他，2バイト目以降のデータ転送の場合，受け取ったデータを理解できない場合や，それに続くデータを受け取れない場合の通知として，NACKが使われます．さらにマスタが読み出しを行っている場合は，転送の終了を通知するために，このNACKが使われます．

マスタがNACKを受信すると，スレーブへの転送はそこで中断されます．STOPを発生させて転送自体

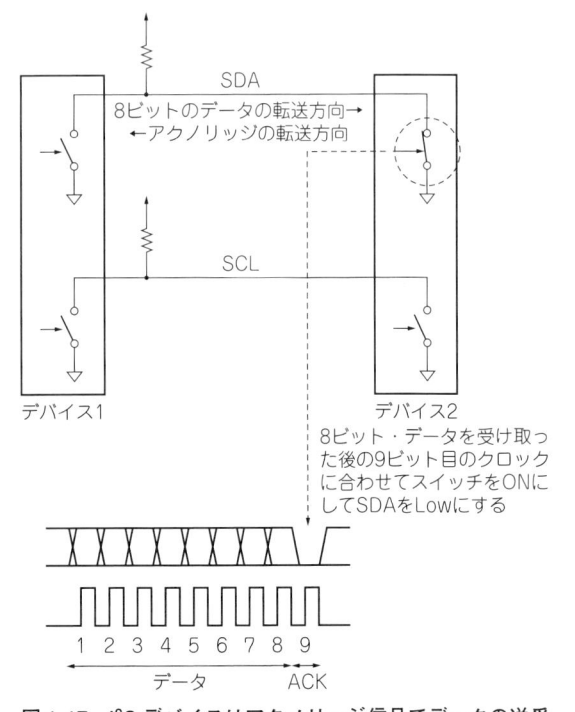

図1-17 I²Cデバイスはアクノリッジ信号でデータの送受信の結果を知ることができる

14　第1章　2線シリアル・インターフェースI²C詳解

を終了するか，リピーテッド・スタートを発生させて，次のスレーブへの転送を行います．

　転送中にNACKが返る条件の詳細は，I²C仕様書の3.1.6節「アクノリッジ(ACK)とノット・アクノリッジ(NACK)」を参照してください

　図1-18に，実際の通信で発生したアクノリッジの波形を示します．

■ STOPまたはスタート・コンディションまでデータ転送が続く

　スレーブ・デバイスに対する転送は，必ずSTARTで開始されます．1バイト目の最初の7ビットで転送対象デバイスのスレーブ・アドレスを，次の1ビットで転送方向が指定されます．STOPが発生するか，または新たにスタート・コンディションが発生するまでの間，データの転送が継続します(図1-20)．

■ 通信相手や転送方向を素早く切り換えるしくみ「リピーテッド・スタート」

　別のスレーブを指定したり，あるいは同一のスレーブでも転送方向を切り替えるには，再度スタート・コンディションを発生させて，アドレスの指定と方向の指示をしなおさなければなりません．このとき，いったんSTOPを発生させた後，STARTを作るのは，時

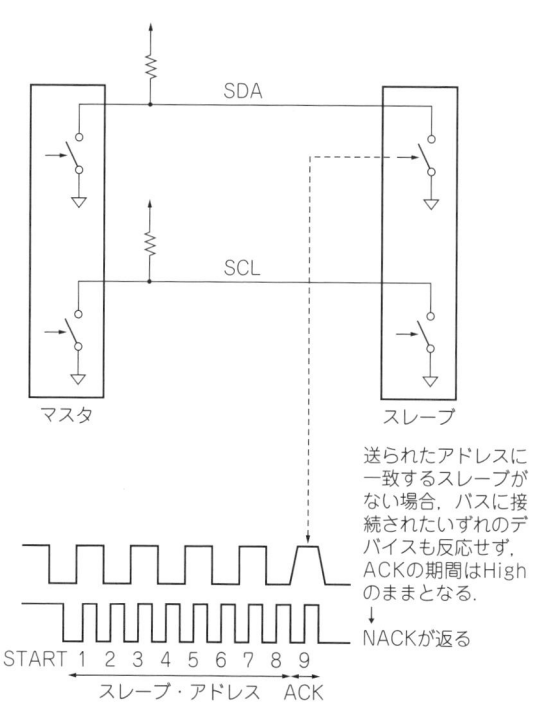

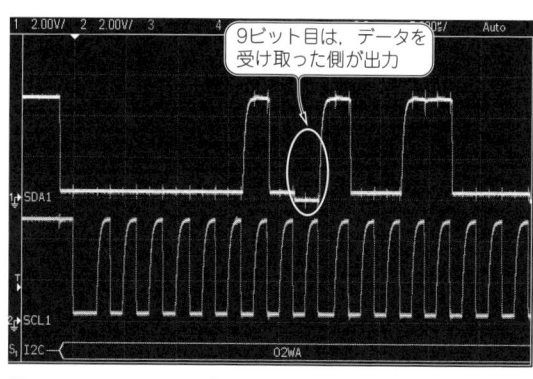

図1-18　アクノリッジ

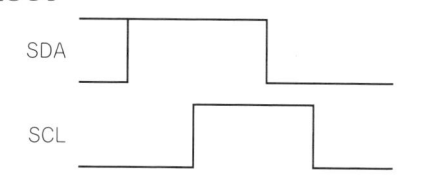

図1-19　存在しないスレーブ・アドレスが指定された場合にはNACKが返ることになる

図1-21　STOPとSTARTを発生させずに通信相手や転送方向を素早く切り換える「リピーテッド・スタート」

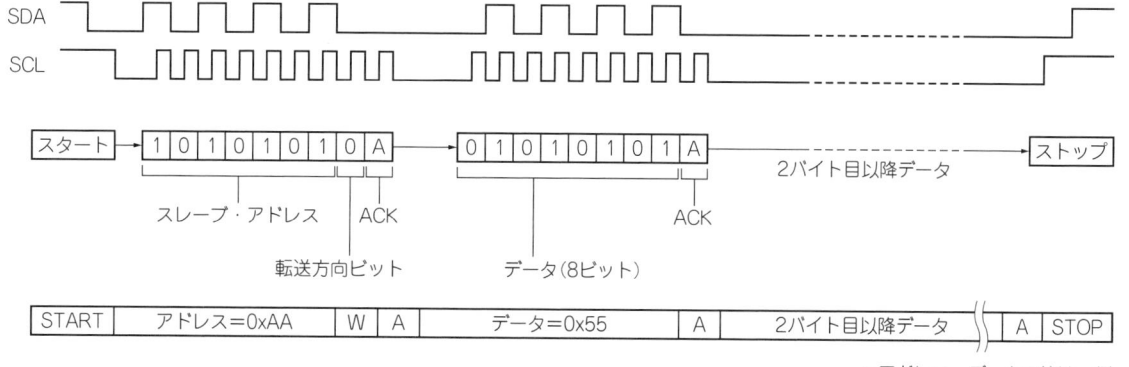

図1-20　STOPまたはスタート・コンディションまでデータ転送が続く

通信プロトコル　15

間的，処理的に大きなオーバーヘッドとなります．そこで，これらを簡略化したのが，リピーテッド・スタート（以下，ReSTART）です（図1-21）．

ReSTARTとSTARTは，機能的にまったく同一です．唯一の違いは，マスタがSTOPを発生させずに転送を継続できることにあり，これは，マスタが，バス権を保持したまま転送を行える点が違います．マルチ・マスタの環境にある場合，あるマスタが，連続して複数の転送を行う場合に有効な方法となります．

本来，STARTとReSTARTは，機能的には変わらないはずですが，I²C準拠を謳う一部のデバイスなどでは，特定のレジスタからのデータの読み出しを行う場合は，ReSTARTが必須となっているものもあるようです．

■ 1回分のデータ転送活動「トランザクション」とその一連のまとまり「シーケンス」

各スレーブに対するデータの転送は，STARTで始まり，STOPまたは次のReSTARTまでが1回分です．これを，最新のI²Cバス・コントローラPCU9669のデータシートに倣って，トランザクションと呼ぶことにします．

前述のように，複数のトランザクションをReSTARTを区切りとして，連続して実行することが可能です．このような連続した転送では，STARTからSTOPまでの一連を，シーケンスと呼びます（図1-22）．マスタがシーケンスを開始すると，その終了まで，そのマスタがバス権を持ち制御します．シーケンスが実行されていないバスの状態を，バス・フリーであると定義します．

■ 書き込みと読み出し

1回のトランザクションで扱える転送は，1方向だけです．マスタからスレーブへのデータの転送を，書き込み（ライト）転送と呼び，スレーブからマスタへのデータ転送を，読み出し（リード）転送と呼びます．同一デバイスに対して，書き込み／読み出し転送を連続して行う場合であっても，それぞれ，別のトランザクションで行わなくてはなりません．

どちらの方向へのデータ転送でも，クロックはすべてマスタから出力されます．

書き込み転送では，START，スレーブ・アドレスと方向ビット"0"（Lレベル），8ビット・データ，それに，STOP（または，ReSTART）を，すべてマスタが送信して，スレーブが受信します．ただし，転送の期間中のACKだけは，スレーブが送信してマスタが受信します．

読み出し転送では，スレーブ・アドレスと，方向ビット"1"（Hレベル）の指定までは，書き込み転送時と同じですが，スレーブ・アドレスへのACKを受信した後，マスタは，引き続き次の8ビットを受信する状態に置かれます．データの8ビットは，スレーブからマスタへ送られ，9ビット目のACKは，マスタからスレーブへ送られます．ACKの後，スレーブはすぐに次の8ビットを送るためにデータを出力し始めます．このとき，最初のビットが0だった場合，転送を中断することができません．スレーブがSDA信号をLレベルに保持したままとなると，その状態では，STOP，ReSTARTともに発行できなくなるためです．この問題を避けるために，マスタは，その転送の最後の1バイトを受信した場合には，NACKを返し，ス

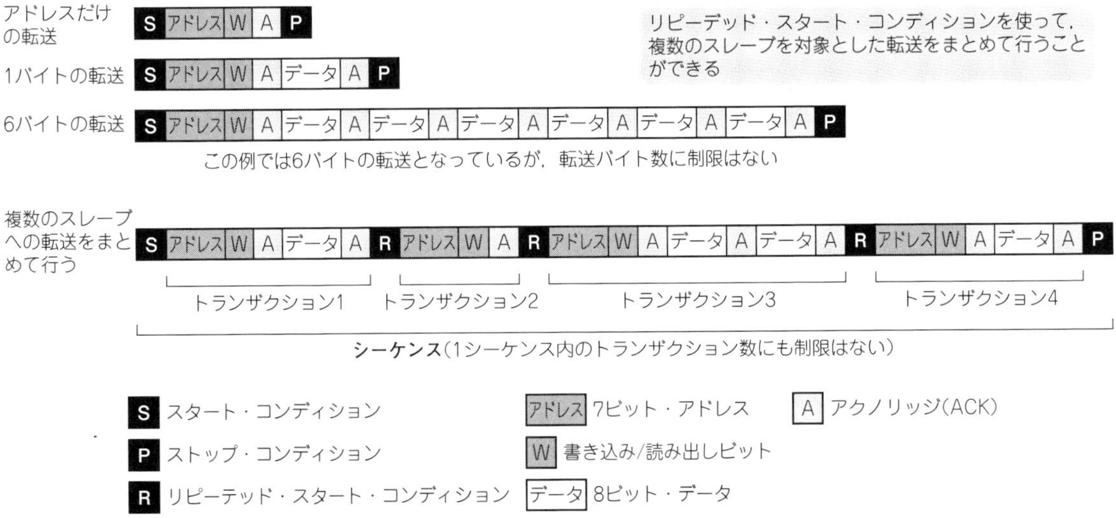

アドレスだけの転送　[S][アドレス][W][A][P]

1バイトの転送　[S][アドレス][W][A][データ][A][P]

6バイトの転送　[S][アドレス][W][A][データ][A][データ][A][データ][A][データ][A][データ][A][データ][A][P]
この例では6バイトの転送となっているが，転送バイト数に制限はない

リピーテッド・スタート・コンディションを使って，複数のスレーブを対象とした転送をまとめて行うことができる

複数のスレーブへの転送をまとめて行う　[S][アドレス][W][A][データ][A][R][アドレス][W][A][R][アドレス][W][A][データ][A][データ][A][R][アドレス][W][A][P]
　　　トランザクション1　　トランザクション2　　　トランザクション3　　　　トランザクション4
シーケンス（1シーケンス内のトランザクション数にも制限はない）

[S] スタート・コンディション　　[アドレス] 7ビット・アドレス　　[A] アクノリッジ（ACK）
[P] ストップ・コンディション　　[W] 書き込み／読み出しビット
[R] リピーテッド・スタート・コンディション　　[データ] 8ビット・データ

図1-22　1回分のデータ転送活動を意味する用語「トランザクション」とその一連の手順を意味する用語「シーケンス」

16　第1章　2線シリアル・インターフェースI²C詳解

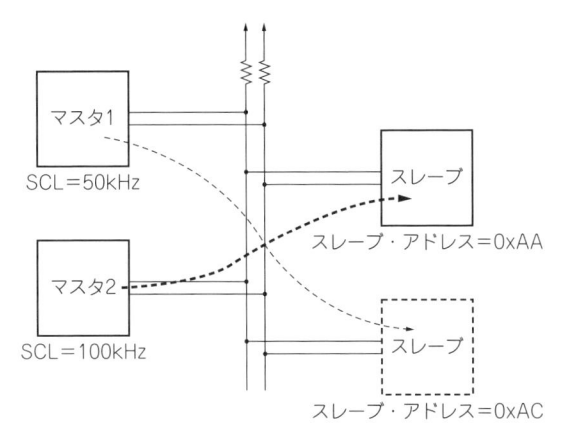

SCL=50kHzのマスタ1はスレーブアドレス0xACへ，
SCL=100kHzのマスタ2はスレーブアドレス0xAAへ，
同時にアクセスしようとしている

図1-23　一つのバスにマスタが複数あるときの接続

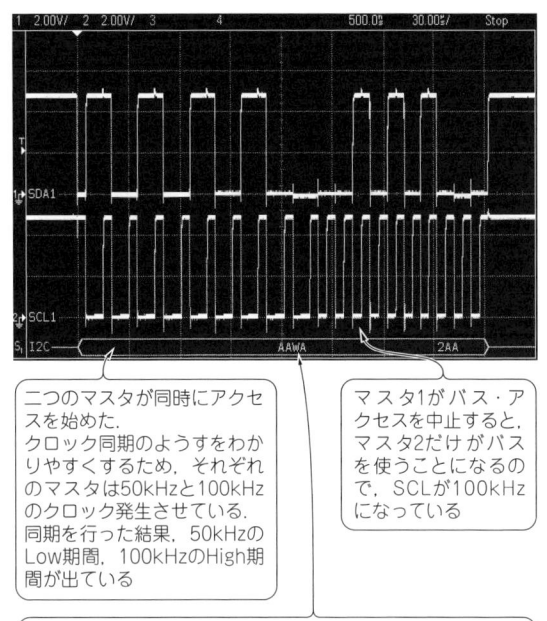

レーブに転送の終了を伝えます．

■ マスタが複数あるときの送受信

● バスの衝突を回避する必要がある

　ひとつのバスに存在できるマスタの数は，制限がありません．マスタがひとつだけあるシングル・マスタが，もっともシンプルな構成ですが，複数のマスタが存在する，マルチ・マスタ構成でも，まったく問題はありません（**図1-23**）．

　マルチ・マスタ構成で転送を開始する場合は，まず，バスがフリーの状態であることを確認しなければなりません．これを確認せずに転送を開始すると，別のマスタが通信中のデータに影響してしまいます．

　I²Cのマルチ・マスタに準拠したデバイス，たとえば，PCA9665のような，I²Cバス・コントローラICや，mbedに使われているマイコンLPC1768に内蔵されたI²Cのハードウェアは，通信開始時に，ソフトウェアからSTARTを発生させる指示を受けると，まず，バスがフリー状態であることを確認し，他のマスタが通信中であれば，フリーになるまで待ってから，STARTを発生させます．

　ただし，バスがフリーであることを認識しても，同時に転送を開始してしまうことも考えられます．このような場合は，どうなるでしょうか？　これはI²C仕様書の3.1.7節「クロック同期」と3.1.8節「調停」を用いて解決されます．

● クロック同期メカニズム

　I²CのクロックであるSCL信号は，マスタが出力します．複数のマスタが通信を開始した場合，二つのクロック源が同一バス上に存在することになります．I²Cでは，SCLもワイヤードAND接続されているた

二つのマスタが同時にアクセスを始めた．
クロック同期のようすをわかりやすくするため，それぞれのマスタは50kHzと100kHzのクロック発生させている．
同期を行った結果，50kHzのLow期間，100kHzのHigh期間が出ている

マスタ1がバス・アクセスを中止すると，マスタ2だけがバスを使うことになるので，SCLが100kHzになっている

スレーブ・アドレスとしてマスタ1は0xAC，マスタ2が0xAAを出力．このため6ビット目でマスタ1は自身が出したHighではない信号が出ていることを検出．
これによりマスタ1はアービトレーションに負け，通信を中止

図1-24　マルチ・マスタでのバス・アクセスのようす

め，どちらか一方でもLレベルを出力していれば，信号はLレベルになります．SCLにクロックを出力する際，出力段は，Lレベルを出した後，オープンになり，プルアップ抵抗の作用により，Hレベルになります．

　しかし，このとき，他のデバイスがSCLをLレベルに引っ張っていれば，信号はLレベルのままになっています．マスタは，この状態を監視しており，他のすべてのデバイスが，SCLを開放し，信号がHレベルになるまで待たされます．

　信号がHレベルに復帰した後，規定のHレベル期間後に，信号を再びLレベルに引っ張ることで，クロックが生成されます．これが，I²Cのクロック同期メカニズムです．このように，マルチ・マスタ環境で同時に通信が開始された場合には，各デバイスが発生させるクロックの，最長のLレベル期間が用いられることになります．つまり，通信速度のもっとも遅いマスタに合わせて，通信が開始されることになります．

● 衝突が回避されるメカニズム

　同期が行われたクロックのタイミングに従って，各マスタが，データの転送を行います．各マスタは，データの出力を行いながら，SDAの監視も行います．もし，自分がHレベルを意図しているにも関わらず，SDAがLレベルになっていると，他のマスタが通信を行っていると理解して，自分は，その場でバスの制

通信プロトコル　17

御を手放します．これが，アービトレーション（調停）を失った状態です．この状態を検出したマスタは，次にバスがフリーになまで待ち，その後，再送を試みます．シングル・マスタのバスでも，この状態が発生することがあります．それは，通信中にノイズが入り，マスタが他からの影響を受けたと理解したためです．この場合も，再送などの扱いが必要です．

図 1-23 での条件で発生したバス・アクセスの例を，図 1-24 に示します．

この図 1-24 は，二つのマスタが，同時に通信を始めようとした際の挙動です．それぞれのマスタによる相互の影響をわかりやすくするため，クロック周波数を変えてあります．マスタ 1 は，SCL クロック 50kHz で，スレーブ・アドレス 0xAC に，マスタ 2 は，100kHz の SCL で，スレーブ・アドレス 0xAA に，アクセスを試みようとしています（この稿では，16 進数を表すときは，C 言語のプリフィクスにならって，数値の前に 0x を，7 ビットのアドレスを表現するときは，前詰めで，つまりアドレスの先頭ビットを 1 バイトの MSB として表現する）．

お互い，同時に通信を開始しようとしたため，両方が START ～アドレスの送信を行ってしまっています．クロックの周波数が違うために，クロックの同期が行われており，アドレス送信中の SCL の L レベル期間は，50kHz のクロックに引っ張られ，速度が遅くなっています．

マスタ 1 は，アドレス 0xAC を送信している途中で，マスタ 2 の影響を受けています．6 ビット目に H レベルを出そうとしたにも関わらず，マスタ 2 の送信しようとしているアドレス，0xAA のせいで，L レベルに引っ張られてしまい，ここでバス調停に負けます．マスタ 1 は，この時点で通信を放棄するので，それ以降のバス信号は，マスタ 2 だけが駆動します．この結果，SCL クロックは，100kHz になり，データの送信が行われます．

■ スレーブがマスタを待たせることができる「クロック・ストレッチ」

I^2C の仕様に準拠したマスタには，クロック同期のメカニズムが備わっているため，これを利用した，クロック・ストレッチと呼ばれる機能が使われることがあります．マスタとスレーブ間で，スレーブ側がマスタの通信速度についていけない場合，マスタを待たせることが可能です．

データの入出力速度が遅いスレーブは，マスタからのデータの取り込みや，マスタへのデータの出力が間に合わないことがあるかもしれません．たとえば動作速度の遅いマイコンで，ソフトウェアによってスレーブ機能を実装した場合，スレーブ側が，SCL を L レベルに引っ張り，クロックを引き伸ばすことができます．これが，クロック・ストレッチです．これを利用することにより，マスタをスレーブ側に同期させることが可能です．バスの静電容量が増えたり，バス・バッファのように，信号の立ち上がりが遅れるようなデバイスを使うと，マスタは，L レベルの期間が伸びたように検出するために，通信スピードが低下します（図 1-25 参照，I^2C バス仕様書 7.2.1 節）．このような場合には，マスタのクロック周波数設定を高めに設定することで，速度低下を相殺することが可能です．

もし，I^2C バスにマスタを 1 個だけしか置かず，ス

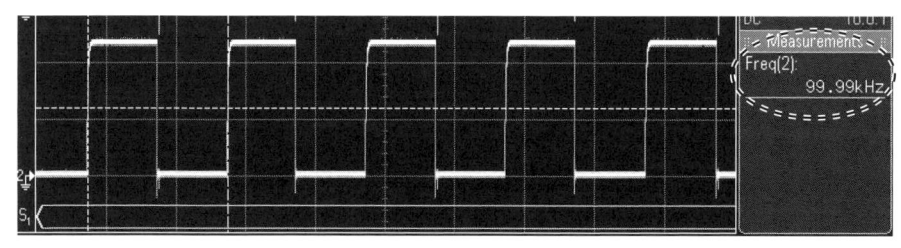

(a) 負荷が小さいとき

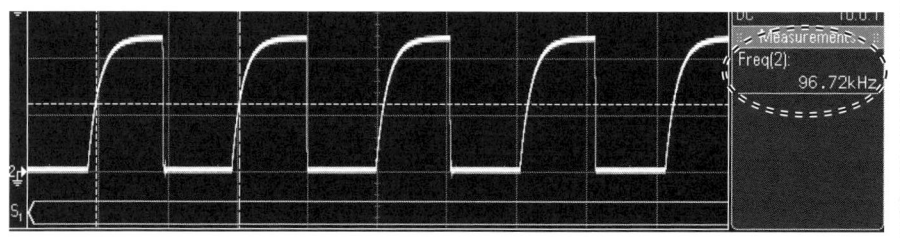

(b) 負荷が大きいとき

図 1-25 I^2C バスに IC がたくさんつながっていて容量が大きくなるとクロック周波数が落ちる
マスタは信号の遅い立ち上がりを Low の期間が延長されていると認識し，クロックが下がる

I^2C バス・クロックの負荷による周波数変化．上下とも 100kHz の SCL 設定でマスタを動作させているが，負荷の小さい上より負荷が大きい状態の下のほうが立ち上がりが遅い．この影響により，マスタは SCL が規定レベルになってから High 期間を確保するので，クロック周波数が下がる．元のクロック周波数を維持するには，マスタ側のクロック周波数設定で調整する．

レーブはクロック・ストレッチを行わないのであれば，クロック信号のSCL線は，マスタからプッシュプル駆動してもかまいません．

仕様②電気的特性

■ プルアップ抵抗や電圧レベル

● プルアップ抵抗値には上限と下限がある

I²Cの信号が，オープン・ドレインのワイヤードAND接続であることは，先に述べました．このオープン・ドレインの信号のために，I²Cは，各信号線にプルアップ抵抗が必要です．このプルアップ抵抗には，一般的に数kΩの抵抗が使われます．小さな基板内での，数個のICどうしの通信であれば，これで問題はないでしょう．

しかし，厳しい条件で使われる場合，たとえば基板間の長い配線に使われたり，たくさんのデバイスを接続するようなときには，注意が必要です．また，I²Cの拡張仕様である，ファスト・モード・プラスでは，その特性を活かすために適切な値の抵抗を用いなければなりません．

● 3mA以上の引き込み電流が必要

I²Cの仕様では，信号の引き込み電流が規定されています．SDAとSCLの各信号ピンは，それぞれ，3mA以上の引き込み電流がなければなりません．

この引き込み電流は，IC内部の出力段の抵抗分によって決まります．抵抗分が大きいと，電流を流したときの電圧上昇が大きくなってしまい，信号を十分にLレベルに落とせません（低い電圧に下げられない）．図1-26に，それを模式的に示します．

● Lレベル電圧（VOL）の規定

I²CのICでは，Lレベル出力電圧の最大値が各デバイスのデータシートで規定されています．I²Cバスの信号線から，一定の電流を引っ張ったときの最大電圧の規定（$V_{OL(\max)}$）です．

I²C信号のHレベル/Lレベルを判定するロジック・レベル（$V_{OH(\min)}$, $V_{OL(\max)}$）は，それぞれ，$0.7V_{DD}$，$0.3V_{DD}$と規定されています．この間の電圧となった場合の扱いは，不定です．つまり，Lレベルのときの電圧は，$0.3V_{DD}$以下にならなければなりません．たとえば，5Vを基準にしているI²Cの信号では，1.5V以下，3.3V基準の信号であれば，約1V以下でなければなりません．実際の動作では，この上にノイズが入った場合の誤動作防止を考えてマージンを設けます．一般的には，Lレベル出力電圧は，この半分程度とされる場合が多いようです．

● プルアップ抵抗値の下限

では，プルアップ抵抗の値R_{Pullup}を計算してみましょう．ここからは，100kHzのスタンダード・モードと，400kHzのファスト・モードを想定して説明します．プルアップ抵抗値の決定法は，通常のロジックICに使う，プルアップ抵抗値の計算と同じです．

I²Cバス仕様書の，7.1節に同様の解説があります．これは，$V_{OL(\max)} = 0.3V_{DD}$を基準にして計算をした例です．実際の回路では，それぞれのデバイスで規定された電流を引き込んだ場合の，$V_{OL(\max)}$が規定されているので，その値を基準とした例で説明します．

デバイスのデータシートから，$V_{OL(\max)}$を見つけます．バスに接続するすべてのデバイスの中で，もっとも引き込み能力の低いもの（I_{OL}が小さく，$V_{OL(\max)}$が大きいもの）を基準にします．

その例として，5V（V_{DD}）の電源で，3mA（I_{OL}）の電流を引き込んだ際の，$V_{OL(\max)}$が0.4Vになるデバイスを基準として考えます．プルアップに使用する電圧を5Vとしたとき，Lレベル信号を出力している間の信号線に流れる電流は，図1-26の右図のようになります．電流は電源から，プルアップ抵抗とIC内部の出力段トランジスタを通して，GNDへ流れます．

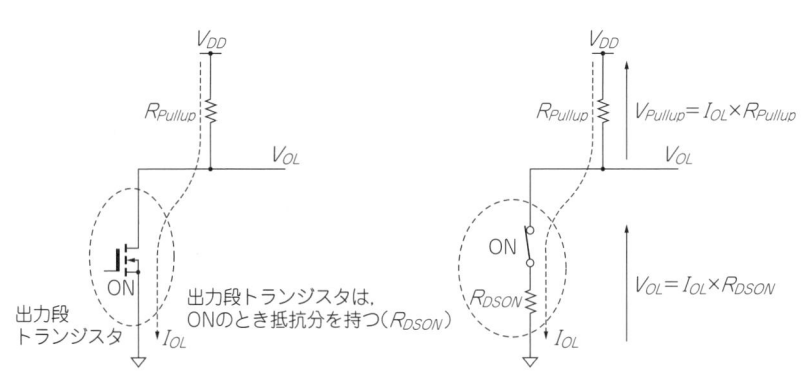

図1-26 I²CデバイスのSCL端子（SDA端子）の内部にある出力トランジスタの抵抗分が大きいとSCLライン（SDAライン）のLレベルが上昇する

出力段トランジスタは，ONのとき抵抗分を持つ（R_{DSON}）

$V_{Pullup} = I_{OL} \times R_{Pullup}$

$V_{OL} = I_{OL} \times R_{DSON}$

このためV_{OL}はR_{Pullup}とR_{DSON}の分圧比で決まることになる．

$V_{DD} : V_{OL} = (R_{Pullup} + R_{DSON}) : R_{DSON}$

I_{OL}は，$V_{OL(\max)}$で規定した電圧を保証できる電流値．電流をたくさん流せるチップではR_{DSON}が小さい

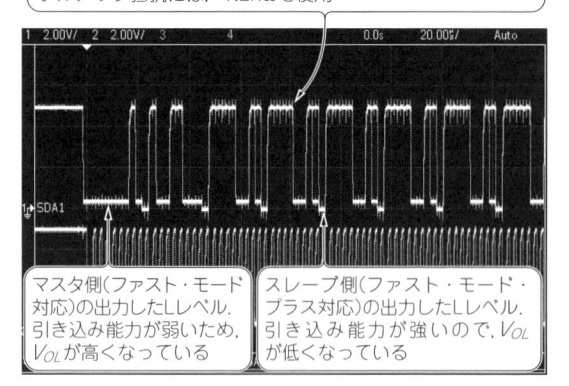

マスタはファスト・モード対応，スレーブはファスト・モード・プラス対応のチップが通信している．同じプルアップ抵抗を使った場合，ファスト・モード・プラス対応のチップは引き込み電流量が大きいため，V_{OL}が低くなる．
この波形では，マスタが出したアドレスのLow電圧に比べ，SCLのLow電圧が低くなっているのがわかる．
プルアップ抵抗には，1.2kΩを使用

マスタ側（ファスト・モード対応）の出力したLレベル．引き込み能力が弱いため，V_{OL}が高くなっている

スレーブ側（ファスト・モード・プラス対応）の出力したLレベル．引き込み能力が強いので，V_{OL}が低くなっている

図1-27 SCLバスがLレベルになったときの電圧は，バスをLレベルに引いているICによって違う
1.2kΩのプルアップ抵抗を付けたときのSCL端子の電圧波形．マスタICの内部の出力トランジスタの抵抗値はスレーブICのそれより大きいことがわかる

このように，電源電圧と$V_{OL(\max)}$の差分の電圧が，プルアップ抵抗に加わることになり，このときに，ちょうど3mA流れる抵抗値がいくつになるかを求めれば良いことになります．つまり，次のように計算できます．

$$R_{Pullup} = (V_{DD} - V_{OL(\max)})/I_{OL}$$
$$= (5V - 0.4V)/3mA = 約1533\Omega$$

この抵抗値を使った場合に，Lレベル信号電圧は，$V_{OL(\max)}$です．実際には，$V_{OL(\max)}$は，V_{OL}の最大値（デバイス個体によるバラツキや，温度，電源電圧の変化の各条件での最悪値）であるため，通常は，これより低い電圧が得られます．

プルアップ抵抗が大きくなると，それだけ流れる電流が減るため，V_{OL}も小さくなります．つまり，この式で求められた値は，そのバスに使用できる最小値です．

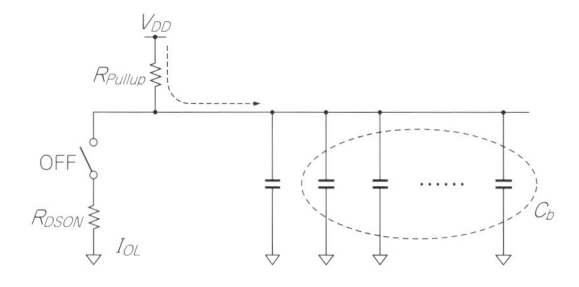

● プルアップ抵抗値の上限

抵抗値の下限がわかりましたが，上限はどうでしょう？これを決めるには，もうひとつのパラメータを考慮しなければなりません．

信号線を引き回せば引き回すほど，デバイスを接続すれば接続するほど，信号線の静電容量は増えていきます．I²Cの仕様では，400pFまでの容量は許容すると書いてありますが，プルアップ抵抗の値が大きすぎると，この容量を充電するのに時間がかかるため，信号の立ち上がりが遅くなります．この静電容量を，バス容量（C_b）といい，信号を駆動する回路の負荷となります（**図1-28**）．

信号の立ち上がり時間（t_r）は，$0.3V_{DD}$から$0.7V_{DD}$に達するまでの時間と定義され，スタンダード・モードで，最大1000ns，ファスト・モードでは，20～300nsと規定されています．つまり，信号に要求される立ち上がり時間とバス容量が，プルアップ抵抗値の上限を決めることになります．これは，次の式で求めることができます（詳細はI²C仕様書7.1節を参照）．

$$R_{pullup} = t_r / (0.8473 \times C_b)$$

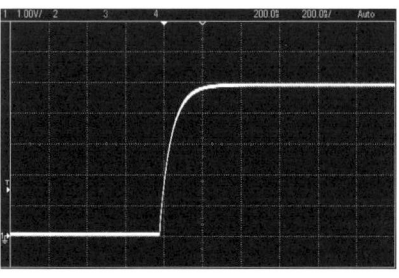

信号がHighに切り替わるとき，スイッチがOFFになる．するとR_{Pullup}を通った電流はC_bを充電する．C_bは基板上の配線，コネクタ，ケーブルや接続されたデバイスの入力ポートの容量の総和

図1-28 I²Cバスが長いと容量が大きくなり信号の立ち上がりが遅くなる

（a）C_b=27pF

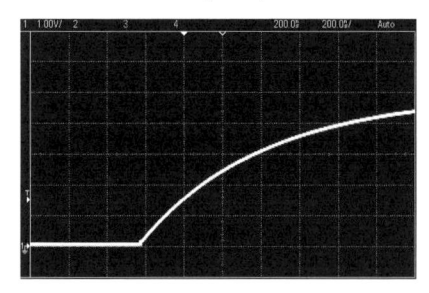

（b）C_b=300pF

図1-29 図1-28を裏付ける実際の波形
バスの容量が大きいほど信号の立ち上がりが遅くなる

たとえば，先ほどと同条件で，最大容量の400pFまで使えるような抵抗値を計算すると，スタンダード・モードでは，

$$R_{pullup} = 1000\text{ns}/(0.8473 \times 400\text{pF}) = 2950\Omega$$

になります．これにより，スタンダード・モード（100kHz）のI²Cを，5V電源，$V_{OL} = 0.4$V，最大バス容量 = 400pFで使う場合には，プルアップ抵抗を，1533～2950Ωとする必要があることになります．

一方，ファスト・モード（400kHz）の場合，同条件での計算を行うと，

$$R_{pullup} = 300\text{ns}/(0.8473 \times 400\text{pF}) = 855\Omega$$

となってしまいます．これは，引き込み電流を基準に考えたプルアップ抵抗の下限値を，下回ります．このように，ファスト・モードは高い電源電圧では，大きなバス容量を駆動できません．たとえば，どうしてもバス容量限界近くの負荷を，ファスト・モードで駆動したい場合には，低い電源電圧で，高いV_{OL}の信号を扱うことになります．

このことは，違う見方をすると，同じ値のプルアップ抵抗と同じ電圧でも，C_bの容量が違えば，立ち上がり時間も異なることになります．図1-29は，400kHzのファスト・モードのSCL波形ですが，C_bの違いによって，信号の立ち上がり波形が異なっています．これは，100kHzや1MHzで動作させた場合でも，基本的に同様の立ち上がり特性が得られます．

とくに必要がある場合には，固定的なプルアップではなく，スイッチと組み合わせた，スイッチド・プルアップや，電流源を用いる方法もあります．これは，信号の立ち上がり時のみ，低い抵抗値のプルアップや，電流源を用いて，立ち上がり時間を短縮する手法です．これについての詳しい情報は，I²C仕様の7.2.4を参照ください．

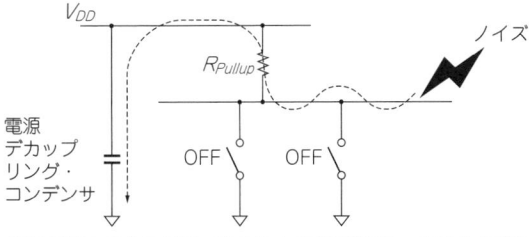

信号がHighのときに乗ってくるノイズを考える．このノイズの電流はR_{Pullup}を通してGNDに逃げる．R_{Pullup}を小さくできるファスト・モード・プラスは，ノイズの影響を小さくできる

図1-31　ファスト・モード・プラス仕様のI²Cデバイスの出力インピーダンスは低いので，ノイズに強く誤動作しにくい

● ファスト・モード・プラスの場合

最大周波数が1MHzに拡張されたファスト・モード・プラス（図1-30）では，引き込み電流が大幅に増やされています．ファスト・モード・プラス対応デバイスは，20mA以上のI_{OL}となっています．この大きなI_{OL}によって，強い（値の小さい）プルアップ抵抗が使えることになり，より速い信号の立ち上がりが実現でき，高速化が可能になりました．また駆動できるバス容量は，550pFに拡張されています．

たとえば，5V電源，$V_{OL(\text{max})} = 0.4$V，$I_{OL} = 20$mA，最大550pFのバス容量を駆動する場合は，230～257Ωのプルアップ抵抗を使うことができます．

さらにファスト・モード・プラスでは，このような，より小さいプルアップ抵抗を使うことよって，I²Cバスのインピーダンスを下げ，ノイズ耐性を高めています（図1-31）．

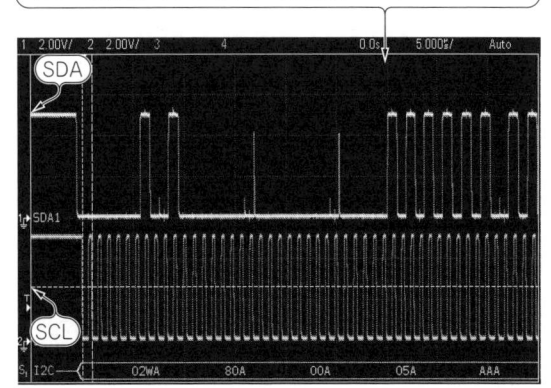

図1-30　最大周波数が1MHzのファスト・モード・プラス対応のI²CデバイスでバスをドライブしたときのSDAとSDLの波形
駆動可能な容量は最大550pF，電流は20mA

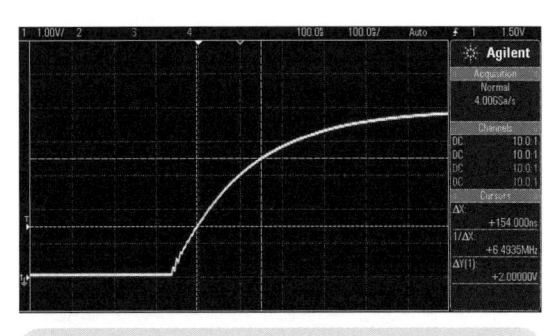

$V_{OH} = 3.5$V，$V_{OL} = 1.5$V（$V_{DD} = 5$V），$R_{Pullup} = 2.2$kΩ
波形を見ると，$t_r = 154$nsであることがわかる．計算で求めた容量は85pF．ここから測定に使用したプローブ容量（15pF）を差し引くと，$C_b = 70$pFとなる．

図1-32　I²Cバスの容量は立ち上がり時間から求まる

● バス容量を測る方法

「バス容量が，プルアップ抵抗を決める」と書きました．では，バス容量は，どのようにしたら知ることができるでしょうか？実際のバスの容量を測定するのは難しそうですが，実は，簡単な方法があります．

オシロスコープで I²C バスの波形を見て，その立ち上がり時間と，取り付けてあるプルアップ抵抗の値から，容量を求めることができます．

先ほどの式に，それぞれの値を当てはめると，容易にバス容量を求めることができます．図 1-32 の波形は，その例です．

この I²C は，5V 電源で動作しており，V_{OL} と V_{OH} は，それぞれ 1.5V，3.5V なので，1.5V から 3.5V に到達する時間を測ります．この回路のプルアップ抵抗は，2.2kΩ，立ち上がり時間は，154ns となっているので，容量は約 85pF です．これから，オシロスコープのプローブの容量 15pF を差し引くと，バス容量が，70pF（= 85pF − 15pF）であることがわかります．

行き詰まったときの攻略法

■ 配線を長く引き伸ばして ICをたくさんつなぎたい

● バッファ IC を利用する

上記のように，I²C はバス容量の制限があるため，それを超えて接続することはできません．

どうしてもバスを長く引き回したり，たくさんのデバイスを接続する必要がある場合は，リピータやバッファと呼ばれるデバイスを利用します．信号線のインピーダンスが高いため，とくにスタンダード・モードやファスト・モードでは，ノイズに弱いと言われる I²C ですが，バッファの使用によって耐性を高めることができます．

■ I²C 専用のバッファ IC を使う

一般的に使われる汎用ロジック・ファミリのバッファは，お馴染みのデバイスですが，これを I²C に使うことはできません．I²C は，双方向バスなので，通常のオープン・ドレイン・バッファを使うと，いったん信号が L レベルに落ちた後，デッドロック状態となり，動かなくなってしまいます（図 1-33）．

このため，I²C バス専用のバッファが用意されています．これらには，スタティック・オフセット型，インクリメンタル・オフセット型，ノー・オフセット型，アンプ型の 4 種類があります．

① スタティック・オフセット型

後出の図 1-34 で詳しく説明しますが，スタティック・オフセット型のバッファは，両側のバス容量を分離することが可能です．引き込み電流を強化したバッファをもったデバイスや，信号レベル変換を行うデバイスも多く用意されており，ケーブルの信号駆動などによく使われています．

引き込み電流を強化したバッファを持つデバイスは，片側は，通常の能力のポートで，もう一方のポートは，強い引き込み電流を持たせてあります．この引き込み電流を強化した側を，強ドライブ側と呼んでいます．

たとえば，PCA9601 では，強ドライブ側の出力は，電圧 15V，60mA の引き込み電流に対応しており，I²C 信号を長く引き回す場合などに最適なバッファです．スタティック・オフセット型は，一方の信号にオフセットを持たせてあるのが特徴です．

スタティック・オフセット型の代表的な例として，PCA9517 の動作を見てみましょう．

図 1-34 のように，この IC には，A 側と B 側の入出力ポートがあり，それぞれ違った特性を持っています．A 側は，とくに変わったことはなく，通常の入出力特性を持った端子です．一方，B 型は，L レベルの出力レベル（V_{OL}）が，0.52V，L レベルの入力検出レベル（$V_{IL(\max)}$）が，0.4V になっています．

A 側から入力された L レベル信号は，B 側に，0.52V のオフセット電圧を持った L レベル信号として出力されます．このため，B 側が入力になっているバッファは反応しません（0.52V が L レベルが入力されたとは，判断しない）．このような構造によって，デッドロックを回避しています．バッファを使った場合，不利になる点は，オフセット電圧のある側どうし

① 信号線A，Bの両方の信号がHighであるとする．
② スイッチAがONになるとバッファ1にLowが入力されB側の信号をLowに引っ張る．
③ バッファ2にLowが入力され，バッファ2もA側をLowに引っ張る．
④ ここでスイッチAがOFFになり，信号線AをHighに戻そうとしてもバッファ2がLowを出力しているので，信号はLowを維持したまま．この状態で固まってしまう

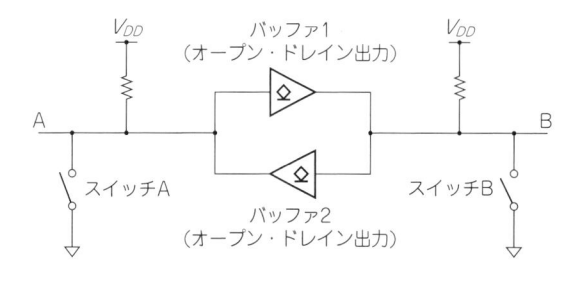

図 1-33　オープン・ドレイン・タイプの汎用バッファ IC は I²C に使うことはできない

22　第 1 章　2 線シリアル・インターフェース I²C 詳解

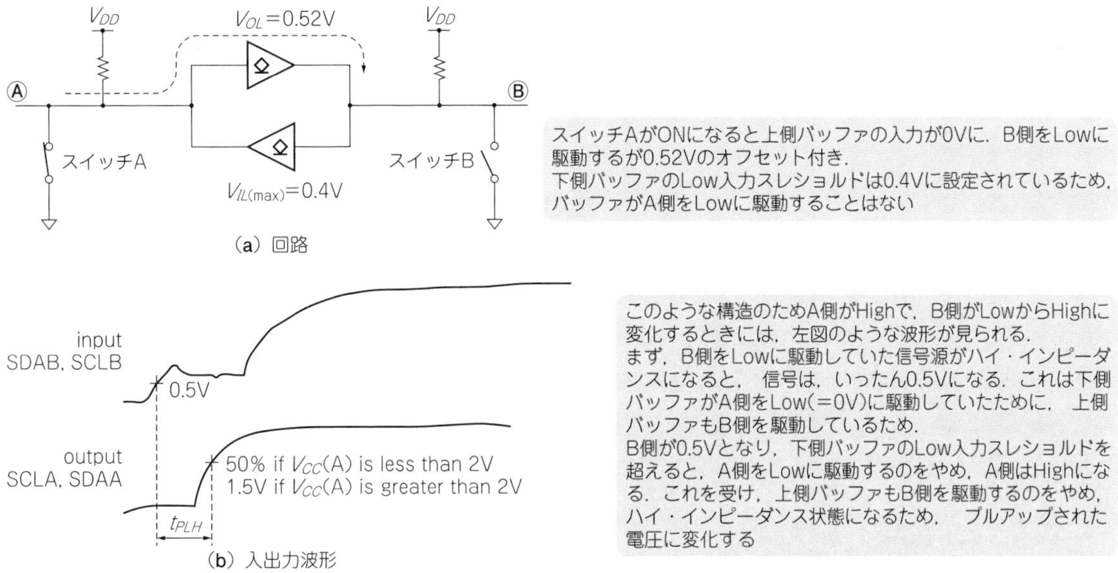

スイッチAがONになると上側バッファの入力が0Vに．B側をLowに駆動するが0.52Vのオフセット付き．
下側バッファのLow入力スレショルドは0.4Vに設定されているため，バッファがA側をLowに駆動することはない

(a) 回路

このような構造のためA側がHighで，B側がLowからHighに変化するときには，左図のような波形が見られる．
まず，B側をLowに駆動していた信号源がハイ・インピーダンスになると，信号は，いったん0.5Vになる．これは下側バッファがA側をLow(=0V)に駆動していたために，上側バッファもB側を駆動しているため．
B側が0.5Vとなり，下側バッファのLow入力スレショルドを超えると，A側をLowに駆動するのをやめ，A側はHighになる．これを受け，上側バッファもB側を駆動するのをやめ，ハイ・インピーダンス状態になるため，プルアップされた電圧に変化する

(b) 入出力波形

図1-34 I²C専用のバッファIC その①…スタティック・オフセット型PCA9517の動作

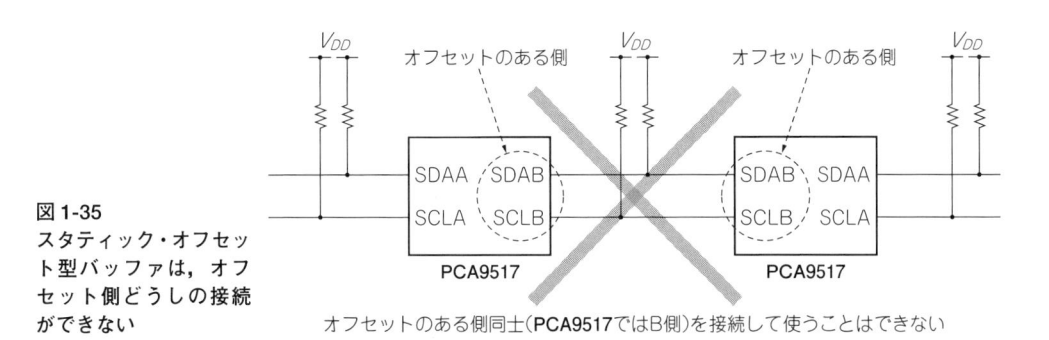

図1-35
スタティック・オフセット型バッファは，オフセット側どうしの接続ができない

オフセットのある側同士（PCA9517ではB側）を接続して使うことはできない

を接続した通信ができないことです（**図1-35**）．また，入力スレッショルド・レベルがとても低いデバイスには，使用できないことです．

なお，PCA9601は，フォト・カプラによるアイソレーション等の応用も可能です（**図1-36**）．

② インクリメンタル・オフセット型

インクリメンタル・オフセット型は，おもに両側バスの容量分離に使われ，おもにシングル・ボード・コンピュータなどで使われています．**図1-37**のように，バッファ内部にオフセット分を加算する回路を持ち，0.1Vのオフセット付きのボルテージ・フォロワとして動作します．このタイプでは，活線挿抜（ホット・スワップ）に対応した製品があります．活線挿抜をサポートするバッファでは，イネーブル・ピンをアクティブにすると，まず，バスがフリー状態であることを確認した後に，バッファが動作を始めるように作られています．信号には，0.1Vのオフセットが加わるため，同型バッファを縦続接続（カスケード接続）すると，各デバイスでのオフセットが加算されます（**図1-38**）．

③ ノー・オフセット型

ノー・オフセット型は，デッドロック防止のためのオフセットを持たないタイプです．両側のバスの容量を分離し，引き込み電流強化のために使われます．

I²Cのバッファでは，双方向の通信を可能にするため，互いに反対方向を向いた一組のバッファを用いますが，このタイプでは，それらのバッファが同時に動作しないように制御されます．動作するバッファは，先にLレベルになった側に入力を持ったものになります．

いったん，どちらかの側がLレベルになると，その側がHレベルに戻るまで，それを受けたバッファが動作状態になります．反対向きのバッファは，そのまま非動作状態を保ちます．言い換えると，一方の信号が先にLレベルになり，その状態を維持している間は，こちら側だけを信号源とし，反対側の信号を無視するとになります（**図1-39**）．

このバッファは，オフセット電圧がないため，本来のノイズ・マージンを確保できることが大きな利点で

行き詰まったときの攻略法　23

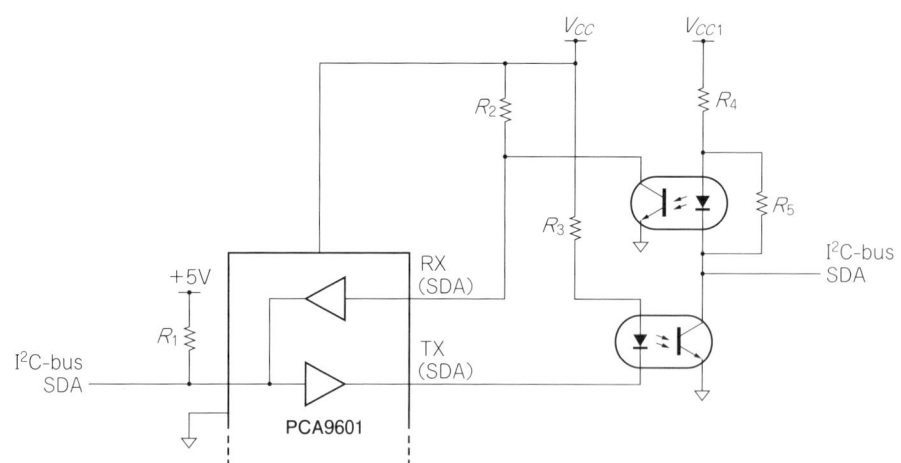

図1-36 スタティック・オフセット型I²C専用バッファ（PCA9601）を使った絶縁型I²Cドライブ回路

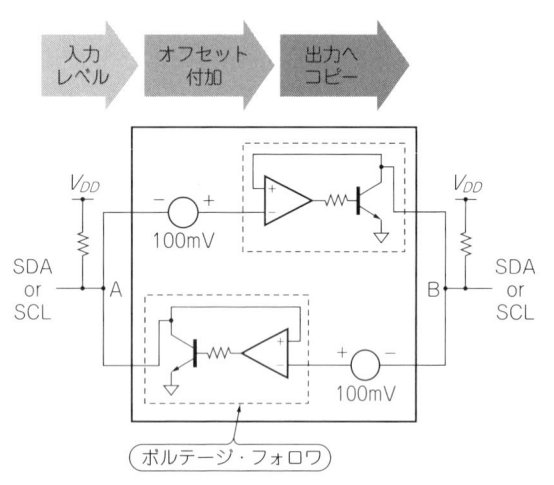

図1-37 I²C専用のバッファIC その②…インクリメンタル・オフセット型バッファ

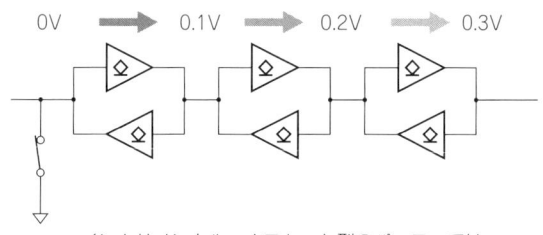

図1-38 インクリメンタル・オフセット型バッファは縦続接続するとオフセットが積算される

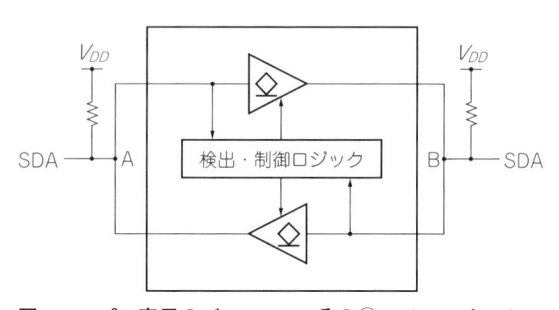

インクリメンタル・オフセット型のバッファでは，バッファを1段通るたびに0.1V加算されていく

図1-39 I²C専用のバッファIC その③…ノー・オフセット型バッファ

す．デメリットは，マルチ・マスタや，クロック・ストレッチングを行うシステムでは使えないことです．

例えば，一方からのLレベルを，反対側に伝えている間に，そちら側もLレベルになったとします．この信号は，最初にLレベルを出し始めた側が，いったんHレベルにならなければ，逆方向への信号伝達ができません．このため，クロック・ストレッチングを行うようなシステムで使うと，両方からLレベル入力があるとき，最初にLレベルを出力した側が，Lレベルの期間を終えると，この側は，いったんHレベルになってから反対側のLレベルが伝達されてくることになります．このように，望ましくないパルスが発生してしまうため，双方向SCL信号には，使うことができません．PCA9605は，ノー・オフセット型の代表的なデバイスですが，SCL用チャネルには，クロックの向きを外部から指定できるように，方向選択ピンが用意されています．

④ アンプ型

アンプ型バッファは，電流増幅を行うアンプです．このタイプは，とても小さいオフセットしか持たないというメリットがありますが，容量の分離はできません．このタイプでは，構造的な制約のため，信号レベル変換にも対応できません．

図1-40は，アンプ型バッファの原理を示したものです．両側のバスの信号線は，小さい抵抗を介して接続されており，この抵抗の両端に発生する電圧を検出して，内部のバッファ動作を切り替えています．

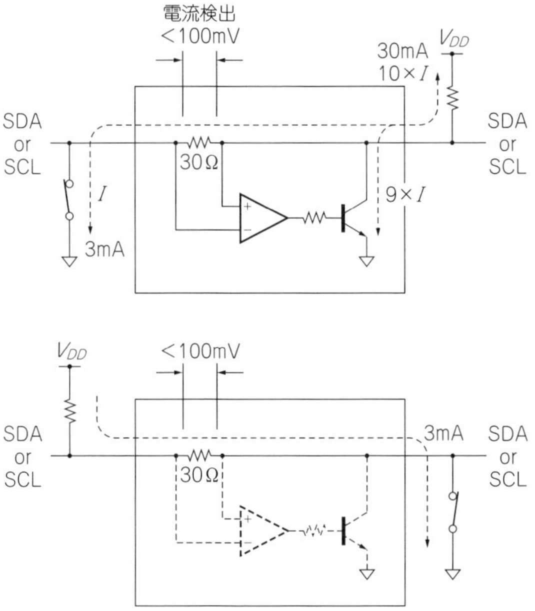

図1-40　I²C専用のバッファIC その④…アンプ型バッファ

アドレスの衝突を回避したり一斉配信したい

● 同一アドレスのICを複数接続したい

同一アドレスを持ったデバイスを複雑接続するときは，スイッチやマルチプレクサを使います（**図1-41**）．

I²Cバスをいくつかの系統に分けておき，それを切り替えて使うことができるようにします．1:2，1:4，1:8のように，枝分かれしたバスを，任意に切り替えながら使えるようになります．

ここで言うスイッチとは，各分岐先のバスを，それぞれイネーブル/ディセーブルして使うことができるようになっているタイプです．あるときは，全分岐先をすべてイネーブルしておいて一斉通信を行い，また，あるときは，個別の分岐先だけを選択して通信を行うことができるものです．

もうひとつのタイプの，マルチプレクサでは，選択できるのは，常に1系統だけです．どちらの場合でも，重複したアドレスを持ったスレーブを接続したいときに便利です．使わない分岐先をディセーブルしておけば，そこに繋がれたデバイスは，反応しません．また，ディセーブルしたバス部分の容量は，影響しないことになるので，容量負荷の軽減にも役立ちます．

● 一斉配信したい

スイッチを利用すると，個別の分岐系統に配置された同アドレスを持つスレーブに対して，一斉通信（ブロードキャスト）を行うことも可能です．たとえば，初期化のときに，同じ設定を一度に送ってしまうような使い方が可能です．ただしこの場合，ACKを返さないスレーブがあったとしても，それを検出することができません（他のACKを返すスレーブの信号に引っ張られてしまうため）．このため，必要に応じて，ブ

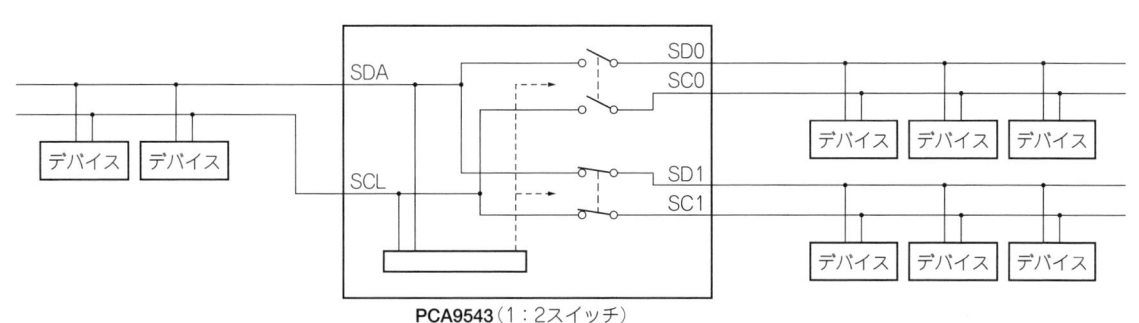

（a）左側のデバイスがスイッチの状態を設定，2系統に分岐したそれぞれのバスの接続，非接続状態を選択する

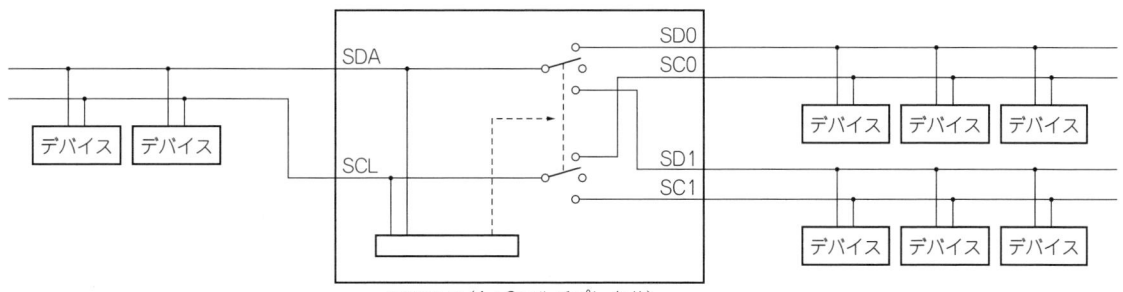

PCA9543（1:2スイッチ）

（b）左側のデバイスがスイッチの状態を設定，2系統に分岐したどちらか（あるいは，どちらでもない）を選択する

PCA9540（1:2マルチプレクサ）

図1-41　同じアドレスをもつI²Cデバイスを一つのバスで使うときはスイッチやマルチプレクサを利用する

表1-1 同じアドレスをもつI²Cデバイスを一つのバスで使うときに利用するスイッチやマルチプレクサの製品ラインアップ

型番	マルチプレクサ入出力構成	付加機能				パッケージ
		設定可能なアドレス数	割り込みチャネル	リセット・ピン	ピン数	
PCA9540B	1-2(マルチプレクサ)	1	なし	なし	8	SO8, TSSOP8, XSON8U
PCA9541A	2-1(マルチプレクサ)	16	あり	あり	16	SO16, TSSOP16, HVQFN16
PCA9542A	1-2(マルチプレクサ)	8	あり	なし	14	SO14, TSSOP14
PCA9543A/B/C	1-2(スイッチ)	4	あり	あり	14	SO14, TSSOP14
PCA9544A	1-4(マルチプレクサ)	8	あり	なし	20	SO20, TSSOP20, HVQFN20
PCA9545A/B/C	1-4(スイッチ)	4	あり	あり	20	SO20, TSSOP20, HVQFN20
PCA9546A	1-4(スイッチ)	8	なし	あり	16	SO16, TSSOP16, HVQFN16
PCA9547	1-8(マルチプレクサ)	8	なし	あり	24	SO24, TSSOP24, HVQFN24

ロードキャスト後に書き込みが済んでいることを確認するようにします(I²C仕様3.1.10節 備考6項を参照).

● 2台のマスタを切り換えたい

このような,1対多形態のマルチプレクサの他に,マスタ側を2,スレーブ側を1として使う,2:1のマルチプレクサも存在します.I²Cは,マルチ・マスタをサポートしているため,このようなデバイスは必要ないように思われますが,ある種の冗長性を確保したシステムでは,2台のマスタを切り替えて使うような例があり,そのために用意されています.

NXPセミコンダクターズ社のスイッチ,マルチプレクサ製品は,すべてレベル変換機能があります.表1-1に,NXPセミコンダクターズ社のスイッチ,マルチプレクサ製品リストを示します.

バスが動かないときはノイズも疑う

● SDAがLになったままになる

I²Cは,先に説明したように,マルチ・マスタを想定したシステムのため,たとえマスタであっても,バスの状態を監視しながら動作するようになっています.このため,ノイズなどの影響によって,思わぬ状態に陥ることがあります.

そのひとつが,スレーブが,SDA信号をLレベルのままになってしまう,SDAスタックと呼ばれる状態です.この状態は,バス・クリアによって回復が可能です.

マスタは,転送を開始しようとしたときに,バスの状態を確認し,フリーであれば,スタート・コンディションを発生させて通信を始めます.しかしスレーブが,SDAをLレベルに保持していると,いつまで経っても待たされたままの状態に置かれてしまうことになります.

● ノイズ混入でSDAがLレベルに張り付くメカニズム

スレーブが,SDAをLレベルに保持したままとなるのは,どのようなときでしょうか?

たとえば,マスタがスレーブに対してのアドレス指定や,データの書き込み(write)を行っているときに,SCLにノイズが乗った影響で,1パルス分のクロックを逃してしまったとします.そうすると,マスタは9回分のSCLパルスで8ビットのデータを送り出し,ACK・NACKの受信も完了したつもりになっていますが,スレーブ側は,SCLを8パルスしか受け取っていないと認識しています.スレーブは,本来9ビット目であった,前のビットを,8ビット目のデータとして受け取り,SCLがLレベルになると,ACKを返すために,SDA信号をLレベルに引っ張ります.マスタ側は,もう9個分のSCLを送ってしまったと認識していますし,9ビット目のデータは,マスタもスレーブもLレベルにしていなかったため,NACKであると判断し,転送をやめてしまいます.この後,マスタは,データの再送を行おうとしても,あるいは次のデバイスに対しての通信を開始しようとしても,SDAがLレベルになったままなので,なにもできない状態に陥ります(図1-42).

● スタックを解除するバス・クリア

スレーブが,データを出力して止まっている状態を解決するのが,バス・クリアです(図1-43).マスタが,9クロック分のSCLパルスを出力し,スレーブの状態を強制的にクリアします.この方法は,マスタがスレーブからの読み出しを行っていた場合でも,有効です.

マスタは,SDA信号を駆動しないまま,SCLにパルスを出すため,スレーブから見ると,この9発のパルスの期間のうちに,8ビットのデータを送り出した後,9ビット目のACKをマスタから得ようとします.しかしこのとき,SDAは,だれからも引っ張られてない状態になるので,Hレベルになり,スレーブは,

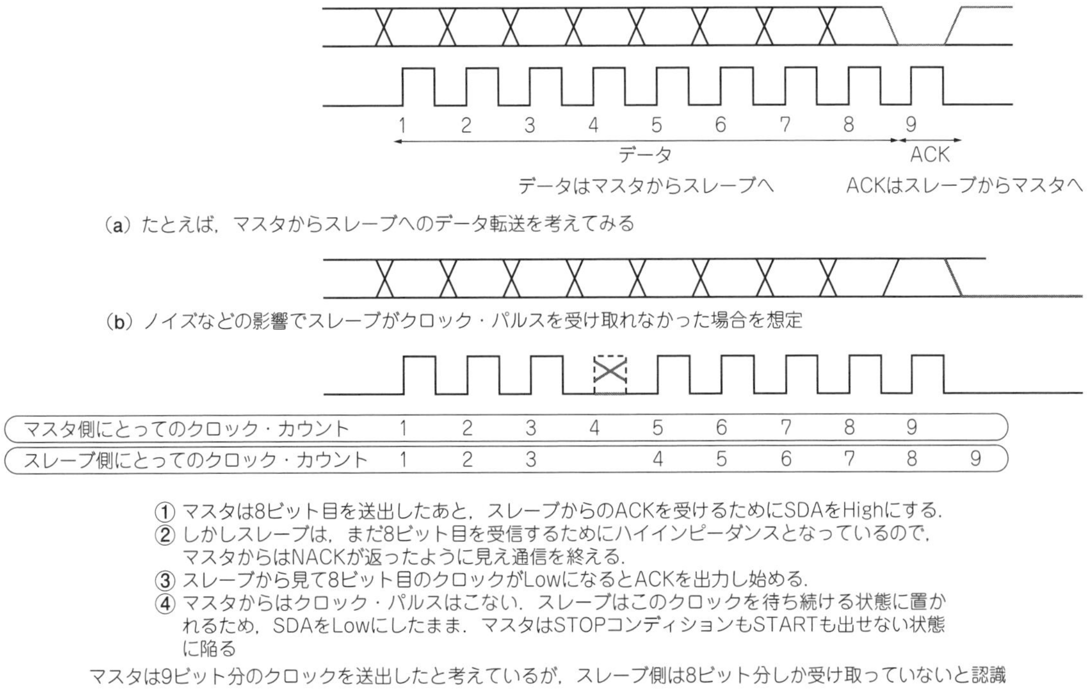

(a) たとえば，マスタからスレーブへのデータ転送を考えてみる

データはマスタからスレーブへ　　ACKはスレーブからマスタへ

(b) ノイズなどの影響でスレーブがクロック・パルスを受け取れなかった場合を想定

マスタ側にとってのクロック・カウント　1　2　3　4　5　6　7　8　9
スレーブ側にとってのクロック・カウント　1　2　3　　　4　5　6　7　8　9

① マスタは8ビット目を送出したあと，スレーブからのACKを受けるためにSDAをHighにする．
② しかしスレーブは，まだ8ビット目を受信するためにハイインピーダンスとなっているので，マスタからはNACKが返ったように見え通信を終える．
③ スレーブから見て8ビット目のクロックがLowになるとACKを出力し始める．
④ マスタからはクロック・パルスはこない．スレーブはこのクロックを待ち続ける状態に置かれるため，SDAをLowにしたまま．マスタはSTOPコンディションもSTARTも出せない状態に陥る

マスタは9ビット分のクロックを送出したと考えているが，スレーブ側は8ビット分しか受け取っていないと認識

図1-42 ノイズが混入してスレーブがI²CバスのSDAをLレベルに引いたままになり，ほかのデバイスがバス通信不能に陥った例

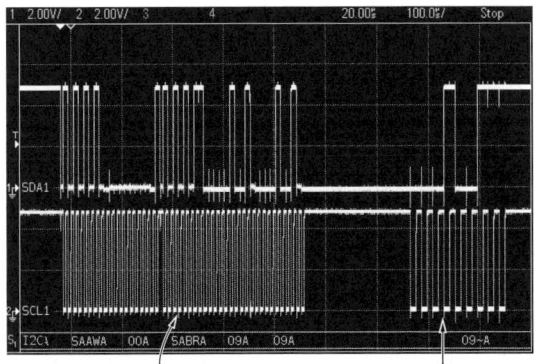

マスタは2バイトの読み出しを行っているが，最後の1バイトに対してACKを送ってしまったため，スレーブは次のビット「0」を用意して止まってしまっている

SDAがLレベルになったままになってしまっているので，SCLを9回トグルしてバス・クリアを行った．このあとはSDAはHレベルに戻っている

図1-43 スレーブがI²CバスをLレベルに引いたままになり，ほかのデバイスが通信できなくなった状態を解除するバス・クリア機能の動作
マスタ側の実装不備による例

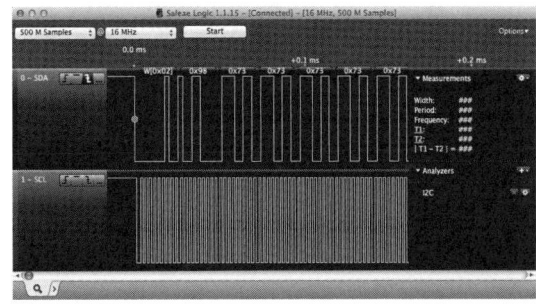

図1-44 I²Cバスの通信状況を調べるときに便利なPCベースのロジック・アナライザ Logic16（Saelae）

これをNACKと認識し，次のデータの転送を行うのをやめて，バスを開放します．このような方法で復帰させることが可能です．

SCL信号がLレベルになったままのSCLスタックは，通常の環境では発生しません．もし，SCLスタックが起こっているのであれば，それは，バスに接続されたデバイスに何らかの異常が発生していることになります．この状態からの復帰は，バスに接続されたデバイスのリセットによって行います．

SDAのバス・クリアは，必須の機能ではありません．バス・クリアを行わず，いきなりリセットを行ってもかまいません．この場合は，スレーブと通信状態のすべてがクリアされてしまうので，それを考慮した後処理を行わなければなりません．

● バスの状態を調べる方法
▶ 波形を観測できるオシロスコープは必須

I²Cは，100k～1MHz（ウルトラ・ファスト・モードでは，5MHz）の単純な信号を扱うため，特殊な測定器などは必要ありません．

バスが動かないときはノイズも疑う　27

Column 4 相性良し!? I²Cデバイス × お膳立てマイコン mbed

I²C デバイスは mbed マイコンと相性が良く，とても使いやすいです．

mbed のサイトには多数の I²C デバイスのコンポーネント・ライブラリが登録されているため，お目あてのデバイスをすぐに利用できます．

どのデバイスも SDA，SDC という 2 本のバスに接続する仕組みなので，デバイスを別のものに差し替えた場合でも，回路の大きな変更は必要ありません．その際，プログラムの方も変更したデバイス用のライブラリを読み込んでインスタンスを生成すればよく，大きな変更は必要ありません．

占有するマイコンの I/O ピンが 2 本だけと，とても少ないのも魅力的です．I²C でないタイプのデバイスだと，接続するデバイスの数に比例して I/O ピンを占有してしまいます．I²C はバス接続なので，デバイスの数が増えても占有するのは 2 本だけで変わりません．mbed マイコンには非常に小型のものもあるので，これはとても助かります．

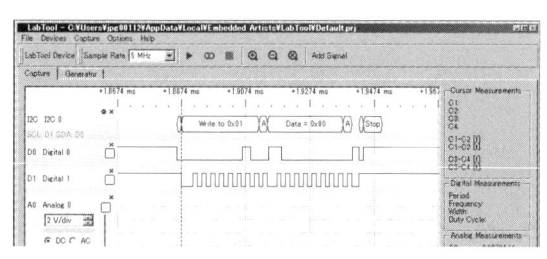

〈大中邦彦〉

図 1-45 I²C バスの通信状況を調べるときに便利な PC ベースのマルチ測定器 LabTool（Embedded Artists 社）を使ってみた

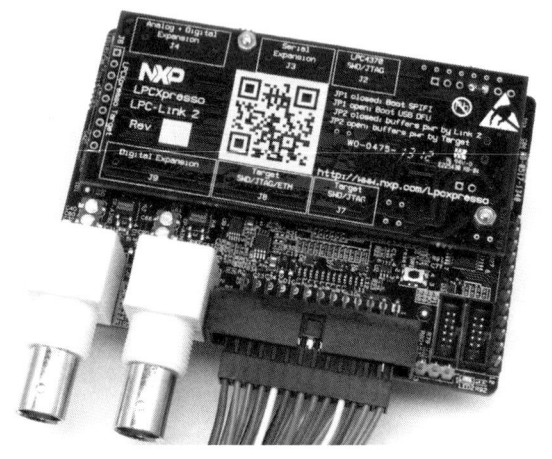

写真 1-1 I²C バスの通信状況を調べるときに便利な PC ベースのマルチ測定器 LabTool（Embedded Artists 社）
オシロスコープ，ロジック・アナライザ，信号発生器などがこれ 1 台で

この他，Embedded Artists 社の LabTool（写真 1-1）も便利です．この LabTool は，NXP の LPC‐Link2 デバッガを元にした，アナログ－ディジタル信号用の信号発生器，オシロスコープ，ロジアナの機能を備えた，PC ベースのツールになっており，I²C や，その他の信号発生・解析に威力を発揮します（図 1-45）．

ハードウェア・レベルでのデバッグをしないのであれば，測定機材などは何も必要ないでしょう．しかし，I²C の動作は，アナログ的な部分もあり，どのような動作をしているのかを細かく知るためには，オシロスコープがあると便利です．もし可能であれば，I²C のプロトコルをデコードする機能付きのものを用意できればベストです．これがあれば，信号の立ち上がり波形から，プルアップ抵抗の妥当性や，細かいタイミングのデバッグまでが可能になります．

▶ プロトコルもチェックできるロジック・アナライザ

この他，最近では，低価格の PC ベースのロジック・アナライザが，各種販売されています．I²C は，2 本線なので，多チャネルのものは必要なく，波形を取り込んで，プロトコルを解析できるものでも，十分デバッグが楽になります．私の愛用している低価格ロジアナは，Saleae 社の Logic16（図 1-44）というもので，必要十分な性能を備えており，大変重宝しています．

◆参考資料◆

(1) I²C バス仕様およびユーザ・マニュアル(Rev.5.0J)，UM10204（日本語翻訳版）
http://www.nxp.com/documents/user_manual/UM10204_JA.pdf
(2) I²C‐bus specification and user manual(Rev.5.0)，UM10204（原文：英語）
http://www.nxp.com/documents/user_manual/UM10204.pdf
(3) ［まめ知識］I²C バスの容量を測る
http://goo.gl/uh3uIF
(4) I²C バス関連製品　日本語情報ページ
http://www.jp.nxp.com/products/
https://github.com/mbedmicro/mbed/tree/master/libraries/mbed/
(5) NXP マイクロコントローラの日本語情報ページ
http://www.nxp-lpc.com
(6) I²S(Inter IC Sound)バス仕様
https://sparkfun.com/datasheets/BreakoutBoards/I2SBUS.pdf

サンプルを使ってみる

● mbed について

この本に掲載されている各デバイスとの通信のサンプル・コードは，すべて mbed で動作するよう作られています(動作確認は mbed NXP LPC1768：**写真1-2**)．**図1-46** に mbed のサイトを，**図1-47** に LPC1768，**図1-48** に LPC11U24，**図1-49** に LPC1114 の PINOUT を示します．

サンプル・コードでは，mbed-SDK を利用しています．mbed-SDK は，ハードウェアを抽象化したライブラリの集合体です．たとえば，マイコンに内蔵されている I^2C ハードウェアの詳細を気にしなくても，I^2C の機能を使えるようにした API を提供しています．

mbed NXP LPC1768(通称：青 mbed)でなくても，I^2C をサポートする mbed-SDK に対応したマイコンであれば，同じコードが動きます．たとえば，黄色い mbed(mbed NXP LPC11U24)や，LPC1114 も，mbed-SDK が対応しているマイコンです．

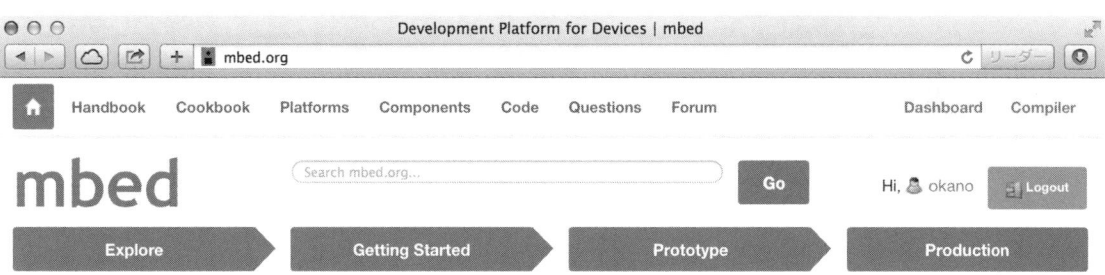

写真 1-2 mbed NXP LPC1768

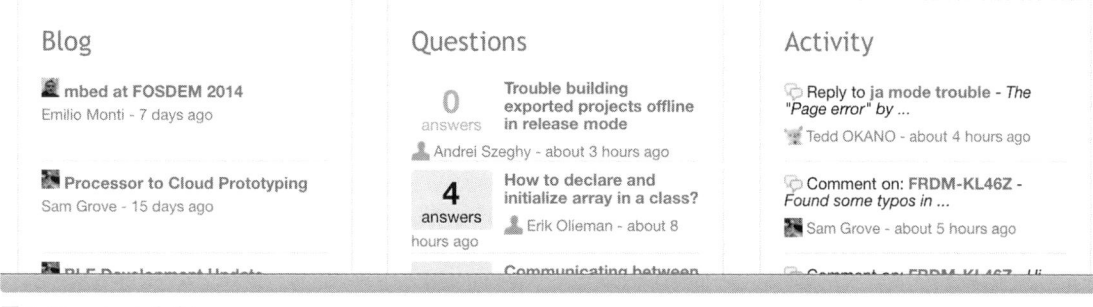

図1-46 mbed サイト

リスト 1-1　コード例 1

```
#include "mbed.h"        // mbed ライブラリを使うためにヘッダをインクルード

I2C i2c( p28, p27 );  // SDA, SCL

int main() {
    char data[ 2 ];                 // 転送データを扱うためのバイト列を配列として用意

    data[ 0 ] = 0x11;               // 配列の第一要素に 0x11 を代入
    data[ 1 ] = 0x22;               // 配列の第一要素に 0x22 を代入

    i2c.write( 0xAA, data, 2 );     // I2C の書き込み転送を実行
}
```

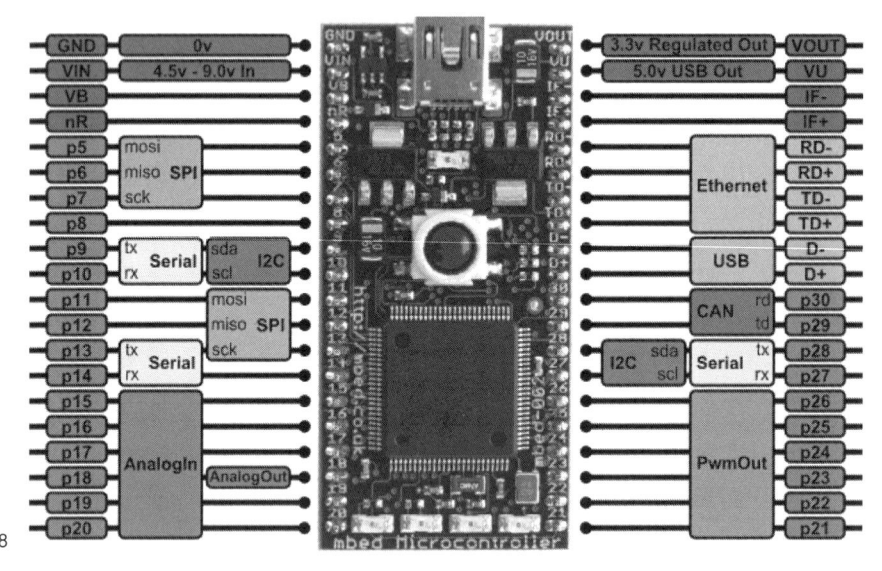

図 1-47
mbed の PINOUT
mbed NXP LPC1768

そのほか，mbed がサポートする I²C マスタ機能搭載のマイコンであれば，同じコードがそのまま使えます．

また，mbed ではなく，他のマイコンで使いたい場合にも，このサンプル・コードは役に立ちます．mbed は，データのやりとり部分をシンプルに表現できる API になっているので，これを手がかりに独自の環境にも比較的容易に移植することができます．

mbed の基本的な使い方については，「これから mbed をはじめる人向けリンク集」をご覧ください．

```
http://mbed.org/users/nxpfan/
    notebook/links_4_mbed_primer/
```

なお，本書のサンプル・コードは，すべて mbed サイトで公開されています．

```
mbed のチーム・サイトで公開しています．
http://mbed.org/teams/CQ_I2C_book/
    wiki/welcome
```

動作確認は，これらのコードを使ってすぐに試してみることができます．リスト 1-1 にコード例を示します．

● mbed API の使い方

mbed API を使えば I²C の操作は非常に簡単です．mbed-SDK は，C++ 言語ライブラリとして提供されていますが，C 言語の基本的な知識さえあれば，問題なく使えます．

書き込み転送

リスト 1-1 のようなコードを用意するだけで，I²C に信号を出すことができます．

"mbed.h" には，mbed ライブラリを使うための宣言などが含まれています．mbed ライブラリ関連以外にも "stdio.h" などのヘッダも，ここで一緒にインクルードされます．

「I2C i2c(p28, p27)」は，I²C クラス（ライブラリ）の i2c というインスタンスを作成しています．C 言語でいう変数のようなもので，これを使って I²C を操作します．カッコ内は，インスタンスを作る際の初期化子で，使うピンを指定しています．最初の初期化

図 1-48
mbed の PINOUT
mbed NXP LPC11U24

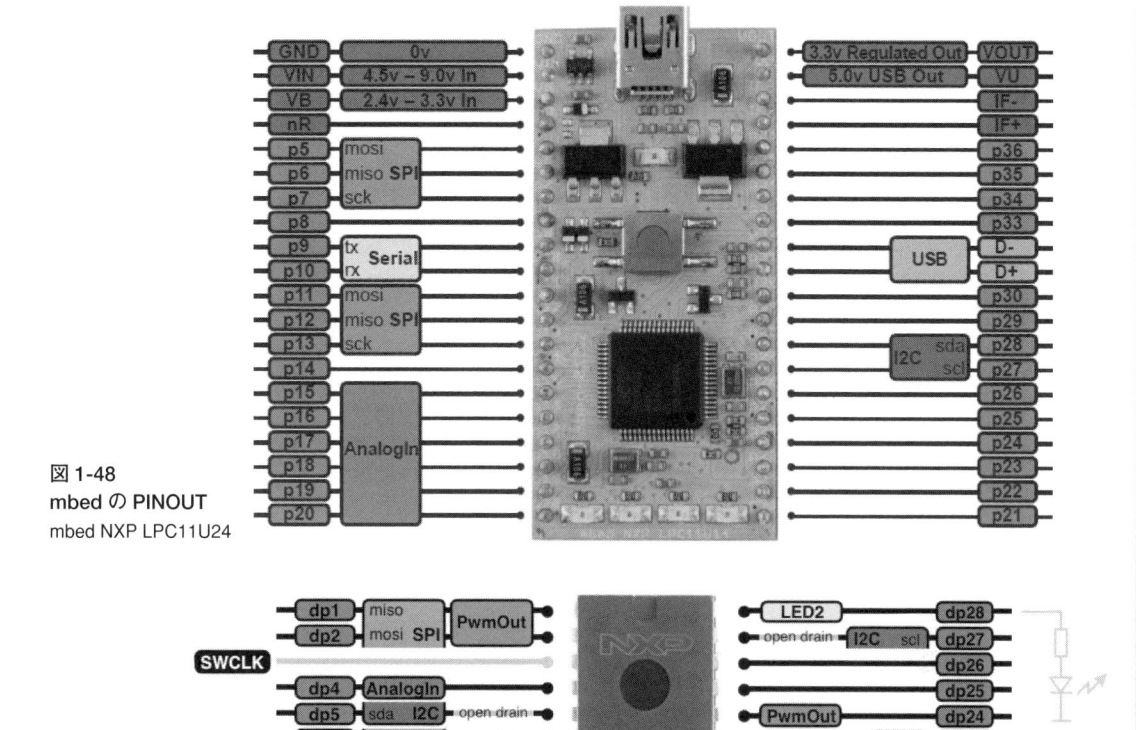

図 1-49
mbed の PINOUT
LPC1114

子で指定されるのは SDA，次が SCL のピンです．つまり，p28 に SDA，p27 には SCL を指定しています．青 mbed では，p28，p27 の他に，p9，p10 を I²C の SDA，SCL ピンとして使うことができます．

LPC1114FN28（28 ピン DIP パッケージの ARM）を使う場合，dp5 に SDA，dp27 には SCL を指定して使うことが可能です．

メイン関数では，まず配列を宣言をして，この中に I²C に出力するデータを格納します．2 バイトの配列で，最初の 1 バイトに 0x11 を，2 バイト目に 0x22 を入れています．

I²C クラス・ライブラリのメンバ関数「write」を呼んで，I²C の転送を行います．この write 関数は，三つの引き数を指定します．最初の引き数は，転送先スレーブ・アドレスの指定を行う数値です．

mbed の API では，7 ビットのアドレスを前詰めで（7 ビットの MSB を 1 バイト数値の MSB として）します．最後のビットは，write・read 関数が自動的にセットしてくれます．

ここでは，0xAA が書き込みの関数に使われているため，スタート・コンディションの後の 1 バイト目は，アドレス＋方向指定ビットとして，「10101010」が出力されることになります．

2 番目は，配列の指定です．data 配列の中身を送信したいので，「data」（配列へのポインタ）を指定しています．

最後の数値は，データの長さです．配列の要素を 2 個（2 バイト）だけの送信を行いたいので，「2」を指定しています．転送を終えると，この関数は自動的にストップ・コンディションを出力します．

返り値が，0 であれば転送に成功，0 でない値が返ってきたときは，NAK 等の問題が発生している状態です．たったこれだけで，mbed は，I²C の転送を行ってくれるのでとても便利です．

次に，データの読み出しを行う例を見てみましょう．

読み出し転送

データの読み出しは I²C クラスのメンバ関数 read

サンプルを使ってみる　31

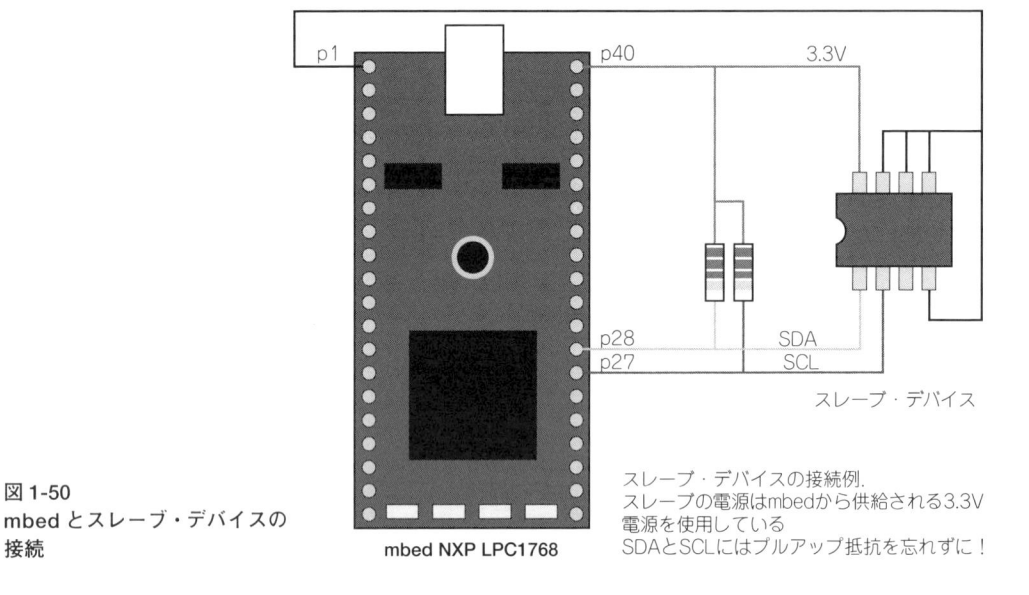

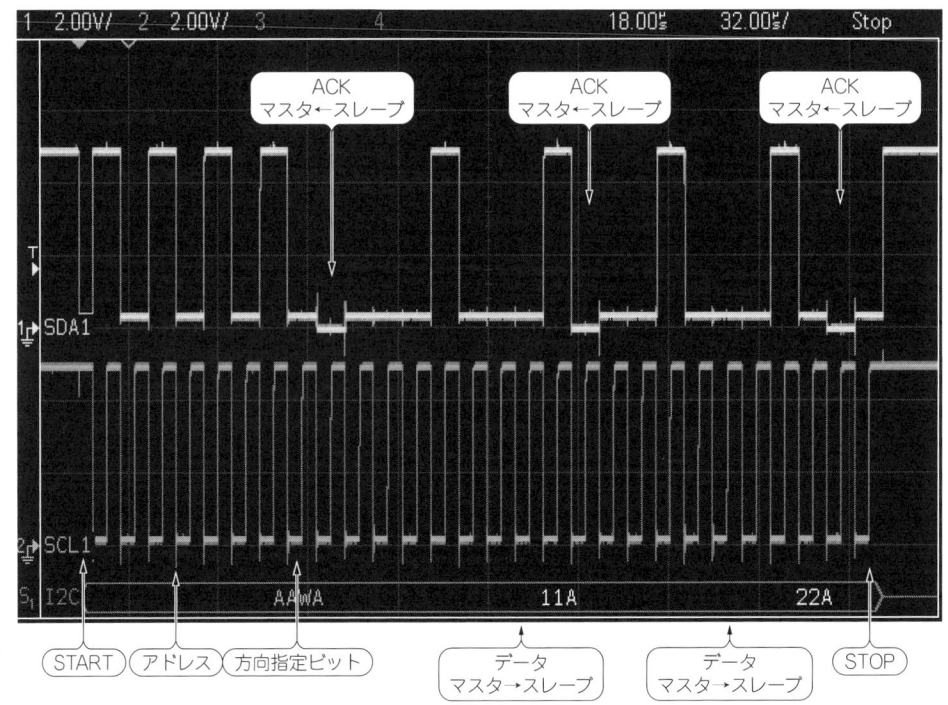

図1-50
mbedとスレーブ・デバイスの接続

mbed NXP LPC1768

スレーブ・デバイスの接続例．
スレーブの電源はmbedから供給される3.3V
電源を使用している
SDAとSCLにはプルアップ抵抗を忘れずに！

図1-51
サンプル・コードによるデータ転送

(START) (アドレス) (方向指定ビット) (データ マスタ→スレーブ) (データ マスタ→スレーブ) (STOP)

で行います(**リスト1-2**)．先ほどと同じように，`i2c.read( 0xAA, data, 2 );`のような関数の呼び出しで転送が行えます．

より具体的な転送の例として，スレーブ・デバイスのレジスタの読み出し操作を見てみましょう(**図1-50**, **図1-51**, **図1-52**)．スレーブ・デバイスには，レジスタを持っているものがよくあります．このようなデバイスと通信をする際には，スレーブ・アドレスに続く最初のデータで，このレジスタを指定します．書き込みを行う場合は，連続してデータを送信してればよいのですが(たとえば先の例では，0x11で指定されるレジスタに，0x22を書いていた)，読み出しでは，一旦レジスタを指定してから，読み出し操作をしてやらねばなりません．

リスト1-2にコード例を示します．先ほどと同じようなコードですが，I²Cの転送を2回行っています(**図1-53**)．最初に1バイト・データの書き込みを行い，次に1バイトの読み出しを行っています．

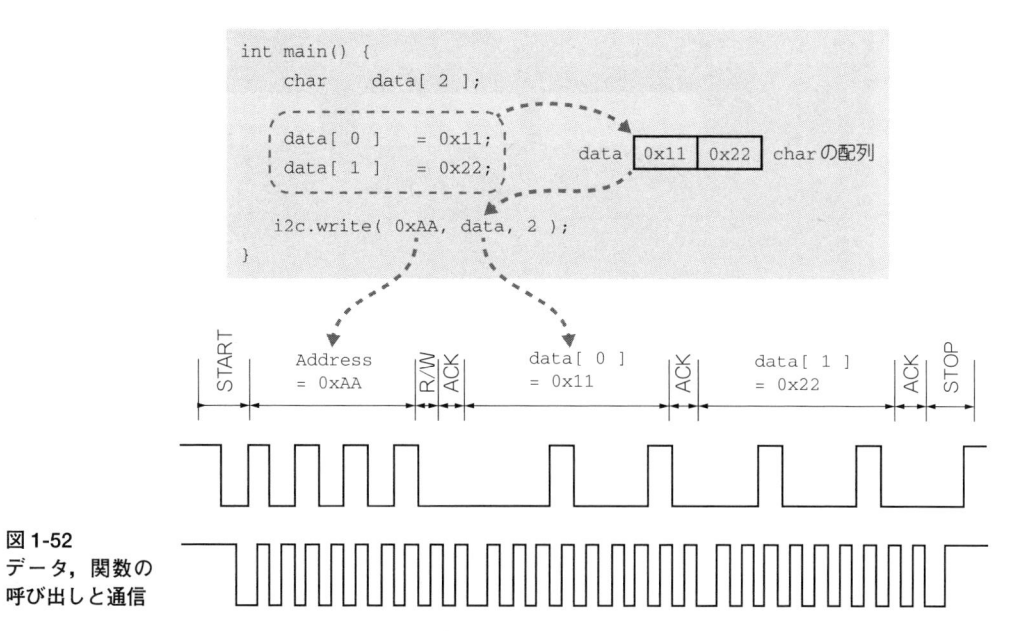

```
int main() {
    char    data[ 2 ];

    data[ 0 ]    = 0x11;
    data[ 1 ]    = 0x22;

    i2c.write( 0xAA, data, 2 );
}
```

data 0x11 0x22   charの配列

図 1-52
データ，関数の
呼び出しと通信

リスト 1-2　コード例 2

```
#include "mbed.h"       // mbed ライブラリを使うためにヘッダをインクルード

I2C i2c( p28, p27 );  // SDA, SCL

int main() {
    char data[ 1 ];                 // 転送データを扱うためのバイト列を配列として用意

    data[ 0 ] = 0x11;               // 配列の第一要素に 0x11 を代入

    i2c.write( 0xAA, data, 1 );     // I2C の書き込み転送を実行
    i2c.read( 0xAA, data, 1 );      // I2C の読み出し転送を実行
}
```

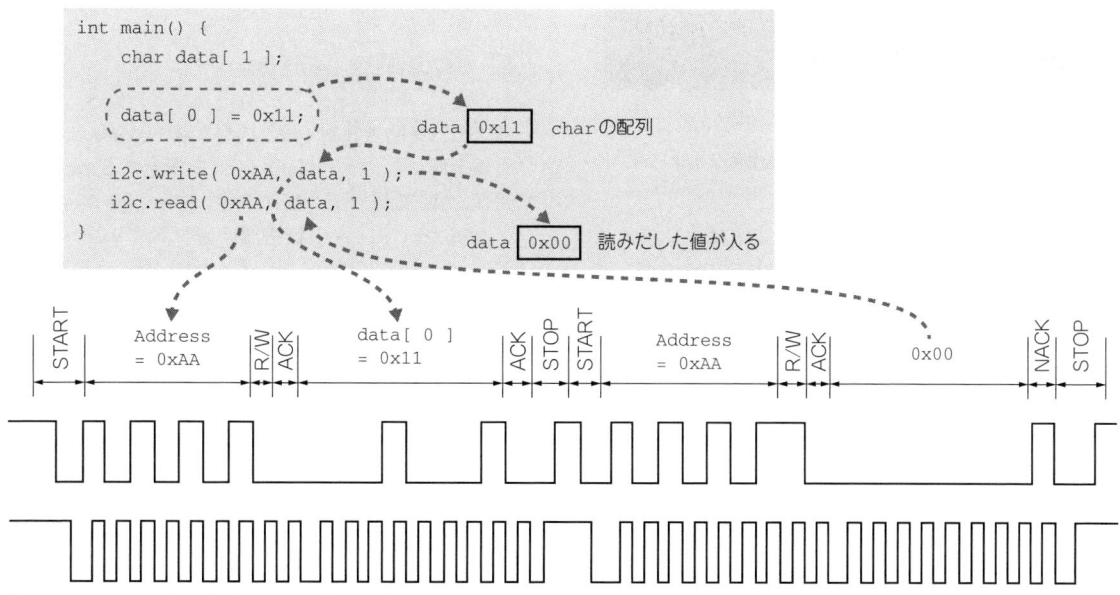

```
int main() {
    char data[ 1 ];

    data[ 0 ] = 0x11;

    i2c.write( 0xAA, data, 1 );
    i2c.read( 0xAA, data, 1 );
}
```

data 0x11   charの配列

data 0x00   読みだした値が入る

図 1-53　スレーブ・デバイスのレジスタ読み出し

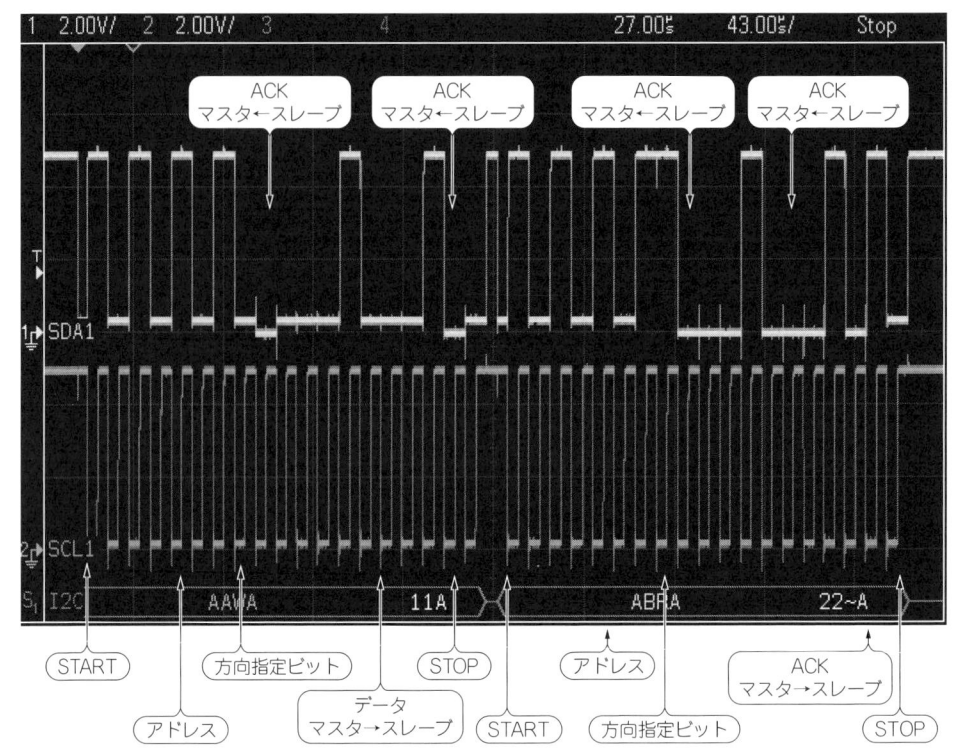

図1-54 サンプル・コードによるデータ転送

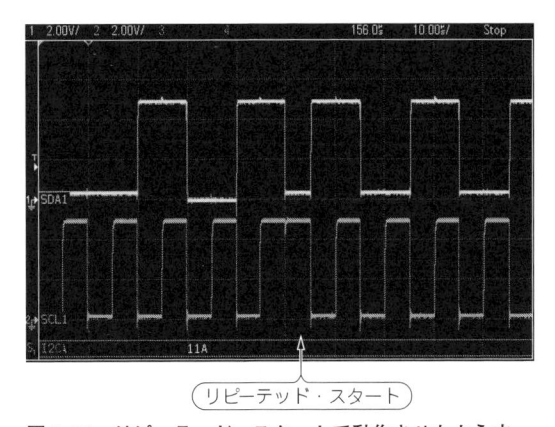

図1-55 リピーテッド・スタートで動作させたようす

最初の書き込みで書いている1バイトは，レジスタ指定の値です．まずこれを指定しておいてから，1バイトの読み出しをread関数で行います．read関数が実行されると，指定されたポインタが指す変数に指定された数だけ，データを読んで返ってきます．この関数も，実行に問題がなければ0を返します．この例では，writeとreadの関数を1回ずつ呼びました．各関数の実行では，最初にスタート・コンディション，最後にはストップ・コンディションを発生させます．

稀に，ある種のスレーブ・デバイスでは，レジスタ指定と読み出しの間にストップ・コンディションを入れると，正常に動作しないものが存在するようです．

これに対応するために，ストップ・コンディションを発生させず，次のスタート・コンディションを，リピーテッド・スタートとして扱う方法も用意されています．

```
i2c.write( 0xAA, data, 1, true );
// I²Cの書き込み転送を実行(ストップ・コンディション無し)
i2c.read( 0xAA, data, 1 );
// I²Cの読み出し転送を実行
```

通常は，省略される4番目の引数repeated(デフォルト時：false)に，trueを指定すると，その転送は，ACKビットの後のストップ・コンディションは生成されず，次の転送開始時にスタート・コンディションを発生させると，それがリピーテッド・スタートとなります(**図1-55**)．

1バイトごとの転送

また，mbed-SDKでは，1バイトごとにデータを転送するAPIも用意されています．start, stopや1つの引数だけ取るwrite, read関数を用いて転送を行います．

次のコード例3(**リスト1-3**)は，先に出てきたコード例1と同じ転送を，1バイトごとに転送を行うAPIで行っているものです(**図1-56**)．コード例4(**リスト1-4**)は，同様にコード例2と同じ転送を1バイトごと

リスト1-3 コード例3

```
#include "mbed.h"    // mbed ライブラリを使うためにヘッダをインクルード

I2C i2c( p28, p27 );  // SDA, SCL

int main() {
    i2c.start();
    i2c.write( 0xAA );  // スレーブ・アドレス＋方向ビット
    i2c.write( 0x11 );  // データ(1バイト目)
    i2c.write( 0x22 );  // データ(2バイト目)
    i2c.stop();
}
```

リスト1-4 コード例4

```
#include "mbed.h"    // mbed ライブラリを使うためにヘッダをインクルード

I2C i2c( p28, p27 );  // SDA, SCL

int main() {
    char read_data;
    i2c.start();
    i2c.write( 0xAA );  // スレーブ・アドレス＋方向ビット
    i2c.write( 0x11 );  // データ(1バイト目)
    i2c.stop();         // このSTOPは省略可．省略した場合，次のSTARTはReSTARTになる
    i2c.start();
    i2c.write( 0xAB );  // スレーブ・アドレス＋方向ビット
    read_data = i2c.read( 0 );  // 1バイトを読んだ後，スレーブにNACKを返すよう引き数に0を指定
    i2c.stop();
}
```

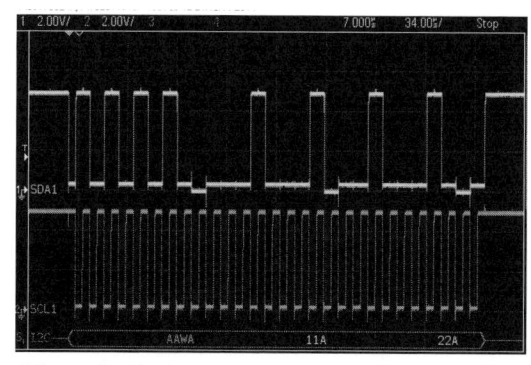

動作サンプル例に使ったmbed NXP LPC1768は充分に速いので，1バイト毎に転送を行うAPIを使っても，配列を使うAPIの速度と変わらない

図1-56 1バイト転送APIを使っての転送

に転送を行うAPIで行っているものです．

注意：コード例3と4では，各1バイト転送毎のACK/NACKのチェックが省略してあります．I²C本来の正確な動作のためには，1バイトを書く度にACKを確認し，NACKなら転送を中断，STOPを発生させなければなりません．

I²Cに関するAPIの解説は，次のURLのページで確認することができます（**図1-57**）．

http://mbed.org/handbook/I2C

コンパイラ・ページ毎でも，リファレンスを参照できます．プログラム内に歯車のアイコンで表示されるmbedライブラリを開き，ClassesのI²Cをクリックすると関連情報が表示されます（**図1-58**）．

mbed-SDKの中身
▶コード例

I²Cの理解を深めるために，実際にmbed-SDKがどのような処理を行うのか見ておきましょう．

mbed-SDKは，オープン・ソースです．下記URLで，そのコードを確認できます．

注：mbed-SDKのソースコードはmbed.org/users/mbed_official/code/mbed-src/でも公開されています．

mbed-SDKはgithubを用いて開発者コミュニティーで共有され，そのコピーが上記URLにも置かれるようになっています．

https://github.com/mbedmicro/mbed/tree/master/libraries/mbed

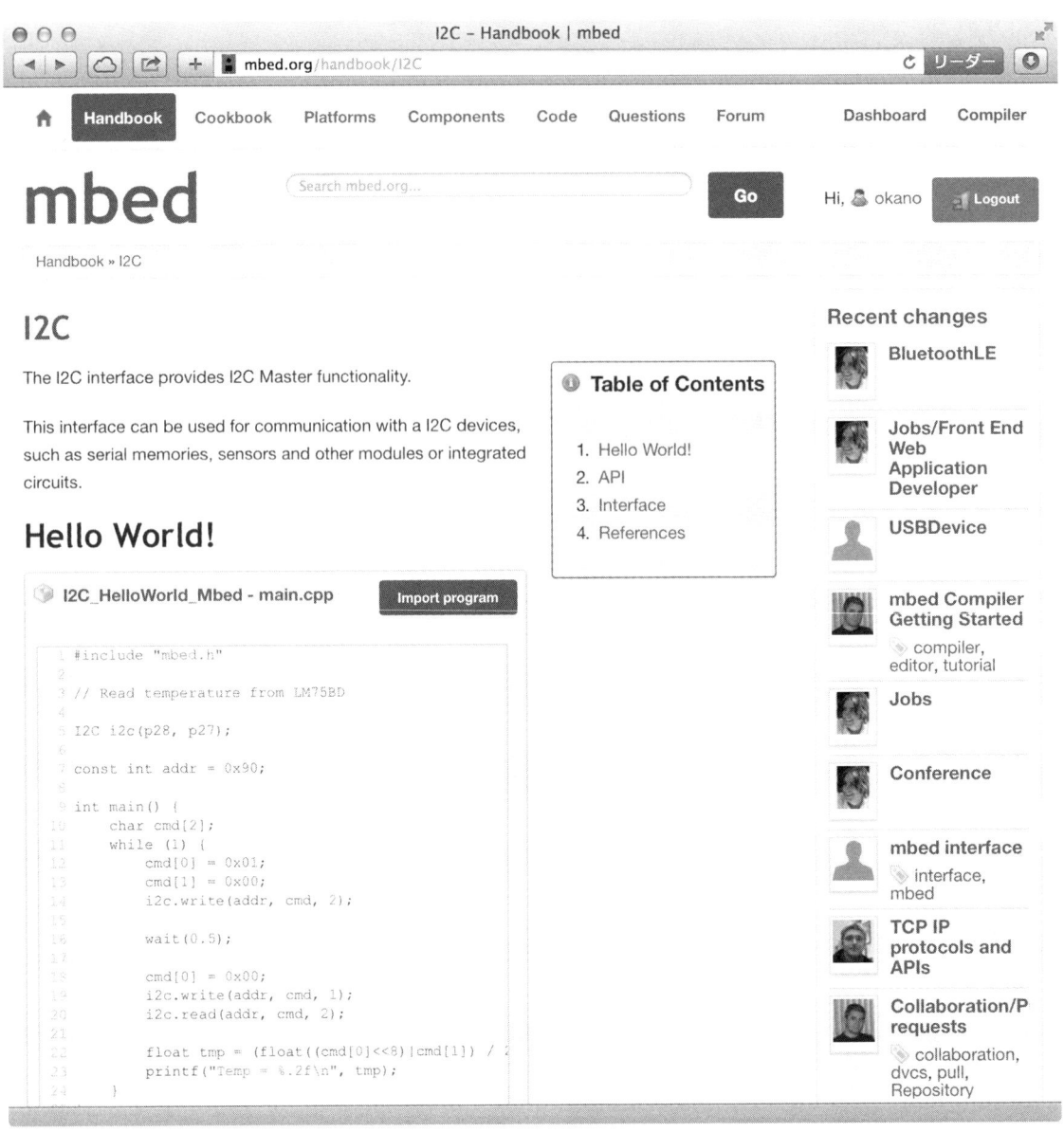

図 1-57 mbed ハンドブック・ページの I²C API に関する解説

I²C の API 定義は，こちらのファイルの中に入っています．

```
https://github.com/mbedmicro/
mbed/blob/master/libraries/mbed/
api/I2C.h
```

このヘッダ・ファイルは，mbed.h をインクルードすると，これも一緒にインクルードされます．
mbed.h ファイルの中身は，こちらで確認できます．

```
https://github.com/mbedmicro/
```

```
mbed/blob/master/libraries/mbed/
api/mbed.h
```

関数本体は，こちらのファイルで実装されています．この関数の中では依然，ハードウェアを抽象化したレベルでの処理が記述されています．

```
https://github.com/mbedmicro/
mbed/blob/master/libraries/mbed/
common/I2C.cpp
```

それでは，ハードウェアに依存したレベルまで下り

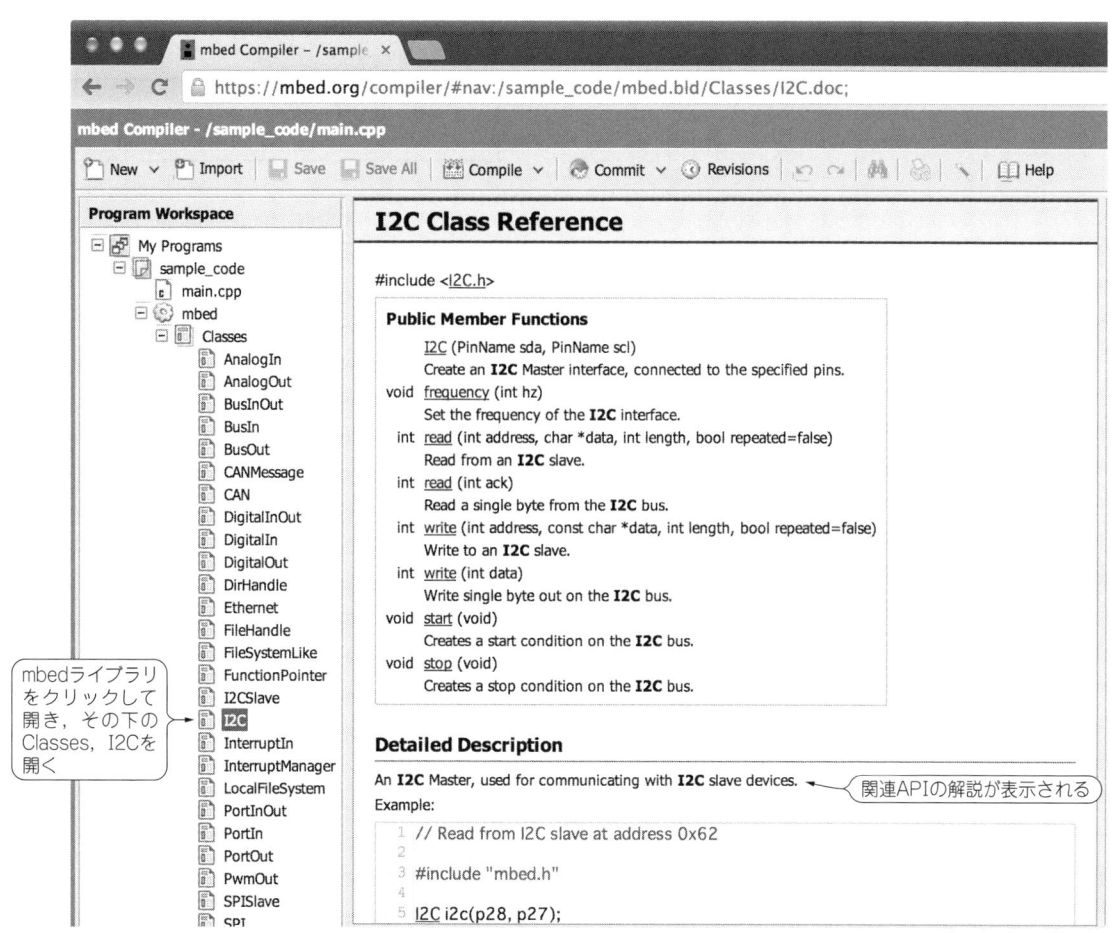

図1-58 コンパイラ・ページでのI²Cリファレンス情報

て，I²C処理がどのように実装されているかを見てみましょう．

青mbedで，I²Cを使っている場合を，**リスト1-1**に出てきた`i2c.write()`が呼ばれたときの動作で追ってみます．I²Cクラスのメンバ関数`I2C::write`が呼ばれると，ハード依存部分を実装した関数が呼ばれます．このハード依存部分は，各マイコン向けにそれぞれ用意されていて，コンパイル時のターゲット指定によって適切な関数が用意されることになります．

青mbedに使われているマイコンは，LPC1768というチップで，このマイコン向けのコードは以下のディレクトリにあります．

```
https://github.com/mbedmicro/
mbed/blob/master/libraries/mbed/
targets/hal/TARGET_NXP/TARGET_
LPC176X/
```

この中の，`i2c_api.c`が，実際の処理を記述した部分になります．

先ほどの，`I2C::write`関数から呼ばれるのは，`i2c_write`関数です．この関数の中を見てみると，非常に単純な処理で実装されているのがわかります．

動作に関連したレジスタ

I²Cを制御するために使われるレジスタは，I2CONSET，I2CONCLR，I2STAT，I2DATの4個だけです．これに加えて，SCL周波数を変更するためのI2SCLL，I2SCLHレジスタが用意されています．

I2CONSET，I2CONCLRレジスタは，I²Cペリフェラル・ブロックにある，I2CONレジスタ内部ビットのセット・クリアのためのインターフェースとなっています．I2STATは，I²Cバスの動作状態を示すレジスタで，各状態に応じた値が格納されます．I2DATは，データの読み書き用レジスタで，ここのレジスタを通してスレーブ・アドレスや，転送データがやりとりされます．

I2SCLL，I2SCLHは，それぞれSCL信号のLOWの時間，HIGHの時間を指定します．

LPC1768のI²Cペリフェラルブロックの詳細については，同デバイスのユーザ・マニュアルUM10360，第

```
                                            mbed/api/I2C.h
        ユーザ・アプリケーション                mbed/api/mbed.h
        i2c.write( 0xAA, data, 2 );          int I2C::write(int data) {
                                                 return i2c_byte_write(&_i2c, data);
                                             }

            master/libraries/mbed/targets/hal/TARGET_NXP/TARGET_LPC176X/i2c_api.c
            int i2c_write(i2c_t *obj, int address, const char *data,
            int length, int stop) {
                int i, status;

                status = i2c_start(obj);

                if ((status != 0x10) && (status != 0x08)) {
                    i2c_stop(obj);
                    return I2C_ERROR_BUS_BUSY;
                }

                status = i2c_do_write(obj, (address & 0xFE), 1);
                if (status != 0x18) {
                    i2c_stop(obj);
                    return I2C_ERROR_NO_SLAVE;
                }

                for (i=0; i<length; i++) {
                    status = i2c_do_write(obj, data[i], 0);
                    if(status != 0x28) {
                        i2c_stop(obj);
                        return i;
                    }
                }

                if (stop) {
                    i2c_stop(obj);
                }

                return length;
            }
```

図 1-59
共通 API と HAL(ハードウェア抽象化レイヤ)での I²C 関数

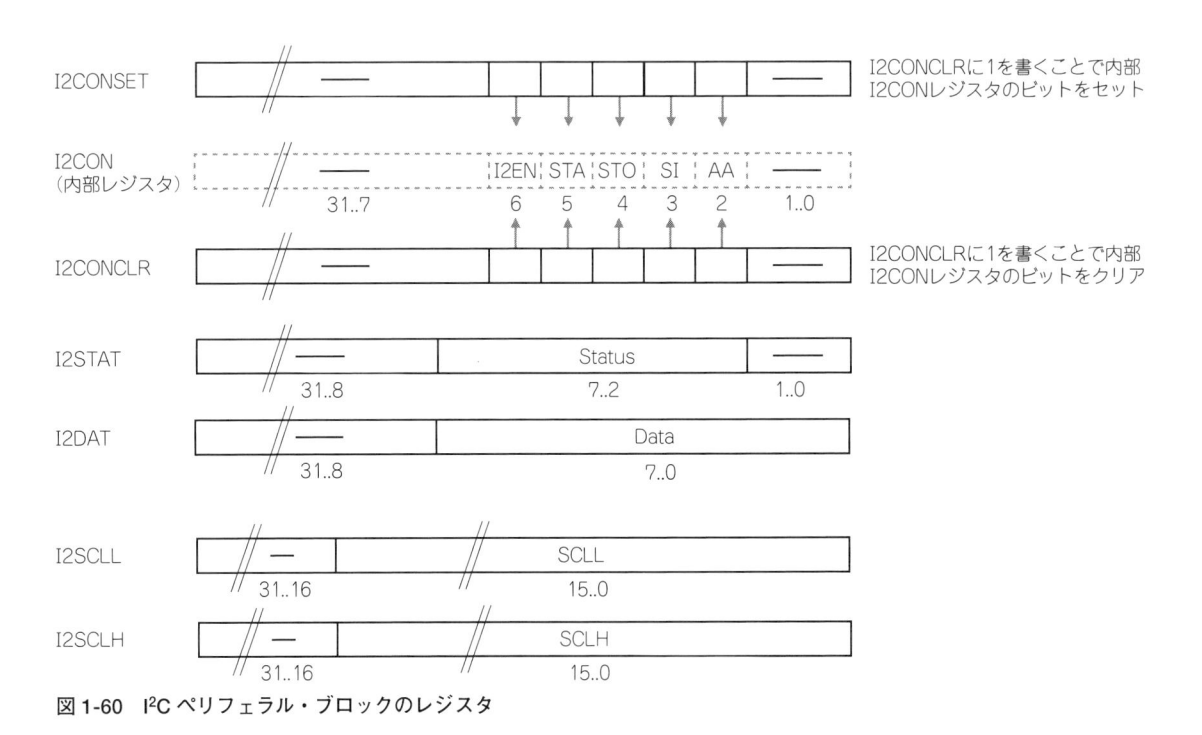

図 1-60 I²C ペリフェラル・ブロックのレジスタ

I2CONSET — I2CONCLRに1を書くことで内部I2CONレジスタのビットをセット

I2CON(内部レジスタ) — I2EN STA STO SI AA — 31..7 / 6 / 5 / 4 / 3 / 2 / 1..0

I2CONCLR — I2CONCLRに1を書くことで内部I2CONレジスタのビットをクリア

I2STAT — Status — 31..8 / 7..2 / 1..0

I2DAT — Data — 31..8 / 7..0

I2SCLL — SCLL — 31..16 / 15..0

I2SCLH — SCLH — 31..16 / 15..0

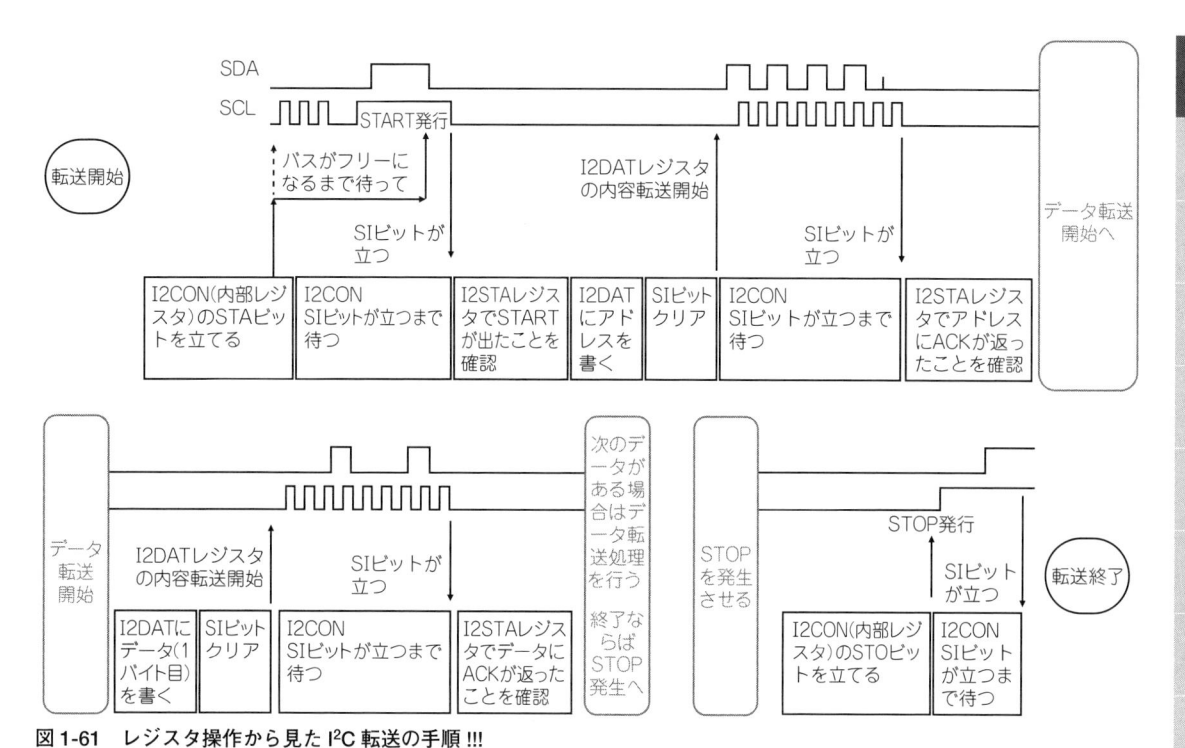

図1-61 レジスタ操作から見た I²C 転送の手順 !!!

19章を参照(http://www.nxp.com/documents/user_manual/UM10360.pdf).

レジスタ操作

　i2c_write 関数の内部では，まず，i2c_start 関数が呼ばれます．この i2c_start 関数の内部には，I²C ペリフェラル・ブロックのレジスタ操作が記述されており，I2CON(I2CONtrol：I²C コントロール)レジスタを初期化，その後同レジスタの STA(スタート)ビットを立てて，I²C バスにスタート・コンディションを発行します(図1-59, 図1-60, 図1-61).

　STA ビットを立てても，すぐにスタート・コンディションが発生するわけではなく，I²C のハードウェアがバスの状態を確認し，もしバス上で通信が行われている(バスがビジー)状態であれば，その通信が完了し，バスがフリーになってから，スタート・コンディションが発行されます．バスにスタート・コンディションを発行できたということは，「自分がバスの制御権を得た」ことになります．

　I2CON レジスタをセットした結果が反映されると(この場合は，バスにスタート・コンディションが発生した)，同レジスタの SI(SerialInterrupt：割り込み発生通知)ビットがセットされます．

　このビットがセットされるのを，i2c_wait_SI 関数内で待ちます．もしこれにあまりに時間がかかるようであれば，タイムアウトしてこの関数の実行が終了します．

　I2CON レジスタの SI ビットは，CPU に対して何らかのアクションを求めるフラグです．SI ビットが立った場合，次に必要なレジスタ操作を行い，SI ビットをクリアするという手順で処理を進めていきます．

　この後，I2STAT(I2cSTATtus：I²C ステータス)レジスタの内容を読み出し，もしタイム・アウトしていたときのことを考えて，STA ビットをクリアしてから，ステータスを返して，i2c_start 関数の実行は終わります．

　i2c_start 関数が返してくる値は，I²C の状態を現すものです．もしこの値が，バスのビジー状態を表すものなら，ストップ・コンディションを発行を試みて通信を終了することになります．

　もし，ステータスがエラーでなければ，次にアドレスを送信します．i2c_do_write 関数を使って，I²C に 1 バイトのデータを出力します．ここでは最初の 1 バイトとしてアドレスを送信させていますが，LSB は転送方向指示ビットなので，念の為に，0xFE でアンドを取って書き込み方向として出力されるようになっています．

　i2c_do_write 関数内部では，I2C_DAT(I2C_DATa：I²C データ)レジスタに，1 バイトのデータを書き込んでいます．この後，I2CON レジスタの，SI ビットをクリアすると，この内容が I²C に出力される仕組みです．転送の終了は，再度 SI ビットがセットされるまで待つ i2c_wait_SI 関数が使われます．

この関数も，I2STATレジスタを読んで，その値を返します．

アドレス送信の結果，NACKが返ってくると，そこで通信を打ち切らなければなりません．LPC1768の，I²Cハードウェアに実装されたI2STATレジスタは，細かいI²Cバスの状態を報告してくるので，それをチェックします．もし，NACKが返って来ているようなら，ストップ・コンディションを発行して，通信を終了します．

アドレス送信が無事に完了すると，次はデータ送信です．アドレス送信で使ったのと同じ`i2c_do_write`関数で，これを行います．ただし，I2STATレジスタからの値は，アドレスとデータの場合に違いがあるので，注意が必要です．`for`ループでバイト数分だけ送信を繰り返し，もし問題があれば，そこで実行を中断し，ストップ・コンディションを発行して，`i2c_write`関数の実行終了とともに，送信できたバイト数を返すようになっています．

データが，規定の数だけ送信できれば，あとはユーザが，I2C::wirte関数を呼んだときに指定した「ストップ・コンディションを発行するかどうか」に従って，その処理を行い，最後に転送バイト数を返します．

上位のI2C::write関数は，`i2c_write`関数の実行が完了すると，転送できたバイト数を返してきます．この返された値(変数writtenに保存)と，転送しようとしたバイト数が一致するかどうかの値を，返り値としてwrite関数の実行が終わります．つまり，ユーザのプログラムで得られるwrite関数の値は，正常終了で0，異常時に0以外の値となります．

◆ 参考資料 ◆

I²C バス
I²C バス仕様およびユーザーマニュアル(Rev.5.0J)，UM10204(日本語翻訳版)
http://www.nxp.com/documents/user_manual/UM10204_JA.pdf

I2C-bus specification and user manual(Rev.5.0)，UM10204(原文：英語)
http://www.nxp.com/documents/user_manual/UM10204.pdf

[まめ知識] I²C バスの容量を測る
http://goo.gl/uh3uIF

I²C バス関連製品 日本語情報ページ
http://ip.nxp-lpc.com

mbed
ARM 社 mbed サイト
http://mbed.org

mbed-SDK，I2C API について
http://mbed.org/handbook/I2C

mbed-SDK ソースコード
https://github.com/mbedmicro/mbed/tree/master/libraries/mbed

NXP マイクロコントローラの日本語情報ページ
http://www.nxp-lpc.com

その他
I2S(Inter IC Sound)バス仕様
https://sparkfun.com/datasheets/BreakoutBoards/I2SBUS.pdf

Column 5　サンプル・コードは2種類

本書では，サンプル・デバイスごとに，サンプル・コードを使って基本的な使用方法を解説しています．

これらのサンプル・コードは，mbed SDK の API を利用して，I²C によるアクセスがどのように行われるのかが一目瞭然となるように書かれています．

各サンプル・デバイスのデータシートと付きあわせてみたり，細かい挙動を検証したりするにはとても便利です．

また，API上で書いてあるので，mbed がサポートしているマイコンなら，そのどのマイコン上でも動作します．

一方，mbed 環境でサンプル・デバイスを使おうと思うと，デバイス用のクラス・ライブラリが欲しくなります．

クラス・ライブラリは，たとえば，mbed が IO ピンを DigitalOut クラスで抽象化して使いやすくしているように，デバイスそのものもソフトウェアで抽象化して，一つの部品として使えるようにしたものです．

mbed では，デバイス用のクラス・ライブラリは，コンポーネント(部品)として公開されており，各クラス・ライブラリ本体と，それを試すためのサンプル(ハロー・ワールド)コードが公開されています．

本書に添付された各デバイス用のコンポーネントは，順次整備される予定です．

本書向けに公開された mbed 用コードの最新情報は，こちらのページで確認いただけます．

http://developer.mbed.org/teams/CQ_I2C_book/wiki/welcome

第2章
GPIO(8ポート) PCAL9554BPW

PCA9554互換を保ちながら，機能，能的を拡張．電源電圧 1.65～5.5V．ACPI パワー・スイッチや，センサ，プッシュ・ボタン，LED，ファンの制御などに最適．

　PCAL9554B/Cは，NXP社の I²C バス，SMBus インターフェースの低動作電圧の 8 ビット汎用 IO（GPIO；General Purpose Input/Output）エクスパンダです．

　PCAL9554C は，I²C のアドレスだけが異なり，最大で 16 個のデバイスを同一 I²C バスに実装することができます．押しボタンや，LED などを増設する場合などに利用できるソリューションの一つです．

　PCAL9554B/C は，1.65～5.5V という低い電圧レンジで動作します．動作電圧が低い次世代マイコンとの組み合わせに最適です．

特　徴

　PCAL9554B/C の，おもな特徴を以下に示します．

- I²C バス・インターフェースのパラレル・ポート・エクスパンダ
- 動作電圧；1.65～5.5V
- スタンバイ電流；1.5μA（標準）V_{DD} = 5.5V，1.0μA（標準）V_{DD} = 3.3V
- SDA 端子と SCL 端子は，シュミット・トリガなので，緩やかな電圧変化に対応し，耐ノイズ性も良好
  − V_{hys} = 0.1×V_{DD}（標準）
- 動作電圧に関係なく，I/O 端子は 5V トレラント
- $\overline{INT}$ 端子は，オープン・ドレインで，アクティブ・ロー
- 駆動電流能力は，25%，50%，75%，100% の 4 段階に設定可能
- 入力状態のラッチが可能で，読み出されるまで，その状態を維持
- 入力設定において，プルアップ，プルダウン抵抗（100kΩ 標準）を設定可能
- 割り込みは端子ごとにマスク可能
- I²C バス・クロックは，400kHz（FAST モード）に対応
- パワー・オン・リセット回路内蔵

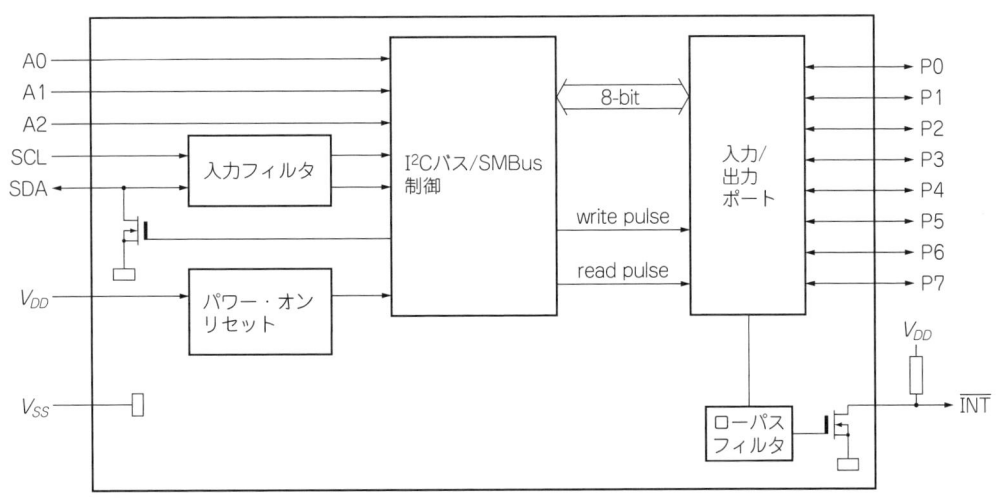

図 2-1　PCAL9554B のブロック・ダイアグラム

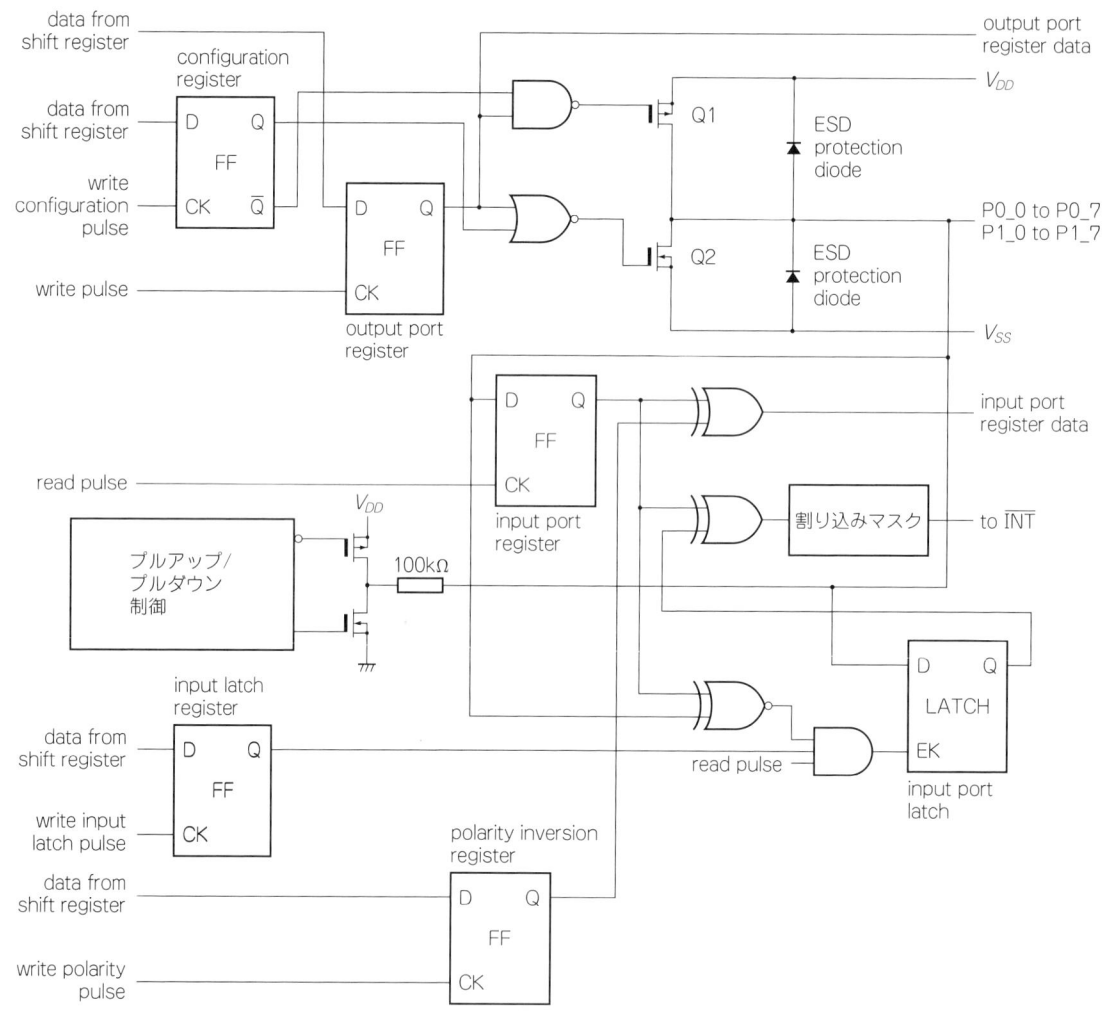

図 2-2　I/O 部の概略回路

- パワー・アップ時は，全端子が入力設定
- パワー・アップ時，グリッチがない
- 出力端子の吸い込み電流は，25mA（最大）で直接 LED を駆動可能
- パッケージ；TSSOP16, HVQFN16

ブロック・ダイアグラム

図 2-1 に，ブロック・ダイアグラムを示します．各 I/O 端子は，パワー ON 時に入力に設定されています．$\overline{\text{INT}}$ 端子はオープン・ドレインなので，使用する場合は，外部にプルアップ抵抗が必要です．

図 2-2 に，I/O 部の概略回路を示します．各 I/O 端子には，ESD 保護ダイオードがあるので，外部に保護回路は必要ありません．Q_1, Q_2 は，個々に動作が可能で，出力ドライバはプッシュプルかオープン・ドレインかを選択できます．

電気的特性

表 2-1 に，おもな電気的特性を示します．電源電圧は，1.65V から動作するので，応用範囲が大きいのが特徴です．また，消費電流は，数十 μA オーダーで，f_{SCL} = 0Hz という状態では，数 μA 以下と超低消費タイプです．

出力設定におけるドライバ能力は，掃き出し側で 10mA，吸い込み側で 25mA と大きいので，LED の直接駆動が可能です．

表2-1 PCAL9554B/Cのおもな電気的特性

項目	記号	規格値 最小	規格値 標準	規格値 最大	単位	電源電圧範囲	条件
電源電圧	V_{DD}	1.65		5.5	V		
消費電流	I_{DD}		10	25	μA	V_{DD} = 3.6 - 5.5V	SCL, SDA = V_{dd} or V_{ss} P端子, A0 - 2 = V_{dd} I_o = 0mA, I/O = inputs, f_{SCL} = 400kHz
			6.5	15	μA	V_{DD} = 2.3 - 3.6V	
			4	9		V_{DD} = 1.65 - 2.3V	
			1.5	7	μA	V_{DD} = 3.6 - 5.5V	SCL, SDA = V_{dd} or V_{ss} P端子, A0 - 2 = V_{dd} I_o = 0mA, I/O = inputs, f_{SCL} = 0Hz
			1	3.2		V_{DD} = 2.3 - 3.6V	
			0.5	1.7		V_{DD} = 1.65 - 2.3V	
			60	125	μA	V_{DD} = 3.6 - 5.5V	アクティブ・モード（連続読み込み） P端子, A0 - 2 = V_{dd} I_o = 0mA, I/O = inputs, f_{SCL} = 400kHz
			40	75		V_{DD} = 2.3 - 3.6V	
			20	45		V_{DD} = 1.65 - 2.3V	
			0.55	0.7	mA	V_{DD} = 1.65 - 5.5V	プルアップ・イネーブル SCL, SDA = V_{dd} or V_{ss} P端子 = V_{ss}, A0 - 2 = V_{dd} or V_{ss} I_o = 0mA, I/O = inputs(PU), f_{SCL} = 0Hz
付加自己消費電流	ΔI_{DD}		-	25	μA	V_{DD} = 1.65 - 5.5V	SCL, SDAのどちらかがV_{DD} - 0.6V
			-	80			P, A0, A1のどれかがV_{DD} - 0.6V
入力容量	C_i		6	7	pF	V_{DD} = 1.65 - 5.5V	
入出力容量	C_{io}		7	8	pF	V_{DD} = 1.65 - 5.5V	SDA, SCL; VI/O = V_{DD} or V_{ss}
			7.5	8.5			P端子; VI/O = V_{DD} or V_{ss}
内部プルアップダウン抵抗	$R_{pu(int)}$, $R_{pd(int)}$	50	100	150	$k\Omega$		
POR電圧	V_{POR}		1.1	1.4	V		
ハイ・レベル出力電流	I_{OH}			10	mA	V_{DD} = 1.65 - 5.5V	
ロー・レベル出力電流	I_{OL}			25	mA	V_{DD} = 1.65 - 5.5V	
SCLクロック周波数	f_{SCL}	0		400	kHz		Fastモード

```
                 スレーブ・アドレス
PCAL9554B    0 1 0 0 A2 A1 A0  R/W
PCAL9554C    0 1 1 1 A2 A1 A0  R/W
             └─┬─┘ └──┬───┘
              固定   ユーザが設定
```

図2-3 PCAL9554B/CのI^2Cアドレス

表2-2 PCAL9554B/Cのレジスタ・マップ

アドレス	レジスタ	型	初期値
00h	Input port	R	xxxx xxxx
01h	Output port	R/W	1111 1111
02h	Polarity inversion	R/W	0000 0000
03h	Configuration	R/W	1111 1111
40h	Output drive strength 0	R/W	1111 1111
41h	Output drive strength 1	R/W	1111 1111
42h	Input latch	R/W	0000 0000
43h	Pull-up/pull-down enable	R/W	0000 0000
44h	Pull-up/pull-down selection	R/W	1111 1111
45h	Interrupt mask	R/W	1111 1111
46h	Interrupt status	R	0000 0000
4Fh	Output port configuration	R/W	0000 0000

機能説明

● I^2Cアドレス

図2-3に示すように，PCAL9554BとPCAL9554Cの違いは，I^2Cアドレスだけです．固定アドレス・ビットのほかに，3ビット分のユーザが設定可能な端子が用意されているので，8×2 = 16個を同一アドレスに実装できます．

● レジスタ

表2-2に，レジスタ・マップを示します．これらはスレーブ・アドレスの後に送ることにより，アクセスしようとしているレジスタを設定できます．各レジスタの内容を以下に説明します．

Input port レジスタ(00h)

ポートの入出力設定に関係なく，入力端子のロジック状態を取得できます．読み込み専用で，書き込みは，無視されます．

Output port レジスタ(01h)

出力設定したポートに，レジスタのロジック状態を出力します．入力設定されたポートには何の影響もありません．レジスタを読み込んだ場合は，Output port レジスタの値が返されますが，実際の端子の状態でないことに注意してください．

Polarity inversion レジスタ（02h）

Configuration レジスタで入力設定された端子を論理反転します．本レジスタの bit に"1"を書き込むと，対応する端子の入力が論理反転します．

Configuration レジスタ（03h）

I/O 端子の入出力を設定します．本レジスタの bit に"1"を書き込むと，対応する端子が高抵抗入力に，bit に"0"を書き込むと，対応する端子が出力に設定されます．

Output drive strength レジスタ 0,1（40h, 41h）

出力端子のドライブ電流能力を設定します．各端子 2bit で設定するので，下位 4 端子を設定するレジスタ 0 と，上位 4 端子を設定するレジスタ 1 があります．

例えば，Port6 を設定する場合，レジスタ 1 の CC6[5:4] を"00"にすると，ドライブ電流は 0.25 倍に，"01"は 0.5 倍に，"10"は 0.75 倍に，"11"は 1 倍に設定されます．

ドライブ能力を小さくすることにより，GND，V_{DD} などに発生するノイズを低減できます．

Input latch レジスタ（42h）

入力端子に設定した場合だけ有効なレジスタで，"1"を書き込んだ該当ビットの端子の入力状態がラッチされます．

ビットが"0"の端子の入力状態はラッチされません．入力状態が変化すると，割り込みが発生しますが，Input port レジスタを読み込む前に入力状態が元の状態に戻ると，割り込みはクリアされるので注意します．

ビットが，"1"の端子の入力状態はラッチされます．入力状態が変化すると，割り込みが発生しますが，Input port レジスタを読み込むまで，入力端子のラッチ状態と割り込み状態は維持されます．そして，Input port レジスタを読み込むと，割り込みはクリアされ，Input port レジスタは入力端子の状態を反映します．

Pull-up/pull-down enable レジスタ（43h）

I/O 端子のプルアップ抵抗やプルダウン抵抗をイネーブルに設定します．本レジスタの bit に，"1"を書き込むと，対応する端子のプルアップ／プルダウンがイネーブルに，bit に"0"を書き込むと，対応する端子のプルアップ／プルダウンがディセーブルになります．

また，出力端子がオープン・ドレインに設定されていると，プルアップ抵抗／プルダウン抵抗は切り離されます．

Pull-up/pull-down selection レジスタ（44h）

I/O 端子のプルアップ抵抗，またはプルダウン抵抗の選択をします．本レジスタの bit に"1"を書き込むと，対応する端子のプルアップ抵抗が選択され，bit に"0"を書き込むと，対応する端子のプルダウン抵抗が選択されます．

ただし，Pull-up/pull-down enable レジスタの該当 bit が，"1"に設定されないと，本レジスタの該当 bit の値は無視されます．

プルアップ，プルダウンの抵抗値は，50k 〜 150kΩ で，標準値は 100kΩ です．

Interrupt mask レジスタ（45h）

"1"を書き込んだビットの端子の割り込みが禁止されます．パワー ON 時，全 bit は，"1"で割り込み禁止となっています．"0"を書き込んだビットに該当する端子の割り込みが許可されます．割り込み可設定の入力端子の状態が変化すると，INT = 0 となります．

Interrupt status レジスタ（46h）

読み込み専用で，割り込みステータスを示し，"1"の場合は，該当ビットに割り込み要因が発生しています．interrupt mask レジスタでセット（masked）されているビットは，本レジスタの読み込み時に"0"を返します．

Output port configuration レジスタ（4Fh）

出力端子がプッシュプルか，オープン・ドレインかを選択します．このレジスタに，0 を書き込むとプッシュプル（**図 2-** の Q_1 と Q_2 がアクティブ）に，1 を書き込むとオープン・ドレイン（**図 2-** の Q_2 だけがアクティブ）になります．

Configuration レジスタ（03h）を設定する前に，本レジスタの設定を推奨します．

回 路

● 変換基板

図 2-4 に評価回路を，外観を**写真 2-1** に示します．使用する基板の番号は，2A です．INT 端子を使用する場合，外部にプルアップ抵抗が必要です．SDA，SCL のプルアップ抵抗は，基板上に実装することもできます．

基本的な使い方の例

リスト 2-1 に，サンプル・プログラムを，**図 2-5** に実行画面を示します．サンプルは，3 種類作り，①で示すようにメニュー形式で選択できるようにしました．メニュー番号を入力後，エンタ・キーでサンプルが実行されます．

● ポートの入力（PU）

実行すると P0 の状態が，0.5s おきに 20 回表示され

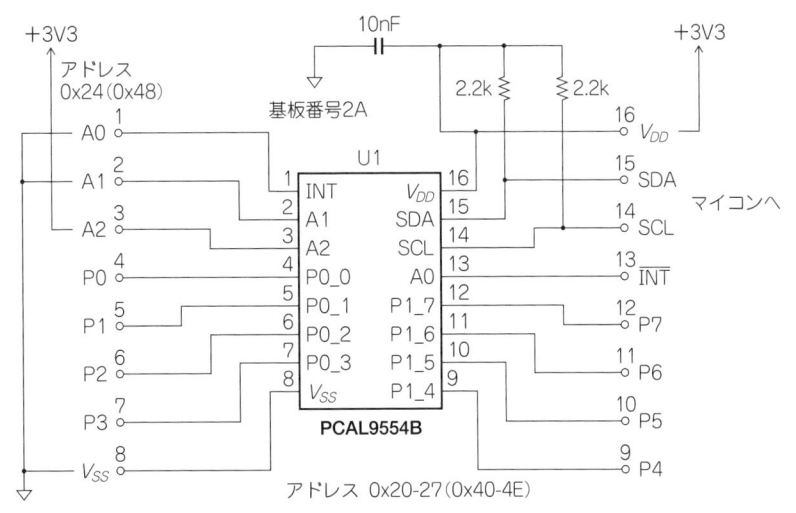

図 2-4 PCAL9554B 変換基板の回路

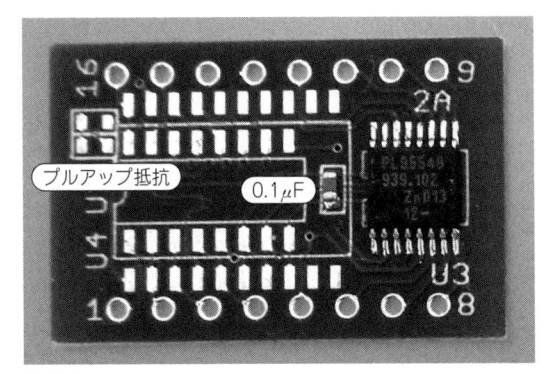

写真 2-1 変換基板の外観

```
PCAL9554 Sample Program
入力(PU) … 1, 出力 … 2, 出力-入力反転 … 3 ?
1
入力(PU) Sample Start
Input P0=ff
Input P0=ff
  ・・・・・・
Input P0=ff
入力(PU) Sample End
入力(PU) … 1, 出力 … 2, 出力-入力反転 … 3 ?
2
出力 Sample Start
Output P=00 Input P=00
Output P=01 Input P=01
  ・・・・・・
Output P=ff Input P=ff
出力 Sample End
入力(PU) … 1, 出力 … 2, 出力-入力反転 … 3 ?
3
出力-入力反転 Sample Start
Output P=00 Input P=ff
Output P=01 Input P=fe
  ・・・・・・
Output P=ff Input P=00
出力-入力反転 Sample End
入力(PU) … 1, 出力 … 2, 出力-入力反転 … 3 ?
```

図 2-5 サンプル実行画面

ます．

まず，②で全ポートのPUPDをイネーブルにします．次に，③で全ポートをプルアップ設定にします．あとはポートの状態を取得するために，まず④でInput portレジスタを設定します．⑤でそのレジスタの値を読み込み，⑥で内容を表示します．これらを0.5sおきに20回繰り返すと，サンプルは終了します．連続的にInput portレジスタを読み込むのであれば，④の，Input portレジスタの設定は1回行うだけで，後は，⑤の読み込みを繰り返せば取得できます．

● ポートへの出力

実行すると，P0に0～255が設定され，その都度，P0の状態を取得し表示します．

ポートの設定は，デフォルトで入力となっているので，これをConfigurationレジスタで，出力に設定します⑦．次に，for文でOutput portレジスタの値を，0～255にします⑧．出力されたポートの状態を取得するために，⑨でInput portレジスタを設定します．⑩でそのレジスタの値を読み込み，⑪で内容を表示します．

● ポートへの出力-入力反転

実行すると，P0に0～255が設定され，その都度，P0の状態を取得し表示します．ただし，入力ポートは反転設定なので，入力の状態が反転された形で表示されます．

リスト 2-1 では，この部分を省略したので，実際のソース・コードを見てください．内容は，ポートへの出力とほぼ同じで，違うのはPolarity inversionレジスタ = 0xffとして，ポートの状態を論理反転して読み込みます．実行画面を見ると，Outputの状態が反転された状態で取得できていることがわかります．

基本的な使い方の例　45

リスト 2-1　PCAL9554B のサンプル・プログラム

```
while(1)
{
    pc.printf("入力(PU) … 1,出力 … 2,出力-入力反転 … 3 ? \r\n"); …… ①
    pc.scanf("%d", &sw);
    pc.printf("%d\r\n", sw);
    switch (sw) …
    {
    case 1: …
        pc.printf("入力(PU) Sample Start\r\n");

        cmd[0] = PUPD_enable;
        cmd[1] = 0xff;          // all PUPD enable
        i2c.write(PCAL9554B_ADDR, cmd, 2); …… ②
        cmd[0] = PUPD_selection;
        cmd[1] = 0xff;          // all PU
        i2c.write(PCAL9554B_ADDR, cmd, 2); …… ③

        for(i=0; i<20; i++)
        {
            cmd[0] = Input_port;
            i2c.write(PCAL9554B_ADDR, cmd, 1); …… ④
            i2c.read(PCAL9554B_ADDR, cmd, 1);       // Inport Regを読み込み …… ⑤
            pc.printf("Input P0=%02x\r\n",cmd[0]);   // InPort Regを表示 …… ⑥
            wait(0.5);
        }
        pc.printf("入力(PU) Sample End\r\n");
        break;

    case 2:
        pc.printf("出力 Sample Start\r\n");

        cmd[0] = Configuration;
        cmd[1] = 0x0;                // all output
        i2c.write(PCAL9554B_ADDR, cmd, 2); …… ⑦
        for(i=0; i<256; i++)
        {
            cmd[0] = Output_port;
            cmd[1] = i;              // P0 = i
            i2c.write(PCAL9554B_ADDR, cmd, 2); …… ⑧

            cmd[0] = Input_port;                         // input
            i2c.write(PCAL9554B_ADDR, cmd, 1, true);     // …… ⑨
            i2c.read(PCAL9554B_ADDR, cmd, 1);            // Input Regを読み込み …… ⑩
            pc.printf("Output P=%02x Input P=%02x\r\n",cmd[1],cmd[0]); // …… ⑪
            wait(0.1);
        }
        pc.printf("出力 Sample End\r\n");

省略
    }
}
```

第3章

GPIO（16ポート）
PCAL9555APW

PCA9555互換を保ちながら，機能，能的を拡張．電源電圧1.65～5.5V．ACPIパワー・スイッチやセンサ，プッシュ・ボタン，LED，ファンの制御などに最適．

PCAL9555Aは，NXP社のI^2Cバス/SMBusインターフェースの低動作電圧の16ビット汎用IO（GPIO；General Purpose Input/Output）エクスパンダです．三つのアドレス設定端子により，最大で8個のデバイスを同一I^2Cバスに実装することができます．押しボタンや，LEDなどを増設する場合などに利用できるソリューションの一つです．

PCAL9555Aは，1.65～5.5Vという低い電圧レンジで動作します．動作電圧が低い次世代マイコンとの組み合わせに最適です．

特　徴

PCAL9555Aのおもな特徴を以下に示します．

- I^2Cバス・インターフェースのパラレル・ポート・エクスパンダ
- 動作電圧；1.65～5.5V
- スタンバイ電流；1.5μA（標準）V_{DD} = 5.5V，1.0μA（標準）V_{DD} = 3.3V
- SDA端子とSCL端子は，シュミット・トリガなので，緩やかな電圧変化に対応し，耐ノイズ性も良好
  - V_{hys} = 0.1×V_{DD}（標準）
- 動作電圧に関係なくI/O端子は5Vトレラント
- $\overline{INT}$端子はオープン・ドレインでアクティブ・ロー
- 駆動電流能力は25%，50%，75%，100%の4段階に設定可能
- 入力状態のラッチが可能で，読みだされるまでその状態を維持
- 入力設定において，プルアップ，プルダウン抵抗（100kΩ 標準）を設定可能
- 割り込みは端子ごとにマスク可能
- I^2Cバス・クロックは400kHz（FASTモード）に対応
- パワー・オン・リセット回路内蔵
- パワーアップ時は全端子が入力設定で，軽くプルアップされている
- パワーアップ時，グリッチがない
- 出力端子の吸い込み電流は，25mA（最大）で，直接LEDを駆動可能
- パッケージ；TSSOP24，HVQFN24

ブロック・ダイアグラム

図3-1に，ブロック・ダイアグラムを示します．各I/O端子は，パワーON時に入力に設定されています．$\overline{INT}$端子はオープン・ドレインなので，使用する場合は，外部にプルアップ抵抗が必要です．

図3-2に，I/O部の概略回路を示します．各I/O端子には，ESD保護ダイオードがあるので，特に外部に保護回路は必要ありません．Q_1とQ_2は，個々に動作させることが可能です．出力ドライバは，プッシュプルか，オープン・ドレインかを選択できます．

電気的特性

表3-1に，おもな電気的特性を示します．電源電圧は，1.65Vから動作するので，応用範囲は極めて大きいです．消費電流は数十μAオーダーと極めて小さい値で，f_{SCL} = 0Hzという状態では，数μA以下と，極めて小さな消費電流です．

出力設定におけるドライバ能力は，掃き出し側で10mA，吸い込み側で25mAです．LEDの直接駆動が可能です．

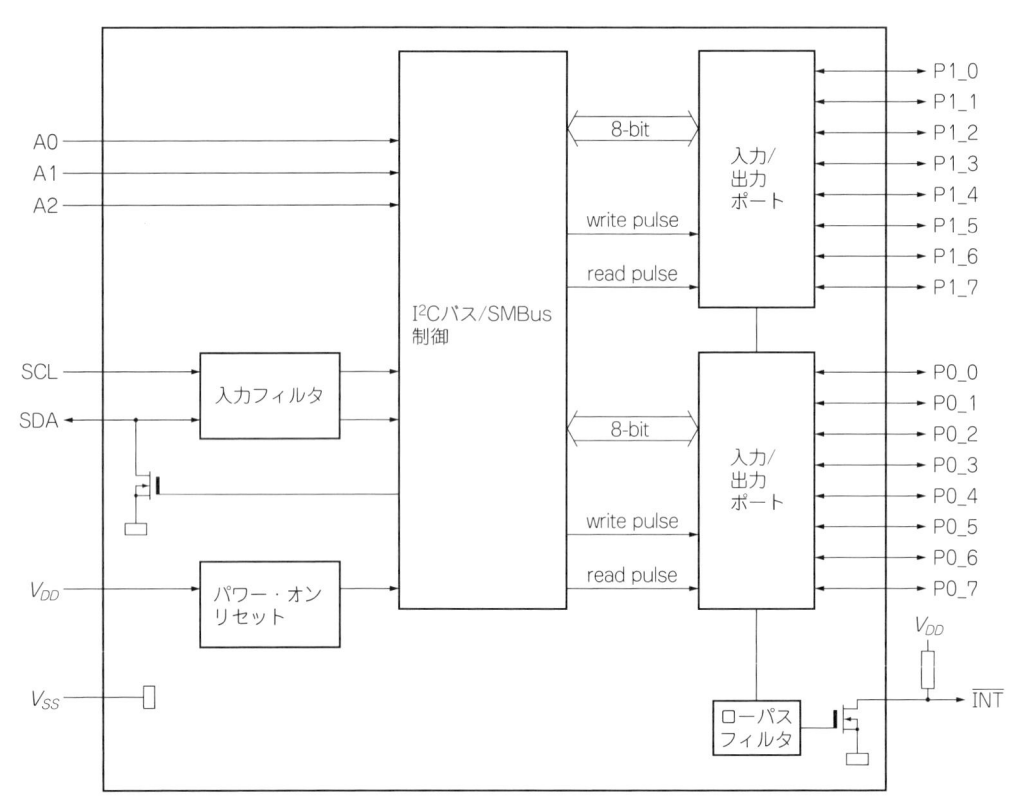

図 3-1 PCAL9555A のブロック・ダイアグラム

表 3-1 PCAL9555A のおもな電気的特性

項 目	記 号	規格値 最小	規格値 標準	規格値 最大	単位	電源電圧範囲	条 件
電源電圧	V_{DD}	1.65		5.5	V		
消費電流	I_{DD}		10	25	μA	V_{DD} = 3.6 - 5.5V	SCL, SDA = V_{dd} or V_{ss} P端子, A0 - 2 = V_{dd} I_o = 0mA, I/O = inputs, f_{SCL} = 400kHz
			6.5	15	μA	V_{DD} = 2.3 - 3.6V	
			4	9		V_{DD} = 1.65 - 2.3V	
			1.5	7	μA	V_{DD} = 3.6 - 5.5V	SCL, SDA = V_{dd} or V_{ss} P端子, A0 - 2 = V_{dd} I_o = 0mA, I/O = inputs, f_{SCL} = 0Hz
			1	3.2		V_{DD} = 2.3 - 3.6V	
			0.5	1.7		V_{DD} = 1.65 - 2.3V	
			60	125	μA	V_{DD} = 3.6 - 5.5V	アクティブ・モード(連続読込み) P端子, A0 - 2 = V_{dd} I_o = 0mA, I/O = inputs, f_{SCL} = 400kHz
			40	75		V_{DD} = 2.3 - 3.6V	
			20	45		V_{DD} = 1.65 - 2.3V	
			1.1	1.5	mA	V_{DD} = 1.65 - 5.5V	プルアップ・イネーブル SCL, SDA = V_{dd} or V_{ss} P端子 = V_{ss}, A0 - 2 = V_{dd} or V_{ss} I_o = 0mA, I/O = inputs(PU), f_{SCL} = 0Hz
付加自己消費電流	ΔI_{DD}	-		25	μA	V_{DD} = 1.65 - 5.5V	SCL, SDAのどちらかがV_{DD} - 0.6V
		-		80			P, A0, A1のどれかがV_{DD} - 0.6V
入力容量	C_i		6	7	pF	V_{DD} = 1.65 - 5.5V	
入出力容量	C_{io}		7	8	pF	V_{DD} = 1.65 - 5.5V	SDA, SCL ; $V_{I/O}$ = V_{DD} or V_{SS}
			7.5	8.5			P端子 ; $V_{I/O}$ = V_{DD} or V_{SS}
内部プルアップダウン抵抗	$R_{pu(int)}$, $R_{pd(int)}$	50	100	150	kΩ		
POR電圧	V_{POR}		1.1	1.4	V		
ハイ・レベル出力電流	I_{OH}			10	mA	V_{DD} = 1.65-5.5V	
ロー・レベル出力電流	I_{OL}			25	mA	V_{DD} = 1.65-5.5V	
SCLクロック周波数	f_{SCL}	0		400	kHz		Fastモード

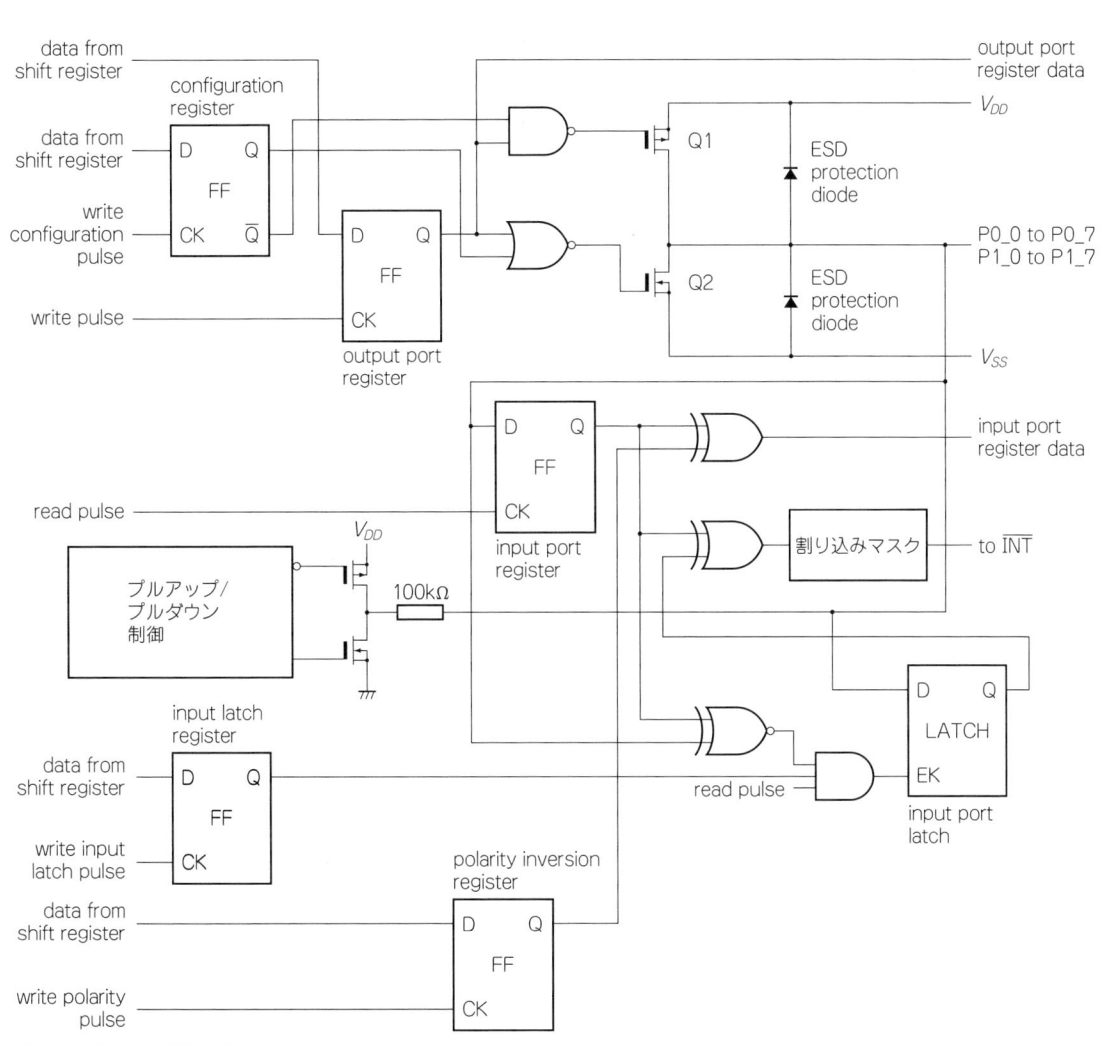

図 3-2 I/O 部の概略回路

機能説明

● I²C アドレス

A2-0 という三つのアドレス端子により，20h 〜 27h（40h 〜 4Eh；8 ビット・アドレス）に設定可能です．したがって，8 個を同一アドレスに実装できます．

● レジスタ

表 3-2 にレジスタ・マップを示します．これらはスレーブ・アドレスの後に送ることにより，アクセスしようとしているレジスタを設定できます．各レジスタの内容を以下に説明します．

Input port レジスタ(00h, 01h)

ポートの入出力設定に関係なく，入力端子のロジック状態を取得できます．読み込み専用で，書き込みは無視されます．

Output port レジスタ(02h, 03h)

出力設定したポートに，レジスタのロジック状態を出力します．入力設定されたポートには，何の影響もありません．読み込んだ場合，Output port レジスタの値が返されますが，実際の端子の状態でないことに注意してください．

Polarity inversion レジスタ(04h, 05h)

Configuration レジスタで入力設定された端子を論理反転します．本レジスタの bit に，"1"を書き込むと，対応する端子の入力が論理反転します．

Configuration レジスタ(06h, 07h)

I/O 端子の入出力を設定します．本レジスタの bit に，"1"を書き込むと，対応する端子が高抵抗入力に設定され，bit に"0"を書き込むと，対応する端子が出力に設定されます．

Output drive strength レジスタ 0,1(40h, 41h, 42h, 43h)

表 3-2 PCAL9555Aのレジスタ・マップ

アドレス	レジスタ	型	初期値
00h	Input port 0	R	xxxx xxxx
01h	Input port 1	R	xxxx xxxx
02h	Output port 0	R/W	1111 1111
03h	Output port 1	R/W	1111 1111
04h	Polarity inversion port 0	R/W	0000 0000
05h	Polarity inversion port 1	R/W	0000 0000
06h	Configuration port 0	R/W	1111 1111
07h	Configuration port 1	R/W	1111 1111
40h	Output drive strength 00	R/W	1111 1111
41h	Output drive strength 01	R/W	1111 1111
42h	Output drive strength 10	R/W	1111 1111
43h	Output drive strength 11	R/W	1111 1111
44h	Input latch 0	R/W	0000 0000
45h	Input latch 1	R/W	0000 0000
46h	Pull-up/pull-down enable 0	R/W	0000 0000
47h	Pull-up/pull-down enable 1	R/W	0000 0000
48h	Pull-up/pull-down selection 0	R/W	1111 1111
49h	Pull-up/pull-down selection 1	R/W	1111 1111
4Ah	Interrupt mask 0	R/W	1111 1111
4Bh	Interrupt mask 1	R/W	1111 1111
4Ch	Interrupt status 0	R	0000 0000
4Dh	Interrupt status 1	R	0000 0000
4Fh	Output port configuration	R/W	0000 0000

出力端子のドライブ電流能力を設定します．各端子2ビットで設定するので，下位4端子を設定するレジスタ0と，上位4端子を設定するレジスタ1があります．

例えば，P0_6を設定する場合，レジスタ01(41h)のCC0.6[5:4]を"00"にすると，ドライブ電流は0.25倍に，"01"は0.5倍に，"10"は0.75倍に，"11"は1倍に設定されます．

ドライブ能力を小さくすることにより，GND，V_{DD}などに発生するノイズを低減できます．

Input latch レジスタ(44h，45h)

入力端子に設定した場合だけ有効なレジスタで，"1"を書き込んだ該当ビットの端子の入力状態がラッチされます．

ビットが，"0"の端子の入力状態はラッチされません．入力状態が変化すると，割り込みが発生しますが，Input portレジスタを読み込む前に，入力状態が元の状態に戻ると，割り込みはクリアされるので注意します．

ビットが，"1"の端子の入力状態は，ラッチされます．入力状態が変化すると，割り込みが発生しますが，Input portレジスタを読み込むまで，入力端子のラッチ状態と割り込み状態は維持されます．そして，Input portレジスタを読み込むと，割り込みはクリアされ，Input portレジスタは入力端子の状態を反映します．

Pull-up/pull-down enable レジスタ(46h，47h)

I/O端子のプルアップ抵抗やプルダウン抵抗をイネーブルに設定します．本レジスタのbitに，"1"を書き込むと，対応する端子のプルアップ抵抗やプルダウン抵抗がイネーブルに，ビットに"0"を書き込むと，対応する端子のプルアップ抵抗やプルダウン抵抗がディスエーブルになります．

また，出力端子がオープン・ドレインに設定されていると，プルアップ抵抗やプルダウン抵抗は切り離されます．

Pull-up/pull-down selection レジスタ(48h，49h)

I/O端子の抵抗をプルアップするのか，プルダウンするのかを選択します．本レジスタのビットに，"1"を書き込むと，対応する端子にプルアップ抵抗が，bitに，"0"を書き込むと，対応する端子にプルダウン抵抗が選択されます．

ただし，Pull-up/pull-down enable レジスタの該当bitが，"1"に設定されないと，本レジスタの該当bitの値は無視されます．

プルアップ抵抗，プルダウン抵抗の値は，50k～150kΩで，標準値は，100kΩです．

Interrupt mask レジスタ(4Ah，4Bh)

"1"を書き込んだビットの端子の割り込みが禁止されます．パワーON時，全ビットは，"1"で割り込み禁止となっています．"0"を書き込んだビットに該当する端子の割り込みが許可されます．割り込み可設定の入力端子の状態が変化すると，INT = 0となります．

Interrupt status レジスタ(4Ch，4Dh)

読み込み専用で，割り込みステータスを示し，"1"の場合は，該当ビットに割り込み要因が発生していることを示しています．interrupt maskレジスタでセット(masked)されているビットは，本レジスタの読み込み時に，"0"を返します．

Output port configuration レジスタ(4Fh)

出力端子がプシュプルか，オープン・ドレインかを選択します．このレジスタに，0を書き込むとプシュプル(図3-2のQ₁とQ₂がアクティブ)に，1を書き込むとオープン・ドレイン(図3-2のQ₂だけがアクティブ)になります．

Configurationレジスタ(06h，07h)を設定する前に，本レジスタの設定を推奨します．

回　路

● 変換基板

図3-3に評価回路を，外観を，写真3-1に示します．基板の番号は，3Bです．$\overline{INT}$端子を使用する場合，外部にプルアップ抵抗が必要です．SDA，SCLのプ

図 3-3
PCAL9555 変換基板の回路

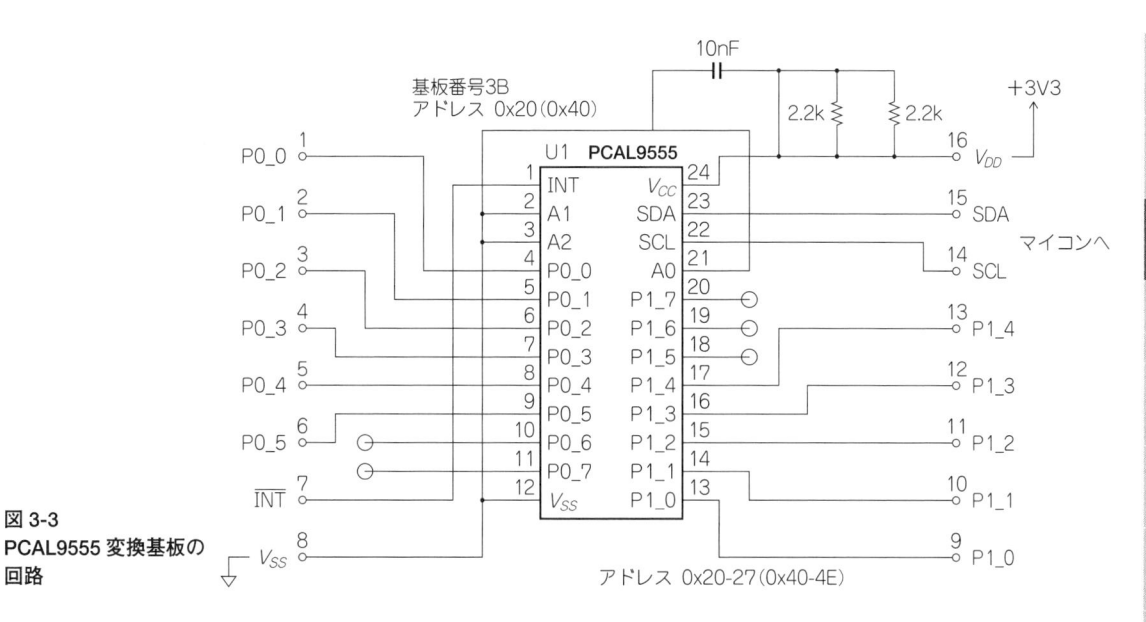

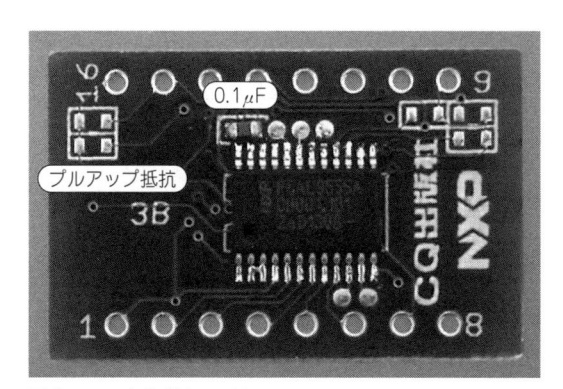

写真 3-1 変換基板の外観

```
入力(PU) … 1, 出力 … 2, Interrupt_status … 3 ?
1
入力(PU) Sample Start
Input P0=ff P1=ff
Input P0=ff P1=ff
Input P0=ff P1=ff
・・・・・・・
Input P0=ff P1=ff
入力(PU) Sample End
入力(PU) … 1, 出力 … 2, Interrupt_status … 3 ?
2
出力 Sample Start
Output P0=00 P1=ff   Input P0=00 P1=ff
Output P0=01 P1=fe   Input P0=01 P1=fe
Output P0=02 P1=fd   Input P0=02 P1=fd
・・・・・・・
Output P0=fe P1=01   Input P0=fe P1=01
Output P0=ff P1=00   Input P0=ff P1=00
出力 Sample End
入力(PU) … 1, 出力 … 2, Interrupt_status … 3 ?
3
Interrupt_status Sample Start
Interrupt_status P0=02 P1=00
Interrupt_status P0=00 P1=00
Interrupt_status P0=02 P1=00
・・・・・・・
Interrupt_status P0=02 P1=00
Interrupt_status Sample End
入力(PU) … 1, 出力 … 2, Interrupt_status … 3 ?
```

図 3-4 サンプル実行画面

ルアップ抵抗は，基板上に実装することもできます．

変換基板は，16ピンなので，すべての端子をデコードすることはできません．A0-2 = GND としたので，8ビット I²C アドレスは，0x40 固定です．P0_6, P0_7, P1_5～P1_7 は，外部端子にデコードできなかったので，基板内にパッドを用意しました．

基本的な使い方の例

図3-4に，サンプルの実行画面を示します．サンプルは，3種類あり，メニュー形式でサンプルを選択できるようにしてあります．メニューで番号を入力後，エンター・キーを押すと各サンプルが実行されます．

● ポートの入力(PU)

PCAL9554B のサンプルを16ビット拡張した例で

す．サンプル・プログラムを見てみてください．

実行すると，P0，P1の状態が，0.5s おきに，20回表示されます．プルアップされているので，取得データは，0xff となります．GND に落としたビットは，0 となります．

● ポートへの出力

PCAL9554B のサンプルを16ビット拡張した例です．

基本的な使い方の例 **51**

実行すると，P0に0〜255，P1に255〜0が設定され，その都度，P0, P1の状態を取得し，表示します．

● 割り込みステータス

実行する前に，各ポートをオリジナル状態に設定します．図3-4では，P0_1だけをGNDとしました．その後，P0_1を"1"とすると，オリジナル値"0"に対し，取得値が，"1"なので，割り込みステータスは，"1"となります．他のビットは，"1"のままなので，割り込みステータスは，"0"です．結果として，P0の割り込みステータス，P0 = 0x02が取得できます．

P0_1をGNDとすると，オリジナル値の"0"となるので，P0の割り込みステータス，P0 = 0x00が取得できます．

リスト3-1に，サンプル・プログラムの内容を示します．まず①で，Configurationレジスタにより，P0, P1を入力設定とします．デフォルトでは，プルアップ状態なので，入力状態は，0xffとなっています．②で，Interrupt_maskレジスタにより，P0, P1の全ビットのマスクをクリアし，割り込み可とします．

次に，入力状態のオリジナル値を，③で取得します．ある回路を組んだ場合，すべてのポートが，"1"とならない場合があります．割り込みは，あるオリジナルの状態から変化があるビットだけが，割り込み要因となるので，そのオリジナルな状態を，予めInput_portレジスタの読み込みで，取得，設定しておく必要があります．

④により，割り込みステータスを，100回取得して表示します．まず⑤で，Interrupt_status0レジスタにより，P0に割り込みが発生していないか確認します．その結果を，⑥でbuf[0]に保存しておきます．次に⑦で，Interrupt_status1レジスタにより，P1に割り込みが発生していないか確認します．⑧で，各割り込みステータスを表示してから，0.5s待ち，⑤〜⑧を繰り返します．

リスト3-1 PCAL9555Aのサンプル・プログラム

```
cmd[0] = Configuration0;
cmd[1] = 0xff;                    // all P0 input
i2c.write(PCAL9555A_ADDR, cmd, 2); ……①
cmd[0] = Configuration1;
cmd[1] = 0xff;                    // all P1 input
i2c.write(PCAL9555A_ADDR, cmd, 2); ……①

cmd[0] = Interrupt_mask0;
cmd[1] = 0x00;                    // all P0割り込み可
i2c.write(PCAL9555A_ADDR, cmd, 2); ……②
cmd[0] = Interrupt_mask1;
cmd[1] = 0x00;                    // all P1割り込み可
i2c.write(PCAL9555A_ADDR, cmd, 2); ……②

cmd[0] = Input_port0;
i2c.write(PCAL9555A_ADDR, cmd, 1, true);
i2c.read(PCAL9555A_ADDR, cmd, 1);      // Input_port0からオリジナル値の取得 ……③
cmd[0] = Input_port1;
i2c.write(PCAL9555A_ADDR, cmd, 1, true);
i2c.read(PCAL9555A_ADDR, cmd, 1);      // Input_port1からオリジナル値の取得 ……③

for(i=0; i<100; i++) ……④
{
    cmd[0] = Interrupt_status0;
    i2c.write(PCAL9555A_ADDR, cmd, 1, true);
    i2c.read(PCAL9555A_ADDR, cmd, 1);       // Interrupt_status0 Regを読み込み ……⑤
    buf[0] = cmd[0];                // data buffer ……⑥

    cmd[0] = Interrupt_status1;
    i2c.write(PCAL9555A_ADDR, cmd, 1, true);
    i2c.read(PCAL9555A_ADDR, cmd, 1);       // Interrupt_status1 Regを読み込み ……⑦
    pc.printf("Interrupt_status P0=%02x P1=%02x\r\n", buf[0], cmd[0]); // 割り込み状況を表示 ……⑧
    wait(0.2);
}
```

第4章

I²Cバス・バッファ（高電流ドライブ）
PCA9600DP

ファスト・モード・プラス(Fm+)に対応．電源電圧2.5～15V．出力電流60mAで，
最大4,000pFのバスを駆動可能．20m程度のバス・ラインを1MHzで通信可能．

PCA9600は，NXP社の二つの双方向バス・バッファを集積化したICです．双方のI²Cバスの容量を切り離すことができるので，バスの長さを長くすることができます．同様の機能を持つ，P82B96の高速版という位置付けのICです．バス容量は，4000pFまで使え，バス電圧変換にも使えます．最大クロック周波数は，1MHzで，ファスト・モード・プラス(Fm+)に準拠します．I²Cバス以外の，SMBus，PMBus，TTLロジック・レベルにも使えます．

TXとRX端子が切り離されているので，ツイスト・ペアを用いた，平衡伝送路，光，磁気カップリングを使った絶縁伝送路にも使えます．

特徴

PCA9600のおもな特徴を以下に示します．

- I²Cバスの双方向データ転送
- TX/TY出力の駆動能力は，60mA吸い込みで，低インピーダンス，高容量のバスを駆動できる
- 20mの伝送路で，1MHz動作可能
- SX/SY側のI²Cバス動作電圧は，2.5～15V
- TY/RYと，I²Cバスが切り離されているので，高絶縁転送が可能
- 低消費電流
- パッケージ；SO8，TSSOP8（MSOP8）

ブロック・ダイアグラム

図4-1に，ブロック・ダイアグラムを示します．SDA側とSCL側は，同じバッファ回路です．SX/SY端子は，I²C側に，TX/RX，TY/RY端子はバッファ・バス側に接続します．SX端子やSY端子からTX側やTY側に接続する場合は，フォワード動作，RX/

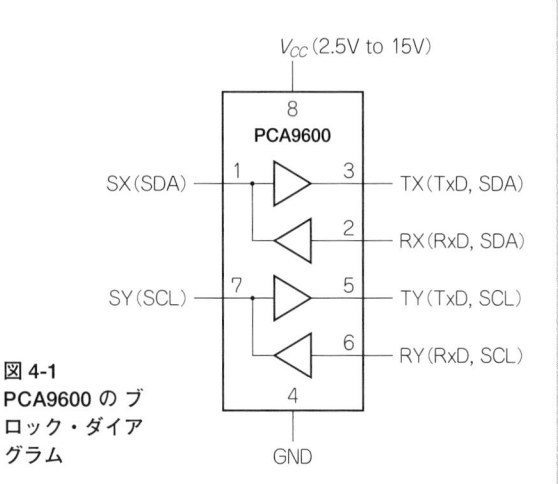

図4-1
PCA9600のブロック・ダイアグラム

RY側からSX/SY側へ接続する場合は，リバース動作となります．SX/SYの閾電圧はV_{CC}と関係なく，FASTモード，FM+，TTLとインタフェースできます．

RX/RYのロジック・レベル '0' は< $0.4V_{CC}$，'1' は> $0.55V_{CC}$となります．

TX/TYはESD保護回路なしのオープン・コレクタです．したがって，バス電圧(V_{CC}～15V)へのプルアップ抵抗が必要です．

電気的特性

表4-1に，おもな電気的特性を示します．Fast+モードの1MHzまで使えます．

回路

図4-2に，変換基板の回路と外観を，写真4-1に示します．基板の番号は，1Bです．単にピン・ツー・ピンで変換しただけです．

図4-3に，基本的な使い方を示します．I²Cバス側

表 4-1　PCA9600 のおもな電気的特性

項　目	記号	規格値 最小	規格値 標準	規格値 最大	単位	条　件
電源電圧	V_{cc}	2.5		15	V	
電源電流	I_{cc}		5.2	6.75	mA	$V_{cc}=5V$；バスはハイ
			5.5	7.3		$V_{cc}=15V$；バスはハイ
追加電源電流	Δi_{cc}		1.4	3	mA/ch	TX/TY = 0時　$V_{cc}=5.5V$
SX/SY の出力電流	I_O	0.3		2	mA	$V_{SX}=V_{SY}=0.4V$
SX/SY の吸込み電流	$I_{o(sink)}$	7	15		mA	$V_{SX}=V_{SY}=1V$；RX = RY = LOW
TX/TY の負荷電流	I_{load}			30	mA	$V_{TX}=V_{TY}=0.4V$；SX = SY = LOW
TX/TY の出力電流	I_O	60	130		mA	$V_{TX}=V_{TY}=1V$；SX = SY = LOW

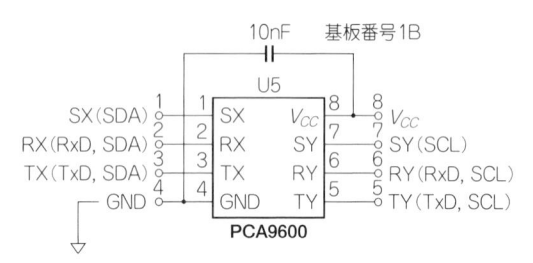

図 4-2　PCA9600 変換基板の回路

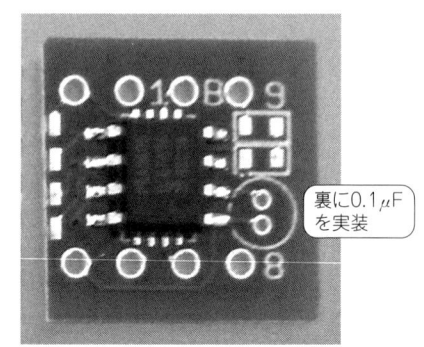

写真 4-1　変換基板の外観

図 4-3　PCA9600 の基本的な使い方

図 4-4　フォト・カプラを使う場合

は，5V バス電圧です．変換側は，TX と RX を接続します，バス電圧は，V_{CC} となり，2.5 ～ 15V と電圧変換できます．吸い込み電流を大きくできるので，ファスト・モード・プラスにも対応可能です．各プルアップ抵抗値は，使うバスの状況に合わせて決めます．

図 4-4 は，フォト・カプラを使用した場合です．電気的に絶縁できるので，ノイズの防止や，電源をアイソレートしたい場合に使います．伝送速度は，フォト・カプラで決まります．廉価なフォト・カプラの場合，伝送速度が，5kHz 程度まで落ちる場合があるの

で注意します．高速のフォト・カプラを使えば，機能的には，400kHz 以上の伝送速度を得られる回路です．

図 4-5 は，長距離ケーブルを使う場合です．PCA9600 の駆動能力は，20m のケーブル長で，1MHz の動作が可能です．$V_{CC}=12V$ の例で，一般的に長距離伝送をする場合，ノイズ・マージンを大きくするために，電源電圧を高くしますが，動作的には，2.5V までの電源電圧で動作します．

図 4-6 は，伝送線路として電話線用リボン，もしくはフラット・ケーブルを使った場合です．ケーブルにおける伝播遅延は，5ns/m となります．C_2 は，バス

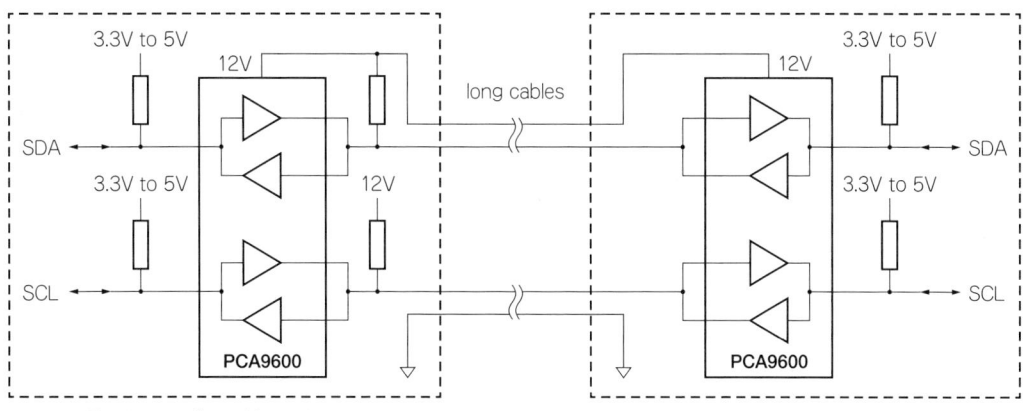

図4-5 長距離ケーブルを使った例

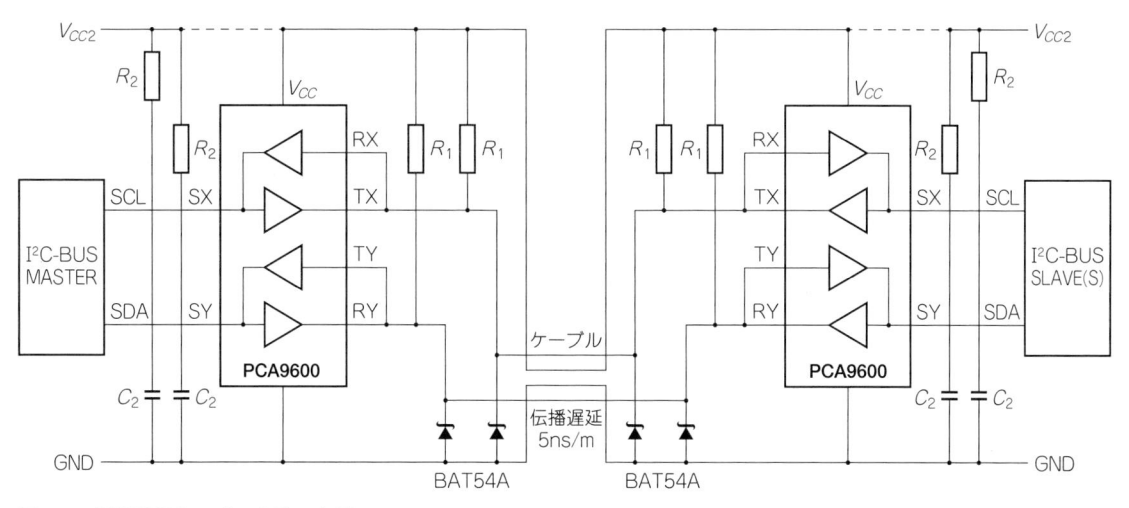

図4-6 電話線用ケーブルを使った例

表4-1 バスの伝送速度の例

V_{CC1} (V)	+V cable (V)	V_{CC2} (V)	R_1 (Ω)	R_2 (kΩ)	C_2 (pF)	ケーブル長(m)	ケーブル容量	ケーブル遅延	マスタSCL ハイ周期(ns)	マスタSCL ロー周期(ns)	有効なバスクロック速度(kHz)	最大スレーブ応答遅延
5	12	5	750	2.2	400	250	ケーブルの伝播遅延に依存	$1.25\mu s$	600	3850	125	ノーマル仕様400kHz
5	12	5	750	2.2	220	100	ケーブルの伝播遅延に依存	500ns	600	2450	195	ノーマル仕様400kHz
3.3	5	3.3	330	1	220	25	1nF	125ns	260	770	620	Fm+仕様に適合
3.3	5	3.3	330	1	100	3	120pF	15ns	260	720	690	Fm+仕様に適合

に接続されているデバイスの総容量で，部品としてのコンデンサを接続しているわけではありません．BAT54Aは，ショットキー・バリア・ダイオードで，伝送路で発生するサージ電圧などから，PCA9600を保護する目的で使います．

図4-6の回路で，さまざまな条件で使用した場合の伝送速度の例を，表4-2に示します．基本的に，ケーブル長が長くなると，SCLのクロック周波数を下げる必要があり，また伝送路の伝播遅延により，実効的な伝送速度はさらに小さくなります．NXP社のアプリケーション・ノートAN10658には，さらに多くの例が紹介されています．

第5章
バス・バッファ(標準ドライブ) PCA9517ADP

ファスト・モード(Fm, 400kHz)に対応. I²C バッファで最も広く使われている製品. HDMI を通じた機器同士の通信(DDC)に使われることが多い.

PCA9517A は，NXP 社のバス電圧変換機能を持つ，I²C バス・リピータです．低電圧側は，0.9～5.5V，高電圧側は，2.7～5.5V に対応し，SMBus で使用することもできます．電源が加えられていない場合，SDA 端子や SCL 端子は，ハイ・インピーダンスで，過電圧にトレラントです．

特徴

PCA9517A の，おもな特徴を以下に示します．

- 2チャネルの双方向バッファ
- 0.9～5.5V と 2.7～5.5V のバス電圧変換
- I²C バスと SMBus にコンパチブル
- リピータ・イネーブル端子あり(アクティブ・ハイ)
- 入出力端子は，オープン・ドレイン
- リピータ間の調停，クロック伸長に対応
- マルチ・マスタに対応
- パワー OFF 時の各端子は，高インピーダンス

- I²C バス端子，EN 端子は，5V トレラント
- クロック周波数は，0～400kHz に対応
- 動作電圧；Ach 0.9～5.5V Bch 2.7～5.5V
- パッケージ；SO8, TSSOP8, HWSON8

ブロック・ダイアグラム

図 5-1 にブロック・ダイアグラムを示します．EN 端子は $V_{CC(B)}$ にプルアップされており，GND に接続することで Disable できます．

二つの双方向オープン・ドレイン・バッファを持ちます．電源 OFF 時に，各端子は高インピーダンスで，かつ 5.5V にトレラントなので，活きたバスに接続したまま電源を落とすことができます．また，活きたバスに接続したまま電源を ON にしても，$V_{CC(B)}$ は，2.5V 以上，$V_{CC(A)}$ は，0.8V 以上になるまで，各端子のオープン・ドレインを OFF にするので，バスが通信状態にあっても，なんの弊害なく電源を ON にできます．

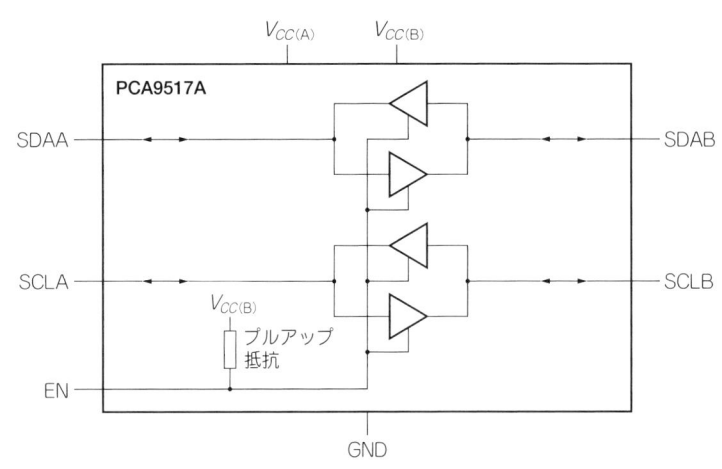

図 5-1 PCA9517A のブロック・ダイアグラム

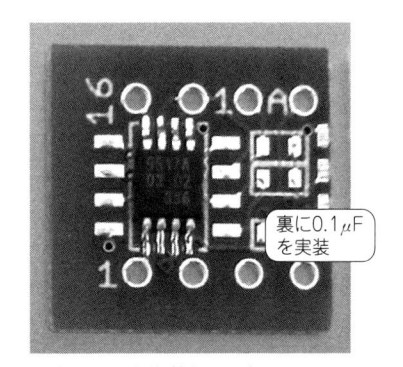

写真 5-1 変換基板の外観（裏に 0.1μF を実装）

表 5-1 PCA9517A のおもな電気的特性

項 目	記号	規格値 最小	規格値 標準	規格値 最大	単位	条件
電源電圧 B ポート	$V_{CC(B)}$	2.7		5.5	V	
電源電圧 A ポート	$V_{CC(A)}$	0.9		5.5		
$V_{CC(A)}$ の消費電流	$I_{CC}(V_{CC(A)})$			1	mA	
SCL クロック周波数	f_{SCL}	0		400	kHz	Fast モード

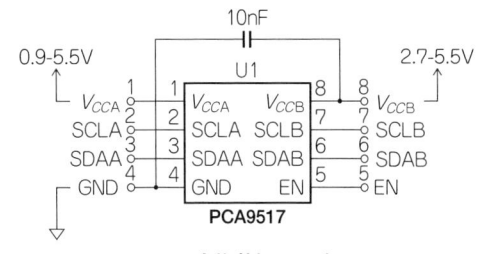

図 5-2 PCA9517A 変換基板の回路

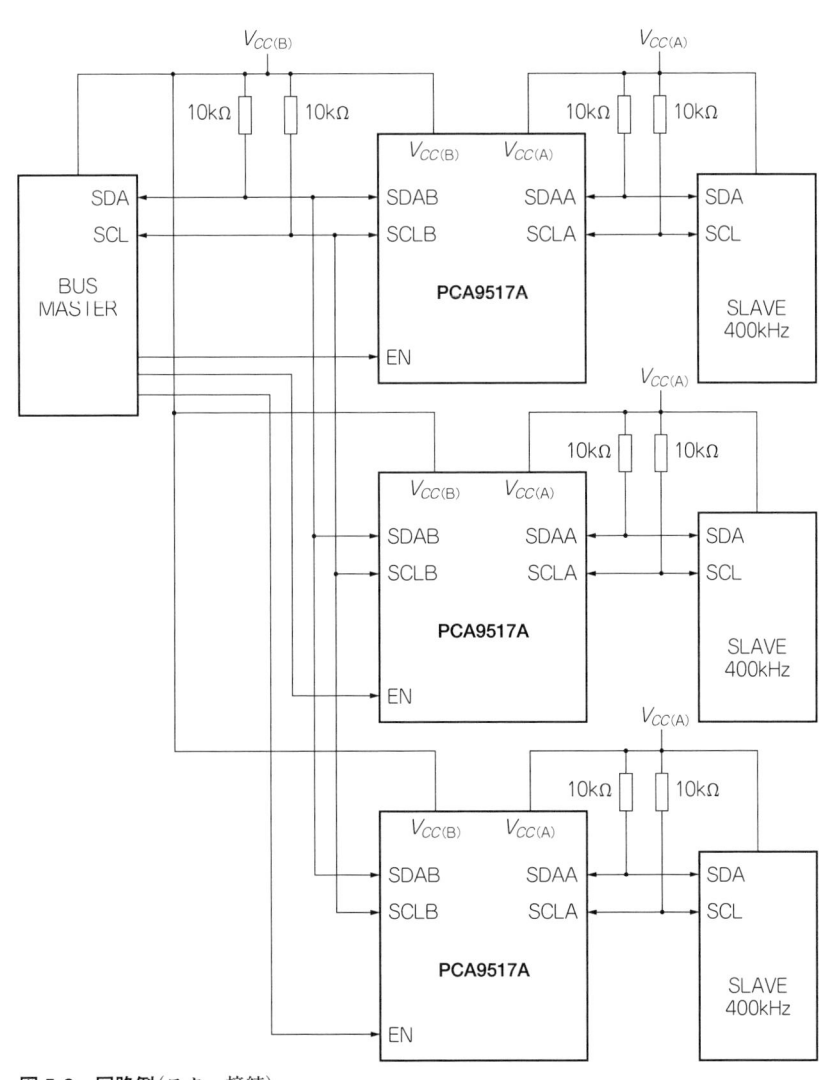

図 5-3 回路例（スター接続）

電気的特性

表 5-1 に，おもな電気的特性を示します．Fast モードの 400kHz まで使えます．

回 路

図 5-2 に，変換基板の回路を，写真 5-1 に外観を示します．基板の番号は，1A です．

PCA9517A は，単なるリピータなので，複数個使

回 路 57

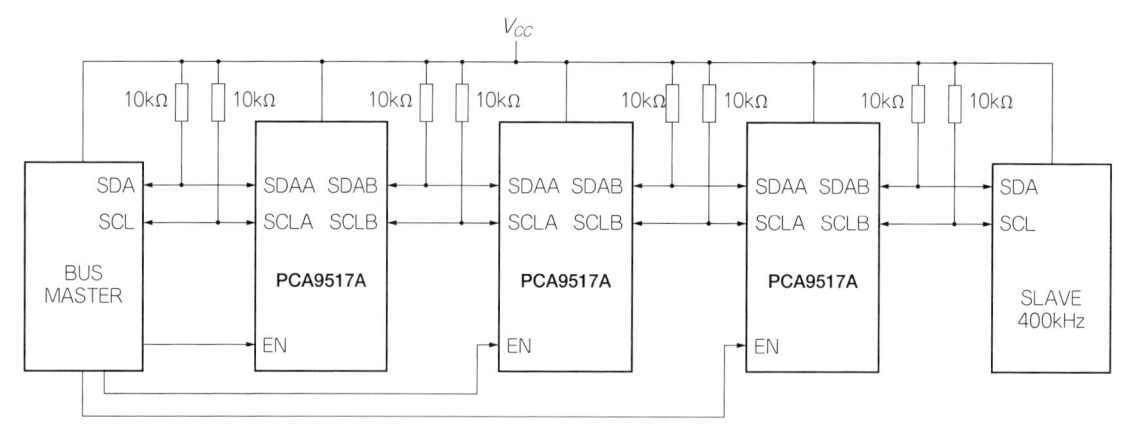

図5-4 回路例(直列接続)

うことができ，構成としては，図5-3に示すスター型と，直列に接続していく図5-4の，直列型などがあります．また，EN端子を使うと，両側のバスが完全に切り離されるので，複数のマスタで構成される回路にも使うことができます．

第6章

LEDコントローラ(4ch, 電圧スイッチ型) PCA9632DP1

Fm+から制御可能な4ポートLEDドライバ. PCA各色8bit(256段階)のPWM輝度調整機能. スタンバイ時の消費電流は, 1μA以下. 全ポート対象のグループ・ディミング・モードなど.

PCA9632は, NXP社のI²Cバス・インターフェースの4チャネル, 25mA 5.5V トーテム・ポール型LEDドライバです. 25mAの赤, 緑, 青, アンバー(RGBA)のLED制御に適しています. 各LEDは, PWM(周波数は1.5625kHz)制御で, 輝度を, 0～99.6%(256ステップ)まで個別に制御できます.

さらに, グループ調光モードの場合, 190Hz周波数で, 輝度を16ステップでグループをまとめて制御できます. したがって, 256(PWMxレジスタ)×16(GRPPWMレジスタ)= 4096諧調の輝度調整が可能です.

グループ・ブリンク・モードでは, 40ms～10.73s(256ステップ)周期でグループ化されたLEDを, ブリンク表示することができます.

PCA9632は, 2.3～5.5Vで動作し, LED出力回路は, 25mA(5V)のオープン・ドレイン型と, 25mAの吸い込み, 10mAの掃き出し電流(5V)のトーテム・ポール型を選択できます. さらに大きな電流, 電圧でLEDを駆動したい場合は, 外部にMOSFET回路などを付けます. 新Fast-mode Plus(Fm+)ファミリの一つで, 1MHzのクロック周波数, 4000pFのバス容量まで対応できます.

特 徴

PCA9632のおもな特徴を, 以下に示します.

- 4チャネルのLEDドライバ
  個別にON/OFF, PWM制御, グループ別のPWM制御設定可能
- I²Cバス・クロックは, 1MHz(FASTモード+)に対応
- PWM制御により, 各LEDの輝度は, 0～99.6%(256ステップ)に設定可能
- PWM周波数は, 1.5625kHz
- グループ調光制御機能により, 190Hz PWMで, 0～98.4%(64ステップ)の調光が可能
- グループ・ブリンク制御機能
  − 24Hz～6Hzでは, 0～98.4%(64ステップ)のブリンクが可能
  − 6Hz～0.09Hz(10.73s)では, 0～99.6%(256ステップ)のブリンクが可能
- 4チャネルのLED出力回路は, 25mA(5V)のオープン・ドレイン型と, 25mAの吸い込み, 10mAの掃き出し電流(5V)のトーテム・ポール型を選択可能
- 10ピン・パッケージは, 二つのアドレス設定端子(四つのI²Cアドレス)を持つ
- 出力状態の更新は, ACK, STOPコマンドのいずれかが選択可能で, 点灯データ・バイト転送時個別更新と, STOPによる一斉更新が可能
- 四つのプログラム可能なI²Cバス・アドレスを持っているので, 他のPCA9624と同期した設定も可能
- I²CバスのSWRSTコールに対応
- 400kHzの発振回路を内蔵しているので, 外部部品はパスコンのみ
- 動作電圧;2.3～5.5V
- LED出力端子以外の各端子電圧は, 5.5Vトレラント
- 低消費電流;53μA(標準)V_{DD} = 3.6V, f_{SCL} = 1MHz
- スタンバイ電流;1μA(最大)V_{DD} = 5.5V
- パッケージ;TSSOP8, TSSOP10, HVSON8, HVSON10

ブロック・ダイアグラム

図6-1に, ブロック・ダイアグラムを示します. LEDドライバは, nチャネルMOSFETのオープン・ドレインか, トーテム・ポールを選択可能となってい

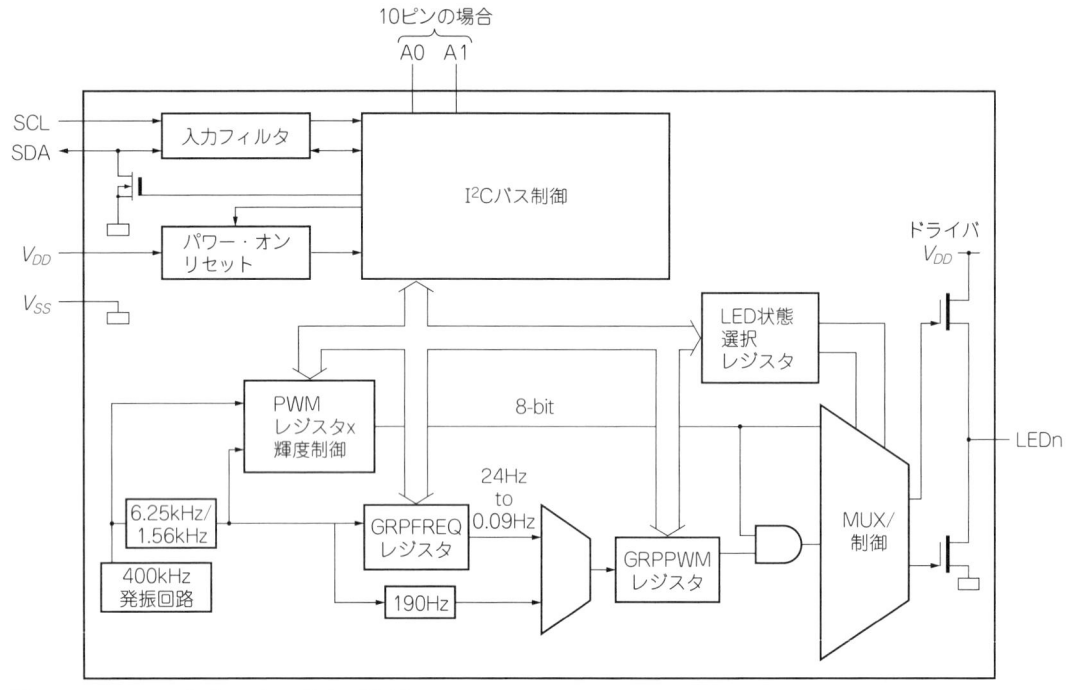

図6-1 PCA9632のブロック・ダイアグラム

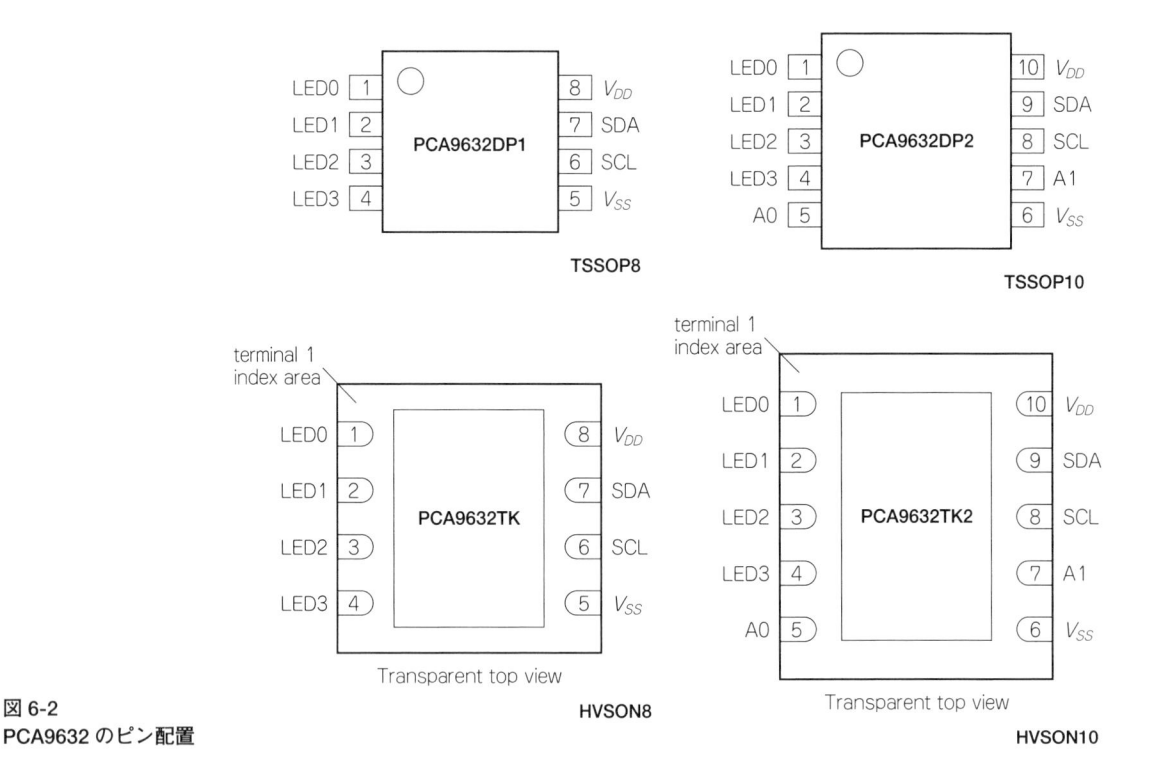

図6-2 PCA9632のピン配置

ます．400kHzの発振回路が内蔵されており，この周波数を基準に，すべてが動作しています．

PWMは，8ビット = 256分解能で制御するので，PWM周波数は，400kHz/256分解能 ≒ 1.5625kHzとなります．この400kHzは，グループ制御の調光モード時の周波数は，400kHz/64/32 = 190Hzです．ブリンク・モードでは，GRPFREQレジスタで，さらに分周しています．

表 6-1 PCA9632 のおもな電気的特性

項目	記号	規格値 最小	規格値 標準	規格値 最大	単位	条件
電源電圧	V_{DD}	2.3		5.5	V	
消費電流	I_{DD}		0.15	4	mA	V_{DD} = 2.7V, f_{SCL} = 1MHz
			0.4	6	mA	V_{DD} = 3.6V, f_{SCL} = 1MHz
			2	10	mA	V_{DD} = 5.5V, f_{SCL} = 1MHz
スタンバイ電流	I_{stb}		0.3	5	μA	V_{DD} = 2.7V, f_{SCL} = 0Hz
			0.6	6	μA	V_{DD} = 3.6V, f_{SCL} = 0Hz
			2.1	7	μA	V_{DD} = 5.5V, f_{SCL} = 0Hz
POR電圧	V_{POR}		1.7	2	V	
接合温度	T_j			125	℃	
LED駆動電圧	$V_{drv(LED)}$	0		40	V	
出力電流	I_{OL}	100			mA	V_{OL} = 0.5V
オン時抵抗	R_{on}		2	5	Ω	$V_{drv(LED)}$ = 40V, V_{DD} = 2.3V
出力容量	C_o		15	40	pF	
SCLクロック周波数	f_{SCL}	0		1	MHz	Fastモード+

図6-2に，PCA9632のピン配置を示します．8ピンと10ピン・パッケージの違いは，二つのアドレス設定端子があるかないかです．

電気的特性

表6-1に，おもな電気的特性を示します．消費電流はμAオーダーで極めて小さい値です．

機能説明

● I²C アドレス

8ピン・パッケージは，0xC4固定で，10ピン・パッケージは，A0, A1のアドレス設定端子で，0xC0, C2, C4, C6を選択することができます．

● レジスタ

表6-2に，レジスタ・マップを示します．これらは，スレーブ・アドレスの後に送る，図6-3に示すコントロール・レジスタで，レジスタ・アドレスを設定します．AI2(Auto-Increment Flag)を，1に設定すると，1バイトのデータを転送するごとに，レジスタ・アドレスは，1ずつ増えていくので，多バイトを一気に転送することができます．そのときに，AI1, AI0を設定することにより，機能をまとめて循環的にレジスタ・アドレスに設定することができます．

モード・レジスタ1(0h)MODE1

モード・レジスタ1を，表6-3に示します．パワーON時は，SLEEP = 1で低消費モードになるので，このビットを必ず0にし，通常動作させます．AI2～

表 6-2 PCA9632のレジスタ・マップ

アドレス	名前	型	機能
0h	MODE1	R/W	モード・レジスタ1
1h	MODE2	R/W	モード・レジスタ2
2h	PWM0	R/W	輝度制御 LED0
3h	PWM1	R/W	輝度制御 LED1
4h	PWM2	R/W	輝度制御 LED2
5h	PWM3	R/W	輝度制御 LED3
6h	GRPPWM	R/W	グループPWM制御
7h	GRPFREQ	R/W	グループ周波数
8h	LEDOUT	R/W	LED出力状態
9h	SUBADR1	R/W	I²Cサブアドレス1
0Ah	SUBADR2	R/W	I²Cサブアドレス2
0Bh	SUBADR3	R/W	I²Cサブアドレス3
0Ch	ALLCALLADR	R/W	全LEDコール・アドレス

AI0は，オート・インクリメント機能で，コントロール・レジスタの設定値が反映されます．あとは，サブ・アドレス関連の設定なので，省略します．

モード・レジスタ2(1h)MODE2

モード・レジスタ2を，表6-4に示します．後述する，グループ動作をさせたい場合，DMBLNKビットで動作モードを設定します．動作モードは，単にグループが，ON/OFFする周期が違うだけです．調光時の周期が190Hzなので，チラつきを感じさせない調光に使えます．ブリンク時は，周期が41ms以上なので，LEDは点滅して見えます．

INVRTビットは，LEDの駆動電流を増やすために，外部にドライバを増設した場合，その論理値を合わせるために設定します．外部ドライバが反転する場合は，"1"に設定し，出力ロジックを反転させます．

OUTDRVビットは，LEDドライバにオープン・コ

図6-3
コントロール・レジスタ

AI2	AI1	AI0	D3 D2 D1 D0	
フラグ	オプション		レジスタ・アドレス 0〜0Ch	
	0	0	0	オート・インクリメント禁止
	1	0	0	全てのレジスタ・アドレスがオート・インクリメント 0→0Ch
	1	0	1	輝度レジスタのオート・インクリメント 2h→5h
	1	1	0	グループ制御レジスタのオート・インクリメント 6h→7h
	1	1	1	輝度・グループレジスタのオート・インクリメント 2h→7h

表6-3 MODE1 レジスタの内容

Bit	シンボル	アクセス	値	内容
7	AI2	R	0	レジスタのオート・インクリメント不許可
			1*	レジスタのオート・インクリメント許可
6	AI1	R	0*	コントロール・レジスタのAI1を反映
5	AI0	R	0*	コントロール・レジスタのAI0を反映
4	SLEEP	R/W	0	通常動作
			1*	低消費モード 発振器オフ
3	SUB1	R/W	0*	サブアドレス1に応答しない
			1	サブアドレス1に応答する
2	SUB2	R/W	0*	サブアドレス2に応答しない
			1	サブアドレス2に応答する
1	SUB3	R/W	0*	サブアドレス3に応答しない
			1	サブアドレス3に応答する
0	ALLCALL	R/W	0	LED All Callアドレスに応答しない
			1*	LED All Callアドレスに応答する

*デフォルト

表6-4 MODE2 レジスタの内容

Bit	シンボル	アクセス	値	内容
7, 6	-	R	0*	予約
5	DMBLNK	R/W	0*	グループ制御=調光
			1	グループ制御=ブリンク
4	INVRT	R/W	0*	出力ロジックは正転. 外部ドライバを使うときに使用
			1	出力ロジックは反転. 外部ドライバを使うときに使用
3	OCH	R/W	0*	STOPコマンド時に出力が変化
			1	ACK時に出力が変化
2	OUTDRV	R/W	0*	4つのLEDドライバはオープン・ドレイン
			1	4つのLEDドライバはトーテムポール
1, 0	OUTNE[1:0]	R/W	01*	使用していない

*デフォルト

デューティ比は，次式を使って，0〜99.6%まで設定することができます．

$$\text{デューティ比} = \text{PWMx の設定値} / 256$$

GRPPWM(06h) group duty cycle
GRPFREQ(07h) group frequency

LEDOUTレジスタで，LDRx = "11"に設定すると，グループ制御モードになり，グループ設定したLEDxを一括して制御することができます．ON/OFF比は，GRPPWMで設定します．ON/OFF周波数は，190.7Hz(固定)とGRPFREQの二つが選択できます．前者は調光に，後者はブリンキングに使用されます．

表6-5に，グループ制御における調光と，ブリンキングの関係を示します．調光かブリンキングかは，MODE2レジスタの，DMBLKビットで設定します．調光とブリンキングの基本的な違いは，グループ周波数の違いですが，PCA9632の場合は，特に一部のレジスタで，分解能に制限があり，他シリーズと異なります．図6-5は，グループ・コントロールの概要です．

レクタか，トーテム・ポールかを選択します．LEDを直接駆動する場合は，オープン・ドレインを，外部ドライバを付ける場合は，トーテム・ポールを選択します．

LEDOUT(08h)

このレジスタで，4個分のLEDをどのように点灯するのかを設定します．各LEDには，2bit分与えられているので，四つのモードを選択できます．LED0〜LED3設定用のLEDOUTの内容を，図6-4に示します．

PWM0(2h)〜PWM3(5h) 輝度制御

LEDOUTレジスタで，LDRx = "10"に設定すると，PWM駆動モードになり，PWM0〜PWM3レジスタのデューティ比で，LEDの明るさ，輝度を設定することができます．PWMの周期は，1.5625kHz固定です．

```
Bit  7    6    5    4    3    2    1    0
    LDR3      LDR2      LDR1      LDR0
    右に同じ   右に同じ   右に同じ   0  0  LEDxはオフ（デフォルト）
                                  0  1  LEDxはフル点灯
                                  1  0  LEDxはPWMxの値でPWM点灯
                                  1  1  LEDxはPWMxとGRPPWMで制御
```

図6-4
LEDOUT0レジスタの内容

表6-5 調光とブリンキング

制御種類	LDRx	DMBLK	GRPPWM	GRPFREQ	周波数	PWMx
各LEDの輝度 （調光なし）	10	×	×	×	1.5625kHz	256ステップ IDC[7:0]
各LEDの輝度 （調光あり）	11	0	16ステップ GDC[7:4],"0000"	×	190Hz（6.25kHzで変調）	64ステップ IDC[7:2],"00"
ブリンキング （ファスト）	11	1	64ステップ GDC[7:2],"00"	256ステップ	ブリンク周波数 = 6〜24Hz PWMx周波数 = 1.5625kHz	256ステップ IDC[7:0]
ブリンキング （スロー）	11	1	256ステップ	256ステップ	ブリンク周波数 = 0.09〜6Hz PWMx周波数 = 1.5625kHz	256ステップ IDC[7:0]

DMBLK=0 調光
IDC[7:2]でPWMのデューティを設定

ON OFF ON OFF

M×64×2×2.5μs
GDC[7:4]+1

16×64×2×2.5μs＝5.24ms（190.7Hz）

DMBLK=1 ブリンキング

ON OFF ON OFF

GRPFREQ≦3
freq=6〜24Hz

GDC[7:2]

$\dfrac{24}{\text{GRPFREQ}+1}$＝24〜6Hz
（41ms〜0.16s）

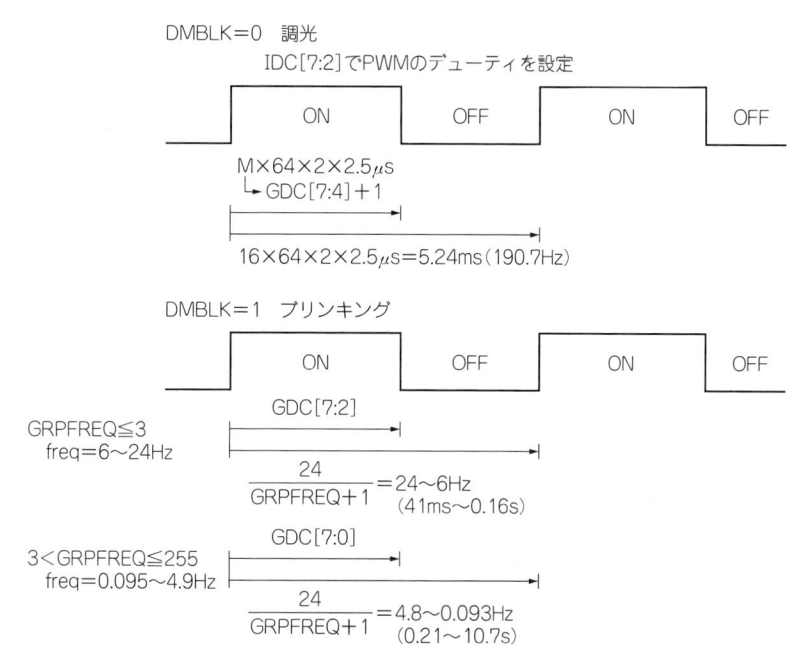

図6-5
グループ・コントロールの概要
（LDRx = 11 としたLEDxだけが対象）

3<GRPFREQ≦255
freq=0.095〜4.9Hz

GDC[7:0]

$\dfrac{24}{\text{GRPFREQ}+1}$＝4.8〜0.093Hz
（0.21〜10.7s）

調光制御（DMBLK = 0）

GRPPWMレジスタの設定値は，図6-5のM値となり，1〜16です．ON時のLEDxの駆動は，PWMxのデューティ比で設定しますが，設定値は，0〜63に制限されます．したがって，調光時のLEDの調光範囲は，PWMx×GRPPWM = 63×16となり，0〜1008まで制御することができます．

グループPWMの周波数は，190.7Hzに固定です．

ブリンキング制御（DMBLK = 1）

GRPFREQレジスタの値で，動作は異なります．

▶ グループ周波数が，6〜24Hz（GRPFREQ≦3）

GRPPWMレジスタの設定値は，0〜63に制限されます．PWMxの設定値は，0〜255で，PWMx周波数は，1.5625kHzとなります．

▶ グループ周波数が，0.095〜4.9Hz（3<GRPFREQ≦255）

GRPPWMレジスタの設定値は，0〜255です．PWMxの設定値は，0〜255で，PWMx周波数は1.5625kHzとなります．

回 路

● 変換基板

図6-6に評価回路を，外観を，写真6-1に示します．基板の番号は，1Bです．基板上にLEDを実装できな

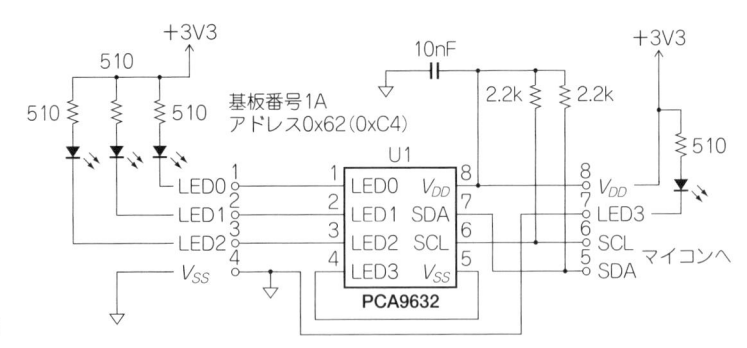

図 6-6
PCA9632 変換基板の回路

リスト 6-1　PCA9632 のサンプル・プログラム

```
cmd[0] = MODE1;
cmd[1] = 0x0;                         // SLEEP = 0
i2c.write(PCA9632_ADDR, cmd, 2);      // cmd[0]Regにcmd[1]を書き込み …… ①

cmd[0] = LEDOUT;                      // LEDOUT
cmd[1] = 0xaa;                        // LED3,2,1,0 10= PWM
i2c.write(PCA9632_ADDR, cmd, 2);      // cmd[0]Regにcmd[1-4]を書き込み …… ②

while(1)
{
  if (i>3) i = 0;
  cmd[0] = PWM0 + 0x80;               // PWM0, Auto incriment …… ③
  for(j=0; j<4; j++)  cmd[j+1] = 0x0; // PWM = 0% …… ④
  cmd[i+1] = 0xff;                    // PWM = 99.6% …… ⑤
  i2c.write(PCA9632_ADDR, cmd, 5);    // cmd[0]Regにcmd[1-4]を書き込み …… ⑥
  wait(0.5);
  i++;
}
```

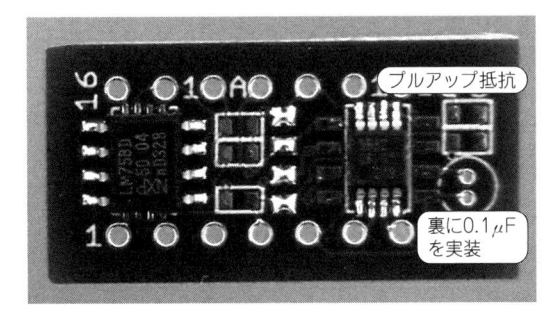

写真 6-1　変換基板の外観

基本的な使い方の例

リスト 6-1 に，サンプル・プログラムを示します．4 個の LED が，LED0〜3 まで，0.5s おきに順番に一つずつ点灯します．

① POR 時には，PCA9632 はスタンバイ状態なので，MODE1 レジスタにより通常動作に切り替えます．② LEDOUT レジスタにより，LED0〜3 の動作を PWM とします．次に，while ルーチンで繰り返し動作をします．

③で書き込み先頭アドレスは，PWM0，オート・インクリメントに設定します．④次に，PWM0〜3 レジスタ用の変数，cmd[1..4] を，0%（消灯）とします．⑤で点灯したい LED の変数，cmd[i+1] = 0xFF で，99.6%（全灯）とします．⑥で，cmd[1..4] を，PWM0〜3 に書き込むと，i で示される LED が点灯します．あとは，③〜⑥を繰り返します．

いので，外部に実装します．LED の駆動電圧は，最大 5.5V です．SDA，SCL のプルアップ抵抗を基板上に実装することもできます．

第7章
LEDコントローラ(8ch, 電圧スイッチ型) PCA9624PW

Fm+. 8ポートLEDドライバ. 各ポート8bit(256段階)のPWM輝度調整機能. 5V電源電圧時, 各ポートに最大100mAのシンク電流. 最大126デバイスを同一I²Cバス上に配置可能.

PCA9624は，NXP社のI²Cバス・インターフェースの，8チャネル100mA 40V 電圧スイッチ型LEDドライバです．100mAの赤，緑，青，アンバー(RGBA)のLED制御に適しています．各LEDは，PWM(周波数は97kHz)で輝度を，0～99.6%(256ステップ)まで，個別に制御できます．さらにグループ調光モードの場合，190Hz周波数で，輝度を0～99.6%(256ステップ)まで，グループをまとめて制御できます．グループ・ブリンク・モードでは，40ms～10.73s(256ステップ)周期で，グループ化されたLEDをブリンク表示することができます．

PCA9624は，2.3～5.5Vで動作し，100mAの駆動能力を持つオープン・ドレイン出力は，40Vまで使えます．新Fast-mode Plus(Fm+)ファミリーの一つで，1MHzのクロック周波数，4000pFのバス容量まで対応できます．

$\overline{OE}$端子を持っているので，8個のLEDを同時にON/OFFしたり，外部信号でPWM制御することができます．

特徴

PCA9624のおもな特徴を，以下に示します．

- 8チャネルのLEDドライバ
  個別にON，OFF，PWM，グループ化されたPWMに設定可能
- I²Cバス・クロックは，1MHz(FASTモード+)に対応
- PWMにより，各LEDの輝度は，0～99.6%(256ステップ)に設定可能
- PWM周波数は，97kHz
- グループ制御機能により，190Hz PWMで0～99.6%(256ステップ)の調光が可能
- グループ制御機能により，40ms～10.73sの周期，0～99.6%のデューティでブリンク動作可能
- 8チャネルのオープン・ドレイン出力は，0～100mAの吸い込みが可能，耐圧は40V
- 出力状態の更新は，ACK，STOPコマンドのいずれかが選択可能で，点灯データ・バイト転送時個別更新，とSTOPによる一斉更新が可能
- $\overline{OE}$端子経由の外部回路により，ブリンキング，調光などが可能
- 7個のI²Cアドレス設定用端子により，最高126個のPCA9624を同一I²Cバスに接続可能
- 四つのプログラム可能なI²Cバス・アドレスを持っているので，他のPCA9624と同期した設定も可能
- I²CバスのSWRSTコールに対応
- 25MHzの発振回路を内蔵しているので，外部部品はパスコンのみ
- 動作電圧；2.3～5.5V
- LED出力端子以外の各端子電圧は5.5Vトレラント
- 低消費動作時電流；0.4mA(標準) V_{DD} = 3.6V，f_{SCL} = 1MHz
- スタンバイ電流；0.6μA(標準) V_{DD} = 3.6V
- パッケージ；HVQFN24, TSSOP24

ブロック・ダイアグラム

図7-1に，ブロック・ダイアグラムを示します．LEDドライバは，nチャネルMOSFETでオープン・ドレインとなっています．25MHzの発振回路が内蔵されており，この周波数を基準にすべてが動作しています．

PWMは，8ビット = 256分解能で制御するので，PWM周波数は，25MHz/256分解能 ≒ 97kHzとなります．この97kHzは，4分周されグループ制御用クロッ

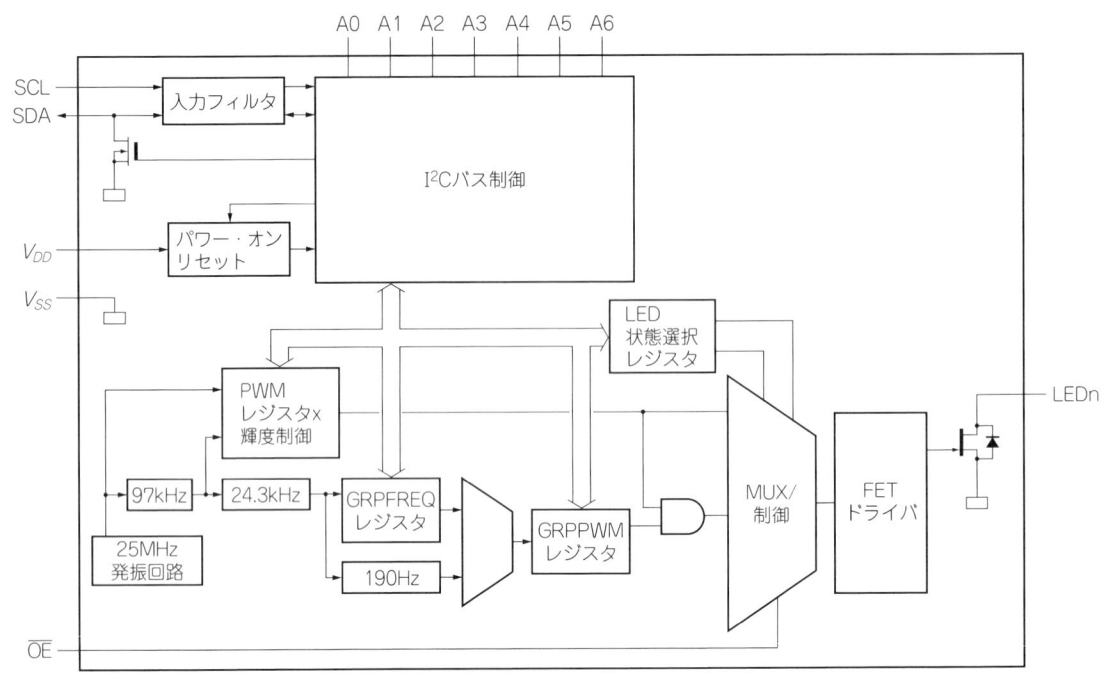

図7-1 PCA9624のブロック・ダイアグラム

表7-1 PCA9624のおもな電気的特性

項　目	記号	規格値 最小	規格値 標準	規格値 最大	単位	条　件
電源電圧	V_{DD}	2.3		5.5	V	
消費電流	I_{DD}		0.15	4	mA	$V_{DD}=2.7V$, $f_{SCL}=1MHz$
			0.4	6		$V_{DD}=3.6V$, $f_{SCL}=1MHz$
			2	10		$V_{DD}=5.5V$, $f_{SCL}=1MHz$
スタンバイ電流	I_{stb}		0.3	5	μA	$V_{DD}=2.7V$, $f_{SCL}=0Hz$
			0.6	6		$V_{DD}=3.6V$, $f_{SCL}=0Hz$
			2.1	7		$V_{DD}=5.5V$, $f_{SCL}=0Hz$
POR電圧	V_{POR}		1.7	2	V	
接合温度	T_j			125	℃	
LED駆動電圧	$V_{drv(LED)}$	0		40	V	
出力電流	I_{OL}	100			mA	$V_{OL}=0.5V$
オン時抵抗	R_{on}		2	5	Ω	$V_{drv(LED)}=40V$, $V_{DD}=2.3V$
出力容量	C_o		15	40	pF	
SCLクロック周波数	f_{SCL}	0		1	MHz	Fastモード+

クとなります．グループ制御の調光モード時の周波数は，97kHz/4/128 = 190Hzです．ブリンク・モードでは，GRPFREQレジスタでさらに分周しています．

電気的特性

表7-1に，おもな電気的特性を示します．LEDドライバは，ON抵抗が5Ω（最大）と小さく，駆動電流を100mA流しても，V_{OL}は0.5V以下です．しかしながら，チャネル数が，8と大きいので，駆動回路における全消費電力は大きくなります．したがって，ICの温度設計は重要なので，次で説明します．

● 温度設計例；周囲温度から接合温度を計算

PCA9624(SSOP24)の接合-周囲間の温度抵抗；
$R_{th(j-a)} = 108℃/W$
周囲温度；$T_{amb} = 50℃$
LED出力ロー電圧（LED V_{OL}）= 0.5V

LED 出力電流 mA/ch = 100mA
出力チャネル数 = 8
$I_{DD(max)}$ = 10mA
$V_{DD(max)}$ = 5.5V
I²C-bus clock(SCL)最大吸い込み電流 = 25mA
I²C-bus data(SDA)最大吸い込み電流 = 25mA

まず，全消費電力を求めます．

- 出力回路全消費電力 = 100mA×8×0.5V = 400mW
- PCA9626 の消費電力 = 10mA×5.5V = 55mW
- SCL の消費電力 = 25mA×0.4V = 10mW
- SDA の消費電力 = 25mA×0.4V = 10mW

全消費電力 P_{tot} = (400 + 55 + 10 + 10)mW
                  = 475mW

次に接合温度を求めます．

$T_j = (T_{amb} + R_{th(j-a)} \times P_{tot})$
    = (50℃ + 108℃/W×475mW)
    = 101.3℃

T_j は，最大 125℃ なので，それほど余裕がないことがわかります．

機能説明

● I²C アドレス

A0～A6 までの 7 端子で，すべてのアドレスを設定することができます．ただし，いくつかのアドレスは予約されているので，そのアドレスは，選択しないようにします(詳細は，データシート参照)．低消費電流化のために，アドレス設定端子はプルアップされていないので，必ず，GND か V_{DD} に接続します．

● レジスタ

表 7-2 に，レジスタ・マップを示します．これらは，スレーブ・アドレスの後に送る，図 7-2 に示すコントロール・レジスタで，レジスタ・アドレスを設定します．AI2(Auto-Increment Flag)を，1 に設定すると，1 バイトのデータを転送するごとにレジスタ・アドレスは，1 ずつ増えていくので，多バイトを一気に転送することができます．そのときに，AI1，AI0 を設定することにより，機能をまとめて循環的にレジスタ・アドレスに設定することができます．

モード・レジスタ 1(0h) MODE1

表 7-3 にモード・レジスタ 1 を示します．パワーON 時は，SLEEP = 1 で低消費モードなので，このビットを，必ず 0 にし通常動作させます．AI2～AI0 は，オート・インクリメント機能で，コントロール・レジスタの設定値が反映されます．あとは，サブ・アドレス関連なので省略します．

モード・レジスタ 2(1h) MODE2

表 7-4 に，モード・レジスタ 2 示します．後述するグループ動作させたい場合，DMBLNK ビットで動作モードを設定します．動作モードは，単にグループが ON/OFF する周期が違うだけで，調光時は，周期が 190Hz なので，チラつきを感じさせない調光ができます．ブリンク時は，周期が 41ms 以上なので，LED は点滅して見えます．

表 7-2 PCA9624 のレジスタ・マップ

アドレス	名 前	型	機 能
0h	MODE1	R/W	モード・レジスタ 1
1h	MODE2	R/W	モード・レジスタ 2
2h	PWM0	R/W	輝度制御 LED0
3h	PWM1	R/W	輝度制御 LED1
…	…	…	…
9h	PWM7	R/W	輝度制御 LED7
0Ah	GRPPWM	R/W	グループ PWM 制御
0Bh	GRPFREQ	R/W	グループ周波数
0Ch	LEDOUT0	R/W	LED 出力状態 0
0Dh	LEDOUT1	R/W	LED 出力状態 1
0Eh	SUBADR1	R/W	I²C サブアドレス 1
0Fh	SUBADR2	R/W	I²C サブアドレス 2
10h	SUBADR3	R/W	I²C サブアドレス 3
11h	ALLCALLADR	R/W	全 LED コール・アドレス

オート・インクリメント
AIF AI1 AI0 D4 D3 D2 D1 D0
フラグ オプション レジスタ・アドレス 0～11h

0 0 0 オート・インクリメント禁止
1 0 0 全てのレジスタ・アドレスがオート・インクリメント 0→11h
1 0 1 輝度レジスタのオート・インクリメント 2h→11h
1 1 0 グループ制御レジスタのオート・インクリメント 0Ah→0Bh
1 1 1 輝度・グループレジスタのオート・インクリメント 2h→0Bh

図 7-2
コントロール・レジスタ

表 7-3 MODE1 レジスタの内容

Bit	シンボル	アクセス	値	内容
7	AI2	R	0	レジスタのオート・インクリメント不許可
			1*	レジスタのオート・インクリメント許可
6	AI1	R	0*	コントロール・レジスタのAI1を反映
5	AI0	R	0*	コントロール・レジスタのAI0を反映
4	SLEEP	R/W	0	通常動作
			1*	低消費モード 発振器オフ
3	SUB1	R/W	0*	サブアドレス1に応答しない
			1	サブアドレス1に応答する
2	SUB2	R/W	0*	サブアドレス2に応答しない
			1	サブアドレス2に応答する
1	SUB3	R/W	0*	サブアドレス3に応答しない
			1	サブアドレス3に応答する
0	ALLCALL	R/W	0	LED All Callアドレスに応答しない
			1*	LED All Callアドレスに応答する

*デフォルト

LEDOUT0 ～ LEDOUT1 (0Ch ～ 0Dh)

各レジスタで4個分のLEDを，どのように点灯するのかを設定します．各LEDには，2ビット分与えられているので，四つのモードを選択できます．LED0～LED3設定用のLEDOUT0の内容を，図7-3に示します．LEDOUT1も同様の内容です．

PWM0(2h) ～ PWM7(9h) 輝度制御

LEDOUTxレジスタで，LDRx = "10"に設定するとPWM駆動モードになり，PWM0～PWM7レジスタのデューティ比で，LEDの明るさと輝度を設定することができます．PWMの周期は，97kHz固定です．デューティ比は，次式で0～99.6%まで設定することができます．

$$デューティ比 = PWMx の設定値 / 256$$

GRPPWM (12h) group duty cycle
GRPFREQ (13h) group frequency

LEDOUTxレジスタで，LDRx = "11"に設定すると，グループ制御モードになり，グループ設定したLEDxを，一括して制御することができます．図7-4に，コントロールの概要を示します．ON/OFF比は，GRPPWMで設定します．ON/OFF周波数は，DMBLNK(MODE2)のビットの値で，周波数190Hz(固定)とGRPFREQ

表 7-4 MODE2 レジスタの内容

Bit	シンボル	アクセス	値	内容
7, 6	-	R	0*	予約
5	DMBLNK	R/W	0*	グループ制御=調光
			1	グループ制御=ブリンク
4	INVRT	R/W	0*	予約
3	OCH	R/W	0*	STOPコマンド時に出力が変化
			1	ACK時に出力が変化
2		R/W	1*	予約
1		R/W	0*	予約
0		R/W	1*	予約

*デフォルト

の二つが選択できます．前者は調光に，後者はブリンキングに使用されます．

ON時のLEDxの駆動は，PWMxのデューティ比で設定します．したがって，調光時LEDの駆動強度は，PWMx×GRPPWMとなり，0～65025まで制御することができます．

回路

● 変換基板

図7-5に評価回路を，外観を写真7-1に示します．基板番号は3Aです．基板上に0603のチップLEDを6個実装可能ですが，駆動電圧はV_{DD}となります．残りの2個は外部に実装します．また，V_{DD}以外の電圧でLEDを駆動したい場合は，変換基板端子を使ってください．ただし，図7-5に示すように接続できるLEDの数は7個に制限されます．

SDA，SCL，$\overline{OE}$のプルアップ抵抗を基板上に実装することもできます．なお，LEDの駆動回路を動作させるためには$\overline{OE}$端子をGNDに接続する必要があります．

基本的な使い方の例

リスト7-1にサンプル・プログラムを示します．8個のLEDがLED0～7まで0.5sおきに順番に一つずつ点灯します．

① POR時にはPCA9624はスタンバイ状態なのでMODE1レジスタにより通常動作に切り替えます．② LEDOUT0～1レジスタによりLED0～7の動作をPWMとします．次にwhileルーチンで繰り返し動作をします．

③で書き込み先頭アドレスはPWM0，オート・イ

```
Bit  7    6    5    4    3    2    1    φ
     LDR3     LDR2     LDR1     LDRφ
     右に同じ  右に同じ  右に同じ   φ    φ   LEDxは消灯（デフォルト）
                                 φ    1   LEDxはフル点灯
                                 1    φ   LEDxはPWMxの値でPWM点灯
                                 1    1   LEDxはPWMxとGRPPWMで制御
```

図 7-3
LEDOUTφレジスタの内容

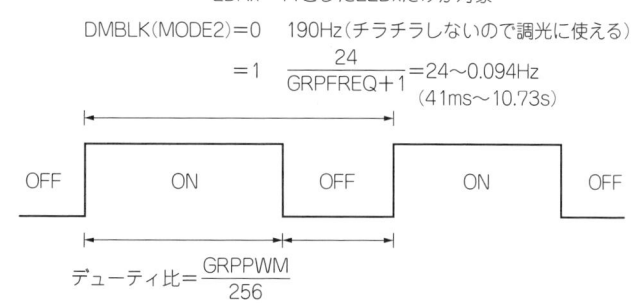

LDRx＝11としたLEDxだけが対象

DMBLK(MODE2)＝0　190Hz（チラチラしないので調光に使える）

$$= 1 \quad \frac{24}{\text{GRPFREQ}+1} = 24 \sim 0.094 \text{Hz}$$
$$(41\text{ms} \sim 10.73\text{s})$$

図 7-4
グループ・コントロールの概要
（LDRx = 11 とした LEDx だけが対象）

$$\text{デューティ比} = \frac{\text{GRPPWM}}{256}$$

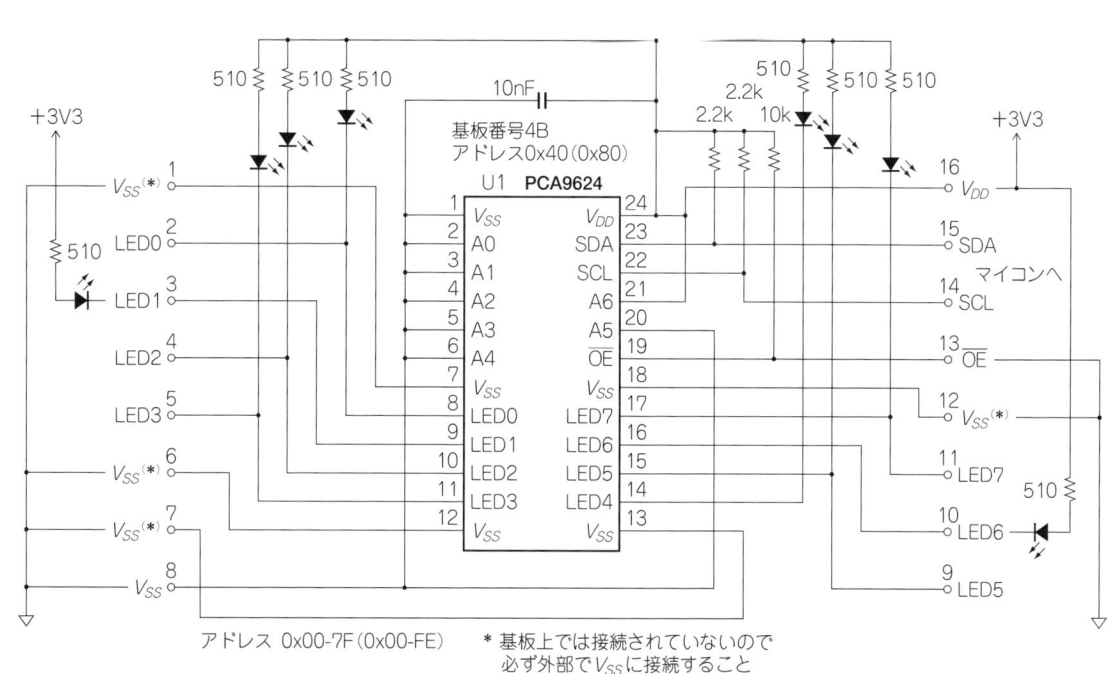

図 7-5　PCA9624 変換基板の回路

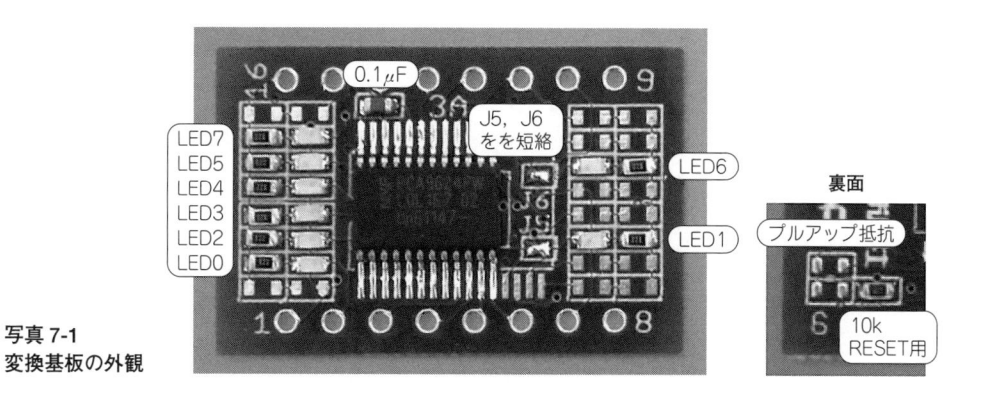

アドレス 0x00-7F(0x00-FE)

* 基板上では接続されていないので必ず外部でV_{SS}に接続すること

写真 7-1
変換基板の外観

基本的な使い方の例　69

リスト7-1　PCA9624のサンプル・プログラム

```
cmd[0] = MODE1;
cmd[1] = 0x0;                          // SLEEP = 0
i2c.write(PCA9624_ADDR, cmd, 2);       // cmd[0]Regにcmd[1]を書き込み …… ①

cmd[0] = LEDOUT0 + 0x80;               // LEDOUT0, Auto incriment
cmd[1] = 0xaa;                         // LED3,2,1,0 10= PWM
cmd[2] = 0xaa;                         // LED7,6,5,4 10= PWM
i2c.write(PCA9624_ADDR, cmd, 3);       // cmd[0]Regにcmd[1-2]を書き込み …… ②

while(1)
{
  if (i>7) i = 0;                      // 0-7を循環
  cmd[0] = PWM0 + 0x80;                // PWM0, Auto incriment…… ③
  for(j=0; j<8; j++)  cmd[j+1] = 0x0;  // PWM = 0% …… ④
  cmd[i+1] = 0xff;    // PWM = 99.6% …… ⑤
  i2c.write(PCA9624_ADDR, cmd, 9);     // cmd[0]Regにcmd[1-16]を書き込み …… ⑥
  wait(1.0);
  i++;
}
```

ンクリメントに設定します．④次にPWM0～7レジスタ用の変数cmd[1..8]を0%(消灯)とします．⑤で点灯したいLEDの変数cmd[i+1]=0xFFで99.6%(全灯)とします．⑥でcmd[1..8]をPWM0～7に書き込むとiで示されるLEDが点灯します．あとは③～⑤を繰り返します．

第8章
LEDコントローラ(16ch, 電圧スイッチ型) PCA9622DR

Fm+. 8ポートLEDドライバ. 各ポート8bit(256段階)のPWM輝度調整機能. 5V電源電圧時, 各ポートに最大100mAのシンク電流. 最大126デバイスを同一I²Cバス上に配置可能.

PCA9622は, NXP社のI²Cバス・インターフェースの16チャネル100mA 40V電圧スイッチ型LEDドライバです. 100mAの赤, 緑, 青, アンバー(RGBA)のLED制御に適しています. 各色のLEDは, PWM(周波数は97kHz)で輝度を0～99.6%(256ステップ)まで個別に制御できます. さらに, グループ調光モードの場合, 190Hzの周波数で, 輝度を0～99.6%(256ステップ)までグループをまとめて制御できます. グループ・ブリンク・モードでは, 40ms～10.73s(256ステップ)周期で, グループ化されたLEDをブリンク表示することができます.

PCA9622は, 2.3～5.5Vで動作し, 100mAまでを駆動することができます. オープン・ドレイン出力は, 40Vまで使えます. 新Fast-mode Plus(Fm+)ファミリの一つで, 1MHzのクロック周波数, 4000pFのバス容量まで対応できます.

$\overline{OE}$端子を持っているので, 16個のLEDを同時にON/OFFしたり, 外部信号でPWM制御することができます.

特 徴

PCA9622の, おもな特徴を以下に示します.

- 16チャネルのLEDドライバ
  個別にON, OFF, PWM, グループ化されたPWMに設定可能
- I²Cバス・クロックは, 1MHz(FASTモード+)に対応
- PWMにより, 各LEDの輝度は, 0～99.6%(256ステップ)に設定可能
- PWM周波数は, 97kHz
- グループ制御機能により, 190Hz PWMで0～99.6%(256ステップ)の調光が可能
- グループ制御機能により, 40ms～10.73sの周期, 0～99.6%のデューティでブリンク動作可能
- 16チャネルのオープン・ドレイン出力は, 0～100mAの吸い込みが可能, 耐圧は40V
- 出力状態の更新はACK, STOPコマンドのいずれかが選択可能で, 点灯データ・バイト転送時個別更新とSTOPによる一斉更新が可能
- $\overline{OE}$端子経由の外部回路により, ブリンキング, 調光などが可能
- 7個のI²Cアドレス設定用端子により, 最高126個のPCA9622を, 同一I²Cバスに接続可能
- 四つのプログラム可能なI²Cバス・アドレスを持っているので, 他のPCA9622と同期した設定も可能
- I²CバスのSWRSTコールに対応
- 25MHzの発振回路を内蔵しているので, 外部部品はパスコンのみ
- 動作電圧; 2.3～5.5V
- LED出力端子以外の各端子電圧は, 5.5Vトレラント
- 低消費動作時電流; 2mA(標準) V_{DD} = 3.6V, f_{SCL} = 1MHz
- スタンバイ電流; 1.8μA(標準) V_{DD} = 3.6V
- パッケージ; TSSOP32

ブロック・ダイアグラム

図8-1に, ブロック・ダイアグラムを示します. LEDドライバは, nチャネルMOSFETで, オープン・ドレインとなっています. 25MHzの発振回路が内蔵されており, この周波数を基準に, すべてが動作しています.

PWMは, 8bit = 256分解能で制御するので, PWM周波数は, 25MHz/256分解能 ≒ 97kHzとなります. この97kHzは, 4分周されグループ制御用クロックとなります. グループ制御の調光モード時の周波数

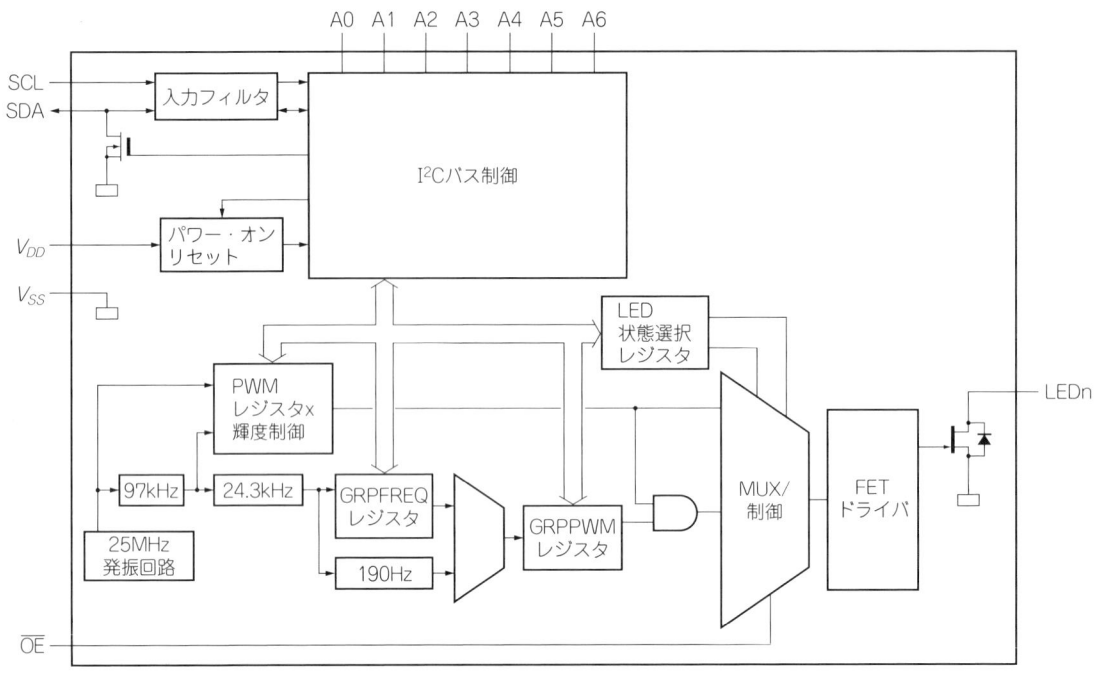

図8-1 PCA9622のブロック・ダイアグラム

表8-1 PCA9622のおもな電気的特性

項 目	記号	規格値 最小	規格値 標準	規格値 最大	単位	条 件
電源電圧	V_{DD}	2.3		5.5	V	
消費電流	I_{DD}		0.2	4	mA	$V_{DD} = 2.7V$, $f_{SCL} = 1MHz$
			2	6	mA	$V_{DD} = 3.6V$, $f_{SCL} = 1MHz$
			8.5	12		$V_{DD} = 5.5V$, $f_{SCL} = 1MHz$
スタンバイ電流	I_{stb}		1.3	5	μA	$V_{DD} = 2.7V$, $f_{SCL} = 0Hz$
			1.8	6		$V_{DD} = 3.6V$, $f_{SCL} = 0Hz$
			3.2	7		$V_{DD} = 5.5V$, $f_{SCL} = 0Hz$
POR電圧	V_{POR}		1.7	2	V	
接合温度	T_j			125	℃	
LED駆動電圧	$V_{drv(LED)}$	0		40	V	
出力電流	I_{OL}	100			mA	$V_{OL} = 0.5V$
オン時抵抗	R_{on}		2	5	Ω	$V_{drv(LED)} = 40V$, $V_{DD} = 2.3V$
出力容量	C_o		2.5	5	pF	
SCLクロック周波数	f_{SCL}	0		1	MHz	Fastモード+

は，97kHz/4/128 = 190Hzです．ブリンク・モードでは，GRPFREQレジスタで，さらに分周しています．

電気的特性

表8-1に，おもな電気的特性を示します．LEDドライバは，ON抵抗が5Ω（最大）と小さく，駆動電流を100mA流してもV_{OL}は0.5V以下です．しかしながら，チャネル数が16と大きいので，駆動回路における全消費電力は大きくなります．ICの温度設計は重要なので，次で説明します．

● 温度設計例；周囲温度から接合温度を計算

PCA9622(SSOP32)の接合-周囲間の温度抵抗；
$R_{th(j-a)}$ = 83℃/W
周囲温度；T_{amb} = 50℃
LED出力ロー電圧(LED V_{OL}) = 0.5V
LED出力電流 mA/ch = 80mA

出力チャネル数 = 16
$I_{DD(max)}$ = 12mA
$V_{DD(max)}$ = 5.5V
I²C-bus clock(SCL)最大吸い込み電流 = 25mA
I²C-bus data(SDA)最大吸い込み電流 = 25mA

まず，全消費電力を求めます．

- 出力回路全消費電力 = 80mA×16×0.5V = 640mW
- PCA9626の消費電力 = 12mA×5.5V = 66mW
- SCLの消費電力 = 25mA×0.4V = 10mW
- SDAの消費電力 = 25mA×0.4V = 10mW
全消費電力 P_{tot} = (640 + 66 + 10 + 10)mW
　　　　　　　　= 726 mW

次に接合温度を求めます．

$T_j = (T_{amb} + R_{th(j-a)} \times P_{tot})$
　 $= (50℃ + 83℃/W \times 726mW)$
　 $= 110.26℃$

T_j は，最大125℃なので，それほど余裕がないことがわかります．

機能説明

● I²Cアドレス

A0〜A6までの7端子で，すべてのアドレスを設定することができます．ただし，いくつかのアドレスは予約されているので，そのアドレスは選択しないようにします(詳細は，データシート参照)．低消費電流化のために，アドレス設定端子はプルアップされていないので，必ずGNDか V_{DD} に接続します．

● レジスタ

表8-2に，レジスタ・マップを示します．これらは，スレーブ・アドレスの後に送る，図8-2に示すコントロール・レジスタでレジスタ・アドレスを設定します．AI2(Auto-Increment Flag)を，1に設定すると，1バイトのデータを転送するごとに，レジスタ・アドレスは，1ずつ増えていくので，多バイトを一気に転送することができます．そのときに，AI1，AI0を設定することにより，機能をまとめて循環的にレジスタ・アドレスに設定することができます．

モード・レジスタ1(0h)MODE1

表8-3に，モード・レジスタ1を示します．パワーON時は，SLEEP = 1で低消費モードなので，このビットを必ず0にし，通常動作させます．AI2〜AI0は，オート・インクリメント機能でコントロール・レジスタの設定値が反映されます．あとはサブ・アドレス関連なので省略します．

モード・レジスタ2(1h)MODE2

表8-4に，モード・レジスタ2を示します．後述する，グループ動作をさせたい場合，DMBLNKビットで動作モードを設定します．動作モードは，単にグループがON/OFFする周期が違うだけで，調光時は周期が190Hzなので，チラつきを感じさせません．ブリンク時は，周期が41ms以上なので，LEDは点滅します．

表8-2 PCA9622のレジスタ・マップ

アドレス	名前	型	機能
0h	MODE1	R/W	モード・レジスタ1
1h	MODE2	R/W	モード・レジスタ2
2h	PWM0	R/W	輝度制御 LED0
3h	PWM1	R/W	輝度制御 LED1
…	…	…	…
11h	PWM15	R/W	輝度制御 LED15
12h	GRPPWM	R/W	グループPWM制御
13h	GRPFREQ	R/W	グループ周波数
14h	LEDOUT0	R/W	LED出力状態0
…	…	…	…
17h	LEDOUT3	R/W	LED出力状態3
18h	SUBADR1	R/W	I²Cサブアドレス1
19h	SUBADR2	R/W	I²Cサブアドレス2
1Ah	SUBADR3	R/W	I²Cサブアドレス3
1Bh	ALLCALLADR	R/W	全LEDコール・アドレス

オート・インクリメント
AIF　AI1　AIφ　D4 D3 D2 D1 Dφ
フラグ　オプション　レジスタ・アドレス 0〜1Bh

0	0	0	オート・インクリメント禁止
1	0	0	全てのレジスタ・アドレスがオート・インクリメント φ→1Bh
1	0	1	輝度レジスタのオート・インクリメント 2h→11h
1	1	0	グループ制御レジスタのオート・インクリメント 12h→13h
1	1	1	輝度・グループレジスタのオート・インクリメント 2h→13h

図8-2 コントロール・レジスタ

表8-3 MODE1レジスタの内容

Bit	シンボル	アクセス	値	内容
7	AI2	R	0	レジスタのオート・インクリメント不許可
			1*	レジスタのオート・インクリメント許可
6	AI1	R	0*	コントロール・レジスタのAI1を反映
5	AI0	R	0*	コントロール・レジスタのAI0を反映
4	SLEEP	R/W	0	通常動作
			1*	低消費モード 発振器オフ
3	SUB1	R/W	0*	サブアドレス1に応答しない
			1	サブアドレス1に応答する
2	SUB2	R/W	0*	サブアドレス2に応答しない
			1	サブアドレス2に応答する
1	SUB3	R/W	0*	サブアドレス3に応答しない
			1	サブアドレス3に応答する
0	ALLCALL	R/W	0	LED All Callアドレスに応答しない
			1*	LED All Callアドレスに応答する

*デフォルト

表8-4 MODE2レジスタの内容

Bit	シンボル	アクセス	値	内容
7, 6	-	R	0*	予約
5	DMBLNK	R/W	0*	グループ制御＝調光
			1	グループ制御＝ブリンク
4	INVRT	R/W	0*	予約
3	OCH	R/W	0*	STOPコマンド時に出力が変化
			1	ACK時に出力が変化
2	-	R/W	1*	予約
1	-	R/W	0*	予約
0	-	R/W	1*	予約

*デフォルト

LEDOUT0 ～ LEDOUT3（14h ～ 17h）

各レジスタで，4個分のLEDをどのように点灯するのかを設定します．各LEDには，2ビット分与えられているので，四つのモードを選択できます．LED0 ～ LED3設定用のLEDOUT0の内容を，図8-3に示します．LEDOUT1 ～ LEDOUT3も同様の内容です．

PWM0（2h）～ PWM15（11h）輝度制御

LEDOUTxレジスタで，LDRx＝"10"に設定すると，PWM駆動モードになり，PWM0 ～ PWM15レジスタのデューティ比でLEDの明るさ，輝度を設定することができます．PWMの周期は，97kHz固定です．デューティ比は次式で0 ～ 99.6%まで設定することができます．

デューティ比＝PWMxの設定値／256

GRPPWM（12h）group duty cycle
GRPFREQ（13h）group frequency

LEDOUTxレジスタで，LDRx＝"11"に設定すると，グループ制御モードになり，グループ設定したLEDxを一括して制御することができます．図8-4に，コントロールの概要を示します．ON/OFF比は，GRPPWMで設定します．ON/OFF周波数は，DMBLNK（MODE2）のビットの値で周波数190Hz（固定）とGRPFREQの二つが選択できます．前者は調光に，後者はブリンキングに使用されます．

ON時のLEDxの駆動は，PWMxのデューティ比で設定します．したがって，調光時のLEDの駆動強度は，PWMx×GRPPWMとなり，0 ～ 65025まで制御することができます．

回　路

● 変換基板

評価回路を図8-5に，外観を，写真8-1に示します．基板の番号は，3Aです．基板上に，0603のチップLEDを16個すべて実装可能ですが，駆動電圧は，V_{DD}となります．V_{DD}以外の電圧でLEDを駆動したい場合は，変換基板端子を使ってください．ただし，図8-5に示すように，接続できるLEDの数は，9個に制限されます．

SDA，SCL，$\overline{OE}$のプルアップ抵抗を基板上に実装することもできます．なお，LEDの駆動回路を動作させるためには，$\overline{OE}$端子をGNDに接続する必要があります．

基本的な使い方の例

リスト8-1に，サンプル・プログラムを示します．LED0 ～ 15まで16個のLEDが，0.5sおきに順番に一つずつ点灯します．

POR時には，PCA9622は，スタンバイ状態なので，MODE1レジスタにより，通常動作に切り替えます①．LEDOUT0 ～ 3レジスタにより，LED0 ～ 15の動作をPWMとします②．次に，whileルーチンで繰り返し動作をします．

③で，書き込み先頭アドレスは，PWM0，オート・

図8-3
LEDOUTφレジスタの内容

```
Bit  7    6    5    4    3    2    1    φ
    LDR3      LDR2      LDR1      LDRφ
    右に同じ   右に同じ   右に同じ   φ  φ   LEDxはオフ（デフォルト）
                                φ  1   LEDxはフル点灯
                                1  φ   LEDxはPWMxの値でPWM点灯
                                1  1   LEDxはPWMxとGRPPWMで制御
```

図8-4
グループ・コントロールの概要
（LDRx = 11 とした LEDx だけが対象）

LDRx＝11としたLEDxだけが対象

DMBLNK(MODE2)=0　190Hz（チラチラしないので調光に使える）

$$= 1 \quad \frac{24}{\text{GRPFREQ}+1} = 24\sim0.094\text{Hz}$$
$$(41\text{ms}\sim10.73\text{s})$$

デューティ比 = $\frac{\text{GRPPWM}}{256}$

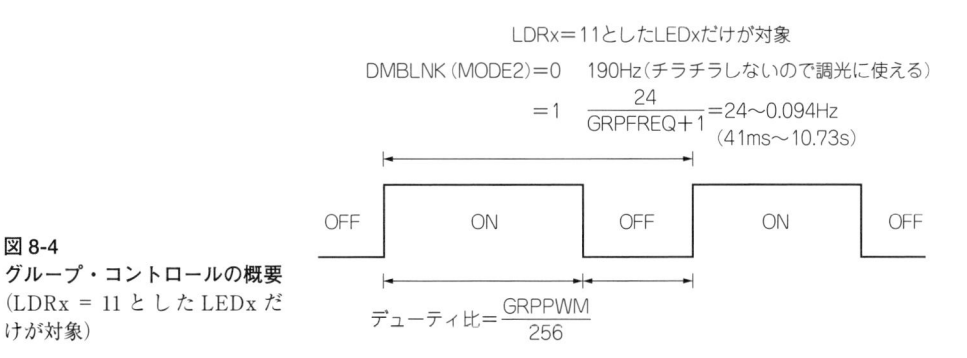

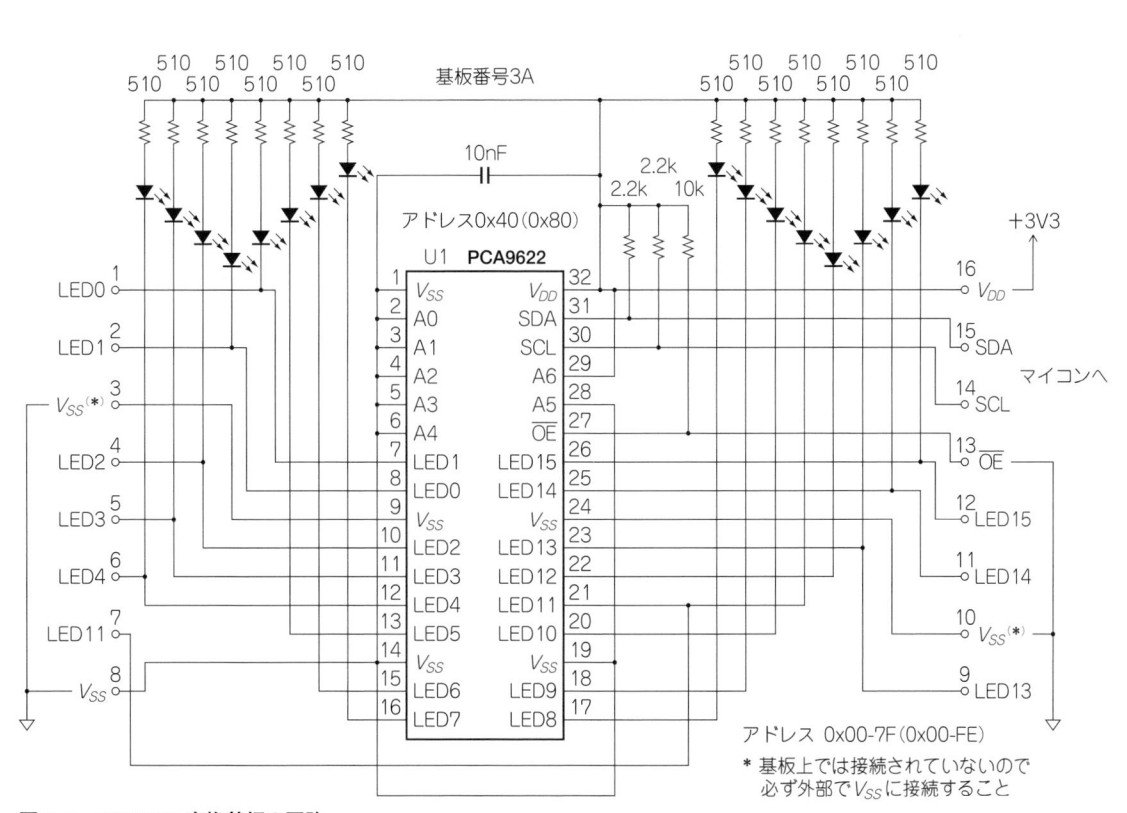

図8-5　PCA9622変換基板の回路

インクリメントに設定します．次に，PWM0～15レジスタ用の変数cmd[1..16]を，0%（消灯）とします④．⑤で，点灯したいLEDの変数cmd[i+1]＝0xFFで，99.6%（全灯）とします．⑥で，cmd[1..16]をPWM0～15に書き込むとで示されるLEDが点灯します．あとは，③～⑤を繰り返します．

写真 8-1
変換基板の外観

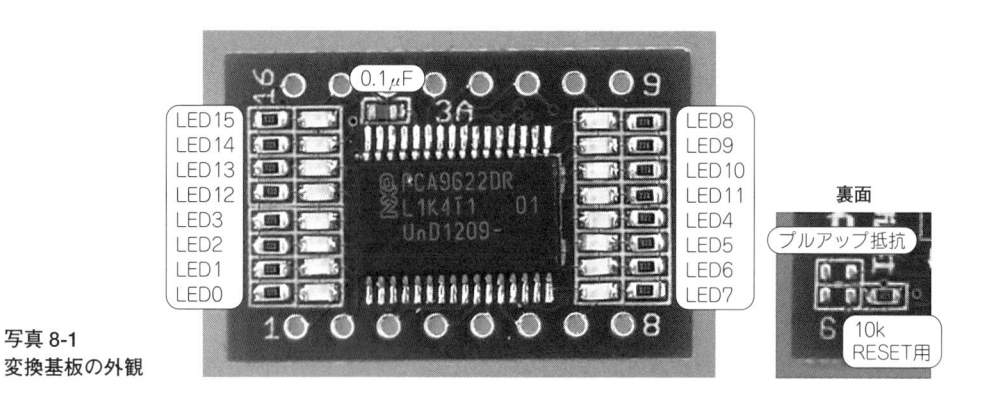

リスト 8-1　PCA9622 のサンプル・プログラム

```
cmd[0] = MODE1;
cmd[1] = 0x0;                  // SLEEP = 0
i2c.write(PCA9622_ADDR, cmd, 2);   // cmd[0]Regにcmd[1]を書き込み …… ①

cmd[0] = LEDOUT0 + 0x80;       // LEDOUT0, Auto incriment
cmd[1] = 0xaa;                 // LED3,2,1,0 10= PWM
cmd[2] = 0xaa;                 // LED7,6,5,4 10= PWM
cmd[3] = 0xaa;                 // LED11,10,9,8 10= PWM
cmd[4] = 0xaa;                 // LED15,14,13,12 10= PWM
i2c.write(PCA9622_ADDR, cmd, 5);   // cmd[0]Regにcmd[1-4]を書き込み …… ②

while(1)
{
  if (i>15) i = 0;
  cmd[0] = PWM0 + 0x80;        // PWM0, Auto incriment …… ③
  for(j=0; j<16; j++)  cmd[j+1] = 0x0;    // PWM = 0% …… ④
  cmd[i+1] = 0xff;   // PWM = 99.6% …… ⑤
  i2c.write(PCA9622_ADDR, cmd, 17);   // cmd[0]Regにcmd[1-16]を書き込み …… ⑥
  wait(0.5);
  i++;
}
```

第 8 章　LED コントローラ（16ch，電圧スイッチ型）PCA9622DR

第9章
LEDコントローラ(24ch, 電圧スイッチ型) PCA9626B

Fm+. 24ポートLEDドライバ. 各ポート8bit(256段階)のPWM輝度調整機能. Output Enableピンがあり, 複数のLEDドライバの輝度やブリンクをハードウェア的に制御することが可能.

PCA9626Bは, NXP社のI^2Cバス・インターフェースの24チャネル100mA 40V LEDドライバです. 各LEDは, PWM(周波数は97kHz)で輝度を0～99.6%(256ステップ)まで個別に制御できます. さらに, グループ調光モードの場合, 190Hzの周波数で輝度を0～99.6%(256ステップ)までグループをまとめて制御できます. グループ・ブリンク・モードでは, 40ms～10.73s(256ステップ)周期でグループ化されたLEDを, ブリンク表示することができます.

PCA9626Bは, 2.3～5.5Vで動作し, 100mAの駆動能力を持つオープン・ドレイン出力は, 40Vまで使えます. 新Fast-mode Plus(Fm+)ファミリーの一つで, 1MHzのクロック周波数, 4000pFのバス容量まで対応できます.

$\overline{OE}$端子を持っているので, 24個のLEDを同時にON/OFFしたり, 外部信号でPWM制御することができます.

特徴

PCA9626の, おもな特徴を以下に示します.

- 24チャネルのLEDドライバ
  個別にON, OFF, PWM, グループ化されたPWMに設定可能
- I^2Cバス・クロックは, 1MHz(FASTモード+)に対応
- PWMにより, 各LEDの輝度は, 0～99.6%(256ステップ)に設定可能
- PWM周波数は, 97kHz
- グループ制御機能により, 190HzのPWMで, 0～99.6%(256ステップ)の調光が可能
- グループ制御機能により, 40ms～10.73sの周期, 0～99.6%のデューティでブリンク動作可能
- 24チャネルのオープン・ドレイン出力は, 0～100mAの吸い込みが可能, 耐圧は40V
- 出力状態の更新は, ACK, STOPコマンドのいずれかが選択可能で, 点灯データ・バイト転送時個別更新と, STOPによる一斉更新が可能
- $\overline{OE}$端子経由の外部回路により, ブリンキング, 調光などが可能
- I^2Cアドレス設定用端子が7個用意されているので, 最高126個のPCA9626を, 同一I^2Cバスに接続可能
- 四つのプログラム可能なI^2Cバス・アドレスを持っているので, 他のPCA9626と同期した設定も可能
- Chaseコマンドにより, あらかじめ用意された144種類の点灯パターンを選択可能
- I^2CバスのSWRSTコールに対応
- 25MHzの発振回路を内蔵しているので, 外部部品はパスコンのみ
- 動作電圧；2.3～5.5V
- LED出力端子以外の各端子電圧は5.5Vトレラント
- 低消費動作時電流；1.52mA(標準)V_{DD} = 3.6V, f_{SCL} = 1MHz
- スタンバイ電流；1μA(標準)V_{DD} = 3.6V
- パッケージ；LQFP48

ブロック・ダイアグラム

図9-1に, ブロック・ダイアグラムを示します. LEDドライバは, nチャネルMOSFETでオープン・ドレインとなっています. 25MHzの発振回路が内蔵されており, この周波数を基準に, すべてが動作しています.

PWMは, 8ビット＝256分解能で制御するので, PWM周波数は, 25MHz/256分解能≒97kHzとなります. この97kHzは, 4分周されグループ制御用クロッ

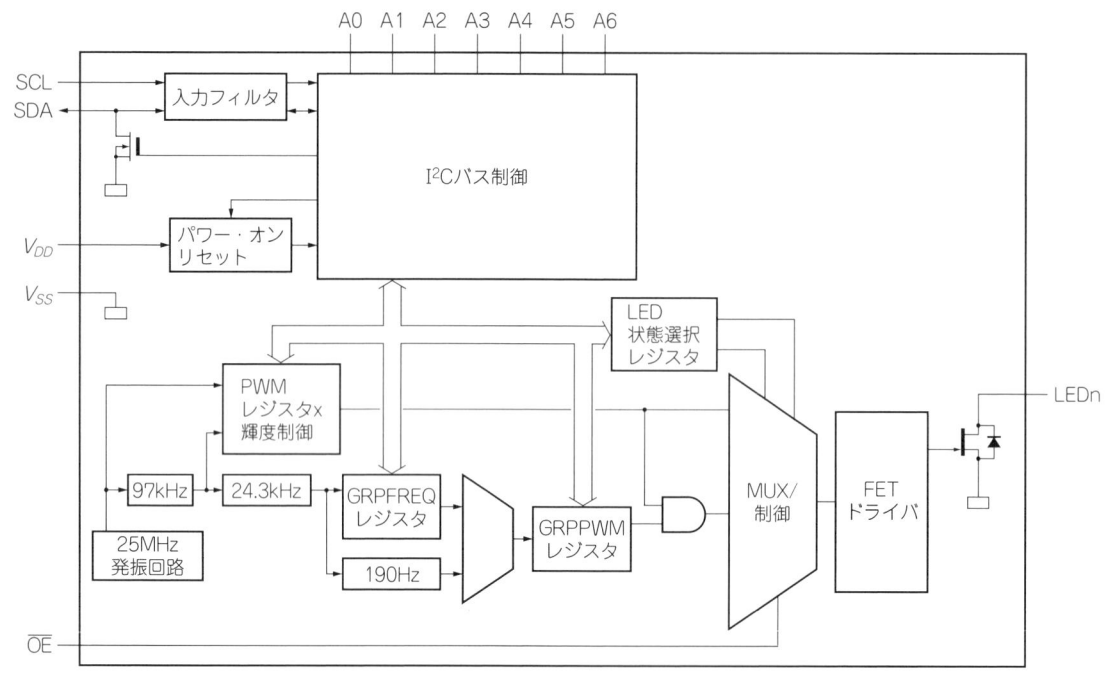

図9-1 PCA9626Bのブロック・ダイアグラム

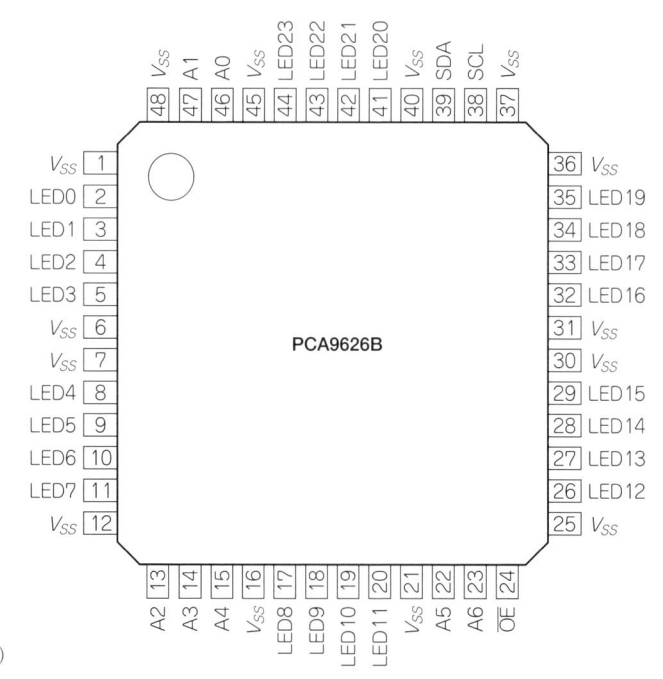

図9-2 PCA9626Bのピン配置(LQFP48)

クとなります．グループ制御の調光モード時の周波数は，97kHz/4/128 = 190Hzです．ブリンク・モードでは，GRPFREQレジスタでさらに分周しています．

図9-2に，PCA9626Bのピン配置を示します．

電気的特性

表9-1に，おもな電気的特性を示します．LEDドライバは，ON抵抗が5Ω(最大)と小さく，駆動電流

表 9-1 PCA9626B のおもな電気的特性

項　目	記号	規格値 最小	規格値 標準	規格値 最大	単位	条　件
電源電圧	V_{DD}	2.3		5.5	V	
消費電流	I_{DD}		0.5	4	mA	V_{DD} = 2.7V, f_{SCL} = 1MHz
			1.5	6		V_{DD} = 3.6V, f_{SCL} = 1MHz
			13	18		V_{DD} = 5.5V, f_{SCL} = 1MHz
スタンバイ電流	I_{stb}		0.5	5	μA	V_{DD} = 2.7V, f_{SCL} = 0Hz
			1	10		V_{DD} = 3.6V, f_{SCL} = 0Hz
			6	15		V_{DD} = 5.5V, f_{SCL} = 0Hz
POR電圧	V_{POR}		1.7	2	V	
接合温度	T_j			125	℃	
LED駆動電圧	$V_{drv(LED)}$	0		40	V	
出力電流	I_{OL}	100			mA	V_{OL} = 0.5V, $V_{DD} \geq$ 4.5V
オン時抵抗	R_{on}		2	5	Ω	$V_{drv(LED)}$ = 40V, V_{DD} = 2.3V
出力容量	C_o		15	40	pF	
SCLクロック周波数	f_{SCL}	0		1	MHz	Fastモード+

を 100mA 流しても，V_{OL} は 0.5V 以下です．しかしながら，チャネル数が 24 と大きいので，駆動回路における全消費電力は大きくなります．したがって，ICの温度設計は重要です．次に説明します．

● 温度設計例；周囲温度から接合温度を計算

PCA9626B(LQFP48)の接合-周囲間の温度抵抗；
$R_{th(j-a)}$ = 63℃/W
周囲温度；T_{amb} = 50℃
LED 出力ロー電圧 (LED V_{OL}) = 0.5 V
LED 出力電流 mA/ch = 80 mA
出力チャネル数 = 24
$I_{DD(max)}$ = 18 mA
$V_{DD(max)}$ = 5.5 V
I²C-bus clock (SCL) 最大吸い込み電流 = 25mA
I²C-bus data (SDA) 最大吸い込み電流 = 25mA

まず，全消費電力を求めます．

- 出力回路全消費電力 = 80mA × 24 × 0.5V = 960 mW
- PCA9626 の消費電力 = 18 mA × 5.5V = 99mW
- SCL の消費電力 = 25mA × 0.4V = 10mW
- SDA の消費電力 = 25mA × 0.4V = 10mW
- 全消費電力 P_{tot} = (960 + 99 + 10 + 10)mW
  = 1079mW

次に接合温度を求めます．

$T_j = (T_{amb} + R_{th(j-a)} \times P_{tot})$
　　 = (50℃ + 63℃/W + 1079mW)
　　 = 118℃

T_j は，最大 125℃なので，それほど余裕がないことがわかります．

機能説明

● I²C アドレス

A0 〜 A6 までの 7 端子で，すべてのアドレスを設定することができます．ただし，いくつかのアドレスは予約されているので，そのアドレスは，選択しないようにします(詳細は，データシート参照)．低消費電流化のために，アドレス設定端子はプルアップされていないので，必ず，GND か V_{DD} に接続します．

● レジスタ

表 9-2 に，レジスタ・マップを示します．これらは，スレーブ・アドレスの後に送る，図 9-3 に示すコントロール・レジスタでレジスタ・アドレスを設定します．AIF(Auto-Increment Flag)を 1 に設定すると，1 バイトのデータを転送するごとに，レジスタ・アドレスは，1 ずつ増えていくので，多バイトを一気に転送することができます．そのときに，図のように MODE1 レジスタの AI1，AI0 を設定することにより，機能をまとめて循環的にレジスタ・アドレスにアクセスすることができます．

モード・レジスタ 1 (0h) MODE1

表 9-3 に，モード・レジスタ 1 を示します．パワーON 時は，SLEEP = 1 で低消費モードなので，このビットを，必ず 0 にし通常動作させます．オート・インクリメント機能を使用する場合は，AI1，AI0 ビッ

トを設定します．あとは，サブ・アドレス関連なので省略します．

モード・レジスタ2(1h)MODE2

表9-4に，モード・レジスタ2を示します．後述するグループ動作させたい場合，DMBLNKビットで動作モードを設定します．動作モードは，単にグループがON/OFFする周期が違うだけで，調光時は周期が190Hzなので，チラつかない調光ができます．ブリンク時は，周期が41ms以上なので，LEDは点滅して見えます．

LEDOUT0～LEDOUT5(1Dh～22h)

各レジスタで，4個分のLEDを，どのように点灯するのかを設定します．各LEDには，2ビット分与えられているので，四つのモードを選択できます．LED0～LED3設定用のLEDOUT0の内容を，図9-4に示します．LEDOUT1～LEDOUT5も，同様の内容です．

PWM0(2h)～PWM23(19h)輝度制御

LEDOUTxレジスタで，LDRx＝"10"に設定すると，PWM駆動モードになり，PWM0～PWM23レジスタのデューティ比で，LEDの明るさ，輝度を設定す

表9-2　PCA9626Bのレジスタ・マップ

アドレス	名前	型	機能
0h	MODE1	R/W	モード・レジスタ1
1h	MODE2	R/W	モード・レジスタ2
2h	PWM0	R/W	輝度制御 LED0
3h	PWM1	R/W	輝度制御 LED1
…	…	…	…
19h	PWM23	R/W	輝度制御 LED23
1Ah	GRPPWM	R/W	グループPWM制御
1Bh	GRPFREQ	R/W	グループ周波数
1Ch	CHASE	R/W	chase制御
1Dh	LEDOUT0	R/W	LED出力状態0
…	…	…	…
22h	LEDOUT5	R/W	LED出力状態5
23h	SUBADR1	R/W	I^2Cサブ・アドレス1
24h	SUBADR2	R/W	I^2Cサブ・アドレス2
25h	SUBADR3	R/W	I^2Cサブ・アドレス3
26h	ALLCALLADR	R/W	全LEDコール・アドレス

表9-3　MODE1レジスタの内容

Bit	シンボル	アクセス	値	内容
7	AI2	R	0	レジスタのオート・インクリメント不許可
			1*	レジスタのオート・インクリメント許可
6	AI1	R		図9-3参照
5	AI0	R		図9-3参照
4	SLEEP	R/W	0	通常動作
			1*	低消費モード 発振器オフ
3	SUB1	R/W	0*	サブ・アドレス1に応答しない
			1	サブ・アドレス1に応答する
2	SUB2	R/W	0*	サブ・アドレス2に応答しない
			1	サブ・アドレス2に応答する
1	SUB3	R/W	0*	サブ・アドレス3に応答しない
			1	サブ・アドレス3に応答する
0	ALLCALL	R/W	0	LED All Callアドレスに応答しない
			1*	LED All Callアドレスに応答する

*デフォルト

表9-4　MODE2レジスタの内容

Bit	シンボル	アクセス	値	内容
7, 6	-	R	0*	予約
5	DMBLNK	R/W	0*	グループ制御＝調光
			1	グループ制御＝ブリンク
4	INVRT	R	0*	予約
3	OCH	R/W	0*	STOPコマンド時に出力が変化
			1	ACK時に出力が変化
2	-	R	1*	予約
1	-	R	0*	予約
0	-	R	1*	予約

*デフォルト

```
AIF   ×   D5 D4 D3 D2 D1 D0
フラグ      レジスタ・アドレス 0～26h
      AI1 AI0  ←MODE1レジスタで設定
       0   0   レジスタ・アドレスは自動的に増えない
       0   0   全てのレジスタ・アドレスが自動増加   0h→26h
       0   1   ブライトネス・レジスタのみ自動増加   2h→19h
       1   0   グローバル・コントロール・レジスタとCHASEレジスタ   1Ah→1Ch
       1   1   ブライトネス，グローバル，CHASEレジスタ   2h→1Ch
```

図9-3　コントロール・レジスタ

```
Bit   7    6    5    4    3    2    1    φ
     LDR3     LDR2     LDR1     LDRφ
     右に同じ   右に同じ   右に同じ   φ  φ   LEDxはオフ（デフォルト）
                                 φ  1   LEDxはフル点灯
                                 1  φ   LEDxはPWMxの値でPWM点灯
                                 1  1   LEDxはPWMxとGRPPWMで制御
```

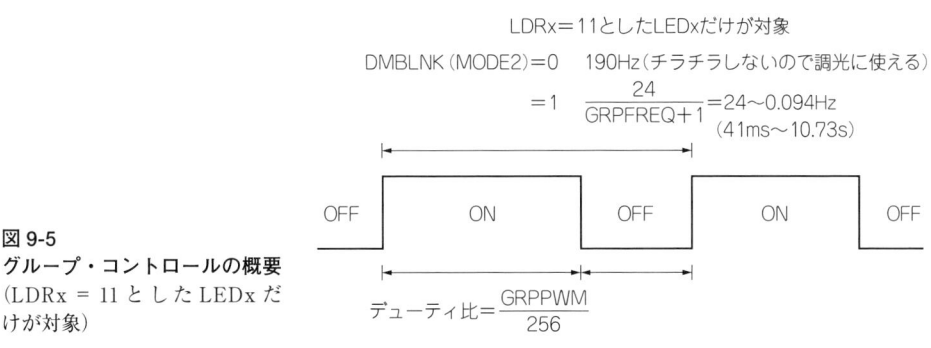

図 9-4
LEDOUTφレジスタの内容

LDRx=11としたLEDxだけが対象
DMBLNK(MODE2)=0　190Hz（チラチラしないので調光に使える）
　　　　　　　=1　$\frac{24}{\text{GRPFREQ}+1}$=24〜0.094Hz
　　　　　　　　　　　　　　　　（41ms〜10.73s）

```
      OFF  |  ON  |  OFF  |  ON  |  OFF
```

図 9-5
グループ・コントロールの概要
（LDRx = 11 とした LEDx だけが対象）

デューティ比＝$\frac{\text{GRPPWM}}{256}$

表 9-5　CHASE シーケンス（抜粋）

コマンド	0	1	2	3	4	5	…	23	内容
0	×	×	×	×	×	×	…	×	全LED ON
1							…		全LED OFF
…							…		
7	×						…		LTR_0_ON
8		×					…		LTR_1_ON
…							…		
30							…	×	LTR_23_ON
31	×	×					…		二つずつ表示
32			×	×			…		二つずつ表示

ることができます．PWM の周期は，97kHz 固定です．デューティ比は，次式で 0 〜 99.6% まで設定することができます．

デューティ比＝ PWMx の設定値 / 256

GRPPWM（1Ah）group duty cycle
GRPFREQ（1Bh）group frequency

LEDOUTx レジスタで，LDRx ＝ "11" に設定すると，グループ制御モードになり，グループ設定した LEDx を，一括して制御することができます．図 9-5 に，コントロールの概要を示します．ON/OFF 比は，GRPPWM で設定します．ON/OFF 周波数は，DMBLNK(MODE2) のビットの値で，周波数 190Hz（固定）と GRPFREQ の二つが選択できます．前者は調光に，後者はブリンキングに使用されます．

ON 時の LEDx の駆動は，PWMx のデューティ比で設定します．したがって，調光時の LED の駆動強度は，PWMx × GRPPWM となり，0 〜 65025 まで制御することができます．

CHASE 制御（1Ch）Chase pattern control

あらかじめ決められた LED の出力の ON/OFF パターンを指定します．デフォルトは，0 です．すべての LED 出力は，ON です．表 9-5 に，いくつかのパターン例を示します．全部で，144 種類用意されています．

例えば，CHASE に 0（全 LED ON）と，1（全 LED OFF）を交互に書き込むと，点灯設定されているすべての LED を，ブリンクすることができます．7 (LTR_0_ON) 〜 30(LTR_23_ON) をシーケンシャルに書き込むと，LED0 〜 LED23 が，ひとつずつシーケンシャルに点滅します．

回　路

● 変換基板

評価回路を図 9-6 に，外観を写真 9-1 に示します．基板の番号は，5A です．基板上に，0603 のチップ LED を 14 個実装可能ですが，駆動電圧は，V_{DD} となります．残りの LED 出力端子は，すべて変換基板端子にデコードされているので，外部に 10 個の LED を接続すれば，24 個すべての LED を駆動することができます．もし LED の駆動電圧を V_{DD} より大きくしたい場合は，外部 LED で行ってください．

SDA，SCL，$\overline{\text{OE}}$ のプルアップ抵抗は，基板上に実装できないので，必ず外部に接続してください．なお，LED の駆動回路を動作させるためには，$\overline{\text{OE}}$ 端子を GND に接続する必要があります．

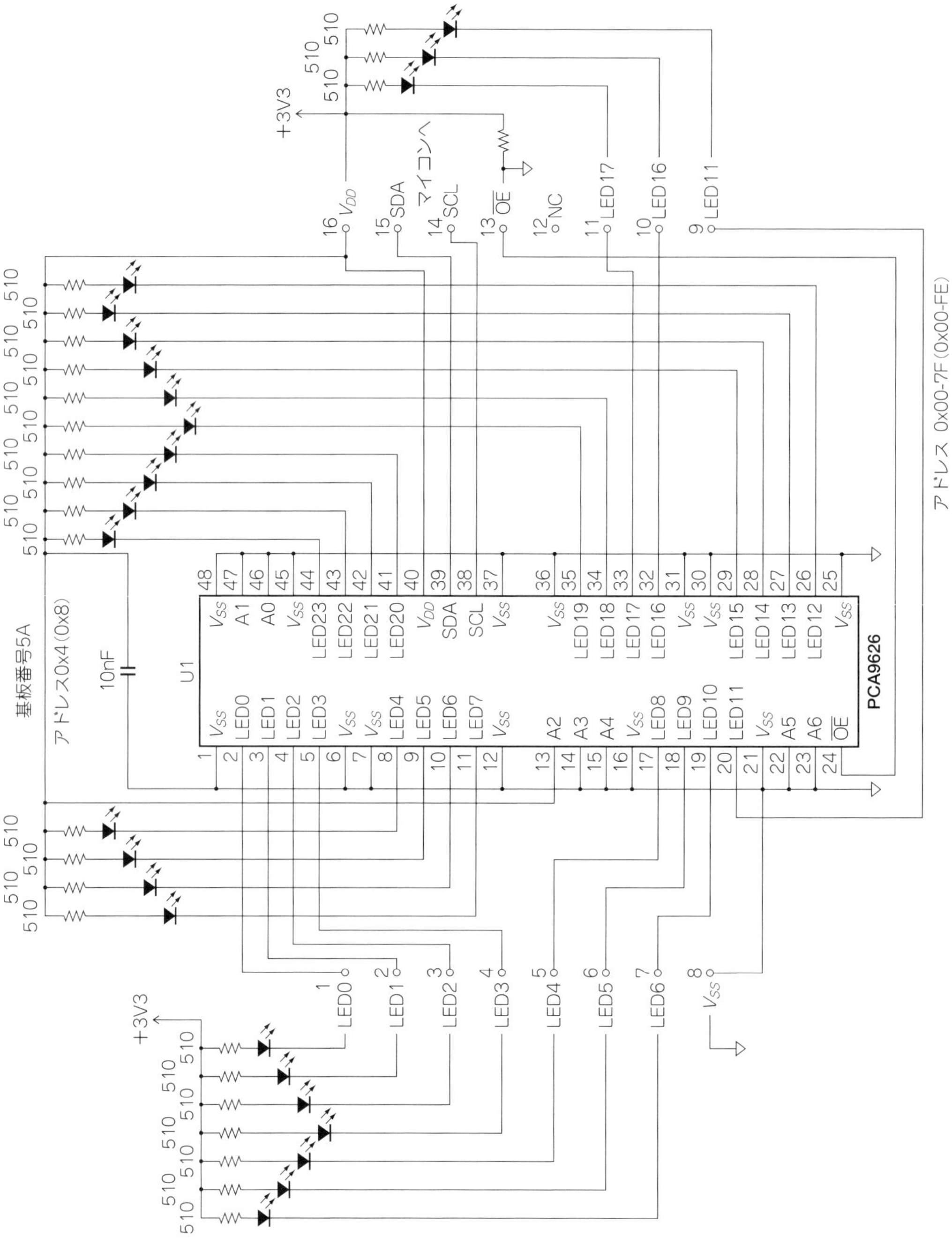

図9-6 PCA9626B変換基板の回路

基本的な使い方の例

リスト9-1にサンプル・プログラムを示します．24個のLEDがLED0～23まで0.5sおきに順番に一つずつ点灯します．

① POR時には，PCA9626はスタンバイ状態なので，MODE1レジスタにより通常動作に切り替えます．② LEDOUT0～5レジスタによりLED0～23の動作をPWMとします．③ PWM0～23レジスタによりPWM = 0x80 = 50%とします．④ CHASEレジスタの1個のLEDを点灯させるというコマンド7～30を使って一つずつ点灯させます．あとは①～④を繰り返します．

写真 9-1
変換基板の外観

リスト 9-1　PCA9626B のサンプル・プログラム

```
cmd[0] = 0x0;                // MODE1
cmd[1] = 0x0;                // SLEEP = 0
i2c.write( 0x8, cmd, 2);     // cmd[0]Regにcmd[1]を書き込み …… ①

cmd[0] = 0x1d + 0x80;        // LEDOUT0, Auto incriment
cmd[1] = 0xaa;               // LED3,2,1,0 10= PWM
cmd[2] = 0xaa;               // LED7,6,5,4 10= PWM
cmd[3] = 0xaa;               // LED11,10,9,8 10= PWM
cmd[4] = 0xaa;               // LED15,14,13,12 10= PWM
cmd[5] = 0xaa;               // LED19,18,17,16 10= PWM
cmd[6] = 0xaa;               // LED23,22,21,20 10= PWM
i2c.write( 0x8, cmd, 7);     // cmd[0]Regにcmd[1-6]を書き込み …… ②


cmd[0] = 0x2 + 0x80;                    // PWM0, Auto incriment
for(i=0; i<24; i++)  cmd[i+1] = 0x80;   // PWM = 50%
i2c.write( 0x8, cmd, 25);               // cmd[0]Regにcmd[1-25]を書き込み …… ③

while(1)
{
  if (i>30) i = 7;           // LTR_0_ON
  cmd[0] = 0x1c;             // CHASE
  cmd[1] = i++;              // LTR_x_ON
  i2c.write( 0x8, cmd, 2);   // cmd[0]Regにcmd[1]を書き込み …… ④
  wait(0.5);
}
```

基本的な使い方の例

第10章
LEDコントローラ(16ch, 定電流型) PCA9955ATW

Fm+. 16 ポートLED ドライバ. 各ポート 8bit(256 段階)の PWM 輝度調整機能. 内部 DAC をソフトウェア的に設定することで, 各ポートの LED 電流設定が可能. 最大 125 デバイス.

PCA9955Aは, NXP社のI²Cバス・インターフェースの16チャネル57mA 20V 定電流駆動型LEDドライバです. 57mAの赤, 緑, 青, アンバー(RGBA)のLED制御に適しています. 各LEDは, PWM(周波数は31.25kHz)で輝度を0～99.6%(256ステップ)まで個別に制御できます. さらに, グループ調光モードの場合, 122Hzの周波数で, 輝度を0～99.6%(256ステップ)までグループをまとめて制御できます. グループ・ブリンク・モードでは, 66.7ms(15Hz)～16.8s(256ステップ)周期で, グループ化されたLEDをブリンク表示することができます.

PCA9955Aは, 3～5.5Vで動作し, 8ビットDACにより, 225μA～57mAに吸い込み定電流値を設定できます. LED出力端子は, 20Vまで使えます.

Fast-mode Plus(Fm+)ファミリーの一つで, 1MHzのクロック周波数, 4000pFのバス容量まで対応できます.

OE端子を持っているので, 16個のLEDを同時にON/OFFしたり, 外部信号でPWM制御することができます.

特徴

PCA9955Aの, おもな特徴を以下に示します.

- 16チャネルのLEDドライバ
  個別にON, OFF, 輝度, グループ化された調光/ブリンク, 個々のLED出力の遅延を設定することによりEMIと突入電流の減少が可能
- 全チャネルに, グラデーション制御可能
- 16チャネルの定電流出力は, 0～57mAの吸い込みが可能, 耐圧は, 20V
- 定電流出力は, REXT端子に接続する抵抗1本で調整可能
- 出力電流の精度
  ±4% 各チャネル間
  ±6% 各PCA9955A 間
- 各LED回路の開放, 短絡, ICの過温度を検出可能
- I²Cバス・クロックは1MHz(FASTモード+)に対応
- PWMにより, 各LEDの輝度は, 0～99.6%(256ステップ)に設定可能
- PWMの周波数は, 31.25kHz
- グループ制御機能により, 122Hz PWMで, 0～99.6%(256ステップ)の調光が可能
- グループ制御機能により, 66.7ms～16.8sの周期, 0～99.6%のデューティで, ブリンク動作可能
- 出力状態の更新は, ACK, STOPコマンドのいずれかが選択可能で, 点灯データ・バイト転送時個別更新と, STOPによる一斉更新が可能
- OE端子経由の外部回路により, ブリンキング, 調光などが可能
- 3個のI²Cアドレス設定用端子により, 最高125個のPCA9955Aを同一I²Cバスに接続可能
- 四つのプログラム可能な, I²Cバス・アドレスを持っているので, 他のPCA9955Aと同期した設定も可能
- I²CバスのSWRSTコールに対応
- 8MHzの発振回路を内蔵しているので, 外部部品はパスコンのみ
- 動作電圧; 3～5.5V
- LED出力端子以外の各端子電圧は5.5Vトレラント
- 低消費動作時電流; 17mA(標準)V_{DD} = 3.3V, f_{SCL} = 1MHz, Rext = 1kΩ, LEDはすべて57mA出力
- スタンバイ電流; 170μA(標準)V_{DD} = 3.3V
- パッケージ; HTSSOP28

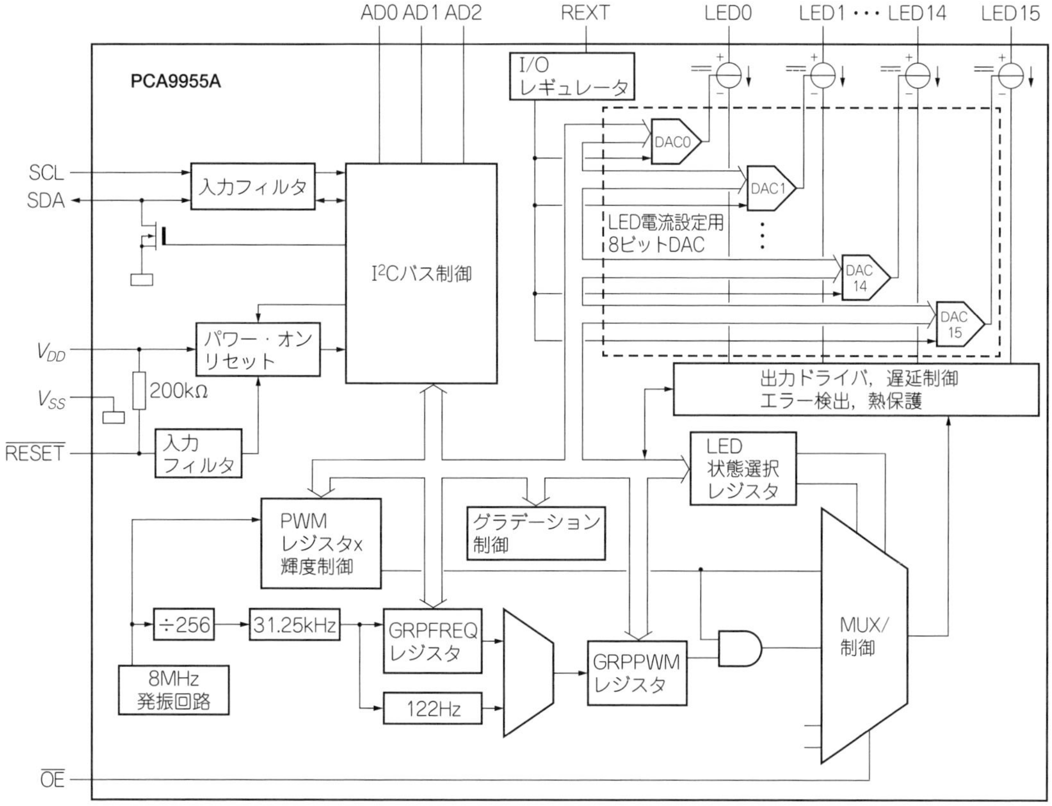

図 10-1 PCA9955A のブロック・ダイアグラム

ブロック・ダイアグラム

図 10-1 に，ブロック・ダイアグラムを示します．LED ドライバは，8 ビット DAC で定電流制御されます．8MHz の発振回路が内蔵されており，この周波数を基準に，すべてが動作しています．

PWM は，8 ビット = 256 分解能で制御するので，PWM 周波数は，8MHz/256 分解能 ≒ 31.25kHz となります．この 31.25kHz は，分周されグループ制御用クロックとなります．グループ制御の調光モード時の周波数は，31.25kHz/256 = 122Hz です．ブリンク・モードでは，GRPFREQ レジスタでさらに分周され 66.7ms(15Hz)～16.8s(256 ステップ) となります．

電気的特性

表 10-1 に，おもな電気的特性を示します．図 10-2 に，Rext と最大 LED 電流の関係を示します．R_{ext} の値で，LED の定電流値を制御することができます．R_{ext} = 1kΩ が最小値で，そのときに LED の定電流値の最大は，57.375mA，225μA/LSB となります．

LED ドライバは，チャネル数が 16 と大きく，定電流駆動なので，駆動回路における全消費電力はとても大きくなります．したがって，IC の温度設計は重要です．次で詳しく説明します．

●温度設計例；周囲温度から接合温度を計算

PCA9955A(HTSSOP28)の接合-周囲間の温度抵抗；$R_{th(j-a)}$ = 39℃/W
周囲温度；T_{amb} = 50℃
LED 出力電流 I_{LED} = 30mA/ch
$I_{DD(max)}$ = 20mA
$V_{DD(max)}$ = 5.5V
LED の直列個数 = 5LEDs/ch
LED $V_{F(typ)}$ = 3V per LED (5 個直列なので LED 電圧は 15V)
LED V_F (個々のバラつき) = 0.2V (5 個直列なので 1V のバラつき)
$V_{reg(drv)}$ = 0.8V (定電流を安定して制御するのに必要な最低ドライブ電圧)
V_{sup} = LED $V_{F(typ)}$ + LED V_F (個々のバラつき)

表10-1 PCA9955Aのおもな電気的特性

項 目	記号	規格値 最小	規格値 標準	規格値 最大	単位	条 件
電源電圧	V_{DD}	3		5.5	V	
消費電流	I_{DD}		11	12	mA	R_{ext} = 2kΩ, LED[15:0] = off, IREFx = 0, f_{SCL} = 1MHz
			13	14		R_{ext} = 1kΩ, LED[15:0] = off, IREFx = 0, f_{SCL} = 1MHz
			15	19		R_{ext} = 2kΩ, LED[15:0] = on, IREFx = FFh, f_{SCL} = 1MHz
			17	21		R_{ext} = 1kΩ, LED[15:0] = on, IREFx = FFh, f_{SCL} = 1MHz
スタンバイ電流	I_{stb}		170	600	μA	V_{DD} = 3.3V, f_{SCL} = 0Hz
			170	700		V_{DD} = 5.5V, f_{SCL} = 0Hz
POR電圧	V_{POR}		2		V	
接合温度	T_j			125	℃	
LED出力電流	$I_{o(LEDn)}$	25		30	mA	V_o = 0.8V, IREFx = 80h, R_{ext} = 1kΩ
		50		60		V_o = 0.8V, IREFx = FFh, R_{ext} = 1kΩ
ドライバ安定化電圧	$V_{reg(drv)}$	0.8	1	20	V	最小安定化電圧；IREFx = FFh, R_{ext} = 1kΩ
トリップ電圧	V_{trip}	2.7	2.85		V	LED短絡検出 ($V_o ≥ V_{trip}$); R_{ext} = 1kΩ
SCLクロック周波数	f_{SCL}	0		1	MHz	Fastモード+

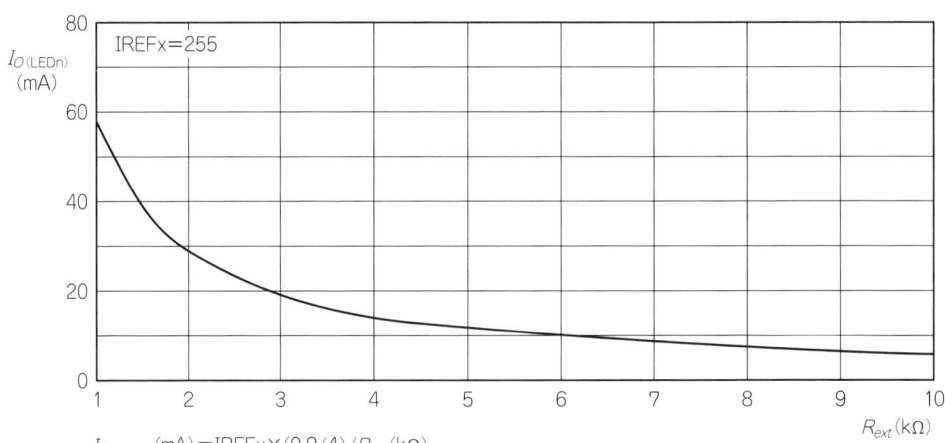

図10-2
R_{ext} と最大LED電流の関係

$I_{O(LEDn)}$ (mA) = IREFx × (0.9/4) / R_{ext} (kΩ)
maximum $I_{O(LEDn)}$ (mA) = 255 × (0.9/4) / R_{ext} (kΩ)

+ $V_{reg(drv)}$ = 15V + 1V + 0.8V = 16.8V
I²C-bus clock (SCL) 最大吸い込み電流 = 25mA
I²C-bus data (SDA) 最大吸い込み電流 = 25mA

まず，全消費電力を求めます．

ICの消費電力
 PCA9955Aの消費電力 = 20mA × 5V = 100mW
 SCLの消費電力 = 25mA × 0.4V = 10mW
 SDAの消費電力 = 25mA × 0.4V = 10mW
 したがって，IC_power = 100 + 10 + 10
      = 120mW
LEDドライバ段の消費電力（すべてのLEDのV_Fが小さいと仮定）
 LEDdrivers_power = 16 × 30mA × (1V + 0.8V) = 864mW

よって全消費電力 P_{tot} = (120 + 864) mW
      = 984mW

次に接合温度を求めます．

$T_j = (T_{amb} + R_{th(j-a)} × P_{tot})$
 = (50℃ + 39℃/W × 984mW)
 = 88.4℃

T_j は，最大125℃，過温度保護が起きるのが130℃なので余裕があります．
ここで，LEDの供給電圧を，18Vとしてみましょう．

LEDドライバ段の消費電力（すべてのLEDのV_Fが小さいと仮定）
 LEDdrivers_power = 16 × 30mA × (1V +

$$0.8V + 1.2V) = 1440mW$$
よって，全消費電力 $P_{tot} = (120 + 1440)mW = 1560mW$
$$T_j = (50℃ + 39℃/W \times 1560mW) = 110.84℃$$

とかなり，余裕がなくなってしまうことがわかります．

したがって，LEDの V_F のバラつきを極力小さくすること，LEDの供給電圧を極力小さくすることが重要だとわかります．

機能説明

● I²C アドレス

アドレス設定端子は，AD0～AD2までの3端子ですが，各端子を，GND，V_{DD}，PD(34.8k～270kΩ)，PU(31.7k～340kΩ)，未接続(503k～∞Ω)と，五つの状態にできるので，1～125(8bitアドレス；2h～FAh)までを設定可能です．ただしいくつかのアドレスは予約されているので，そのアドレスは選択しないようにします(詳細は，データシート参照)．

表 10-2 PCA9955A のレジスタ・マップ

アドレス	名　前	型	機　能
0h	MODE1	R/W	モード・レジスタ1
1h	MODE2	R/W	モード・レジスタ2
2h	LEDOUT0	R/W	LED出力状態0
…	…	…	…
5h	LEDOUT3	R/W	LED出力状態3
6h	GRPPWM	R/W	グループPWM制御
7h	GRPFREQ	R/W	グループ周波数
8h	PWM0	R/W	輝度制御 LED0
…	…	…	…
17h	PWM15	R/W	輝度制御 LED15
18h	IREF0	R/W	出力利得制御レジスタ0
…	…	…	…
27h	IREF15	R/W	出力利得制御レジスタ15
28h	RAMP_RATE_GRP0	R/W	グループ0用ランプ可，ランプ率
29h	STEP_TIME_GRP0	R/W	グループ0用ステップ時間
2Ah	HOLD_CNTL_GRP0	R/W	グループ0用ホールド・オン/オフ時間
2Bh	IREF0_GRP0	R/W	グループ0用出力利得制御
2Ch-2Fh	_GRP1	R/W	上記のグループ1用
30h-33h	_GRP2	R/W	上記のグループ2用
34h-37h	_GRP3	R/W	上記のグループ3用
38h	GRAD_MODE_SEL0	R/W	グラデーション・モード選択 チャネル7-0
39h	GRAD_MODE_SEL1	R/W	グラデーション・モード選択 チャネル15-8
3Ah	GRAD_GRP_SEL0	R/W	グラデーション・グループ選択 チャネル3-0
…	…	…	…
3Dh	GRAD_GRP_SEL3	R/W	グラデーション・グループ選択 チャネル15-12
3Eh	GRAD_CNTL	R/W	全4グループ用グラデーション・レジスタ
3Fh	OFFSET	R/W	LED n 出力のオフセット/遅延
23h	SUBADR1	R/W	I²Cサブ・アドレス1
24h	SUBADR2	R/W	I²Cサブ・アドレス2
25h	SUBADR3	R/W	I²Cサブ・アドレス3
26h	ALLCALLADR	R/W	全LEDコール・アドレス
44h	PWMALL	W	全LED n の輝度制御
45h	IREFALL	W	全IREF0-IREF15出力利得制御
46h	EFLAG0	R	出力エラー・フラグ0
…	…	…	…
49h	EFLAG3	R	出力エラー・フラグ3
4A-7Fh	予約	R	使用不可

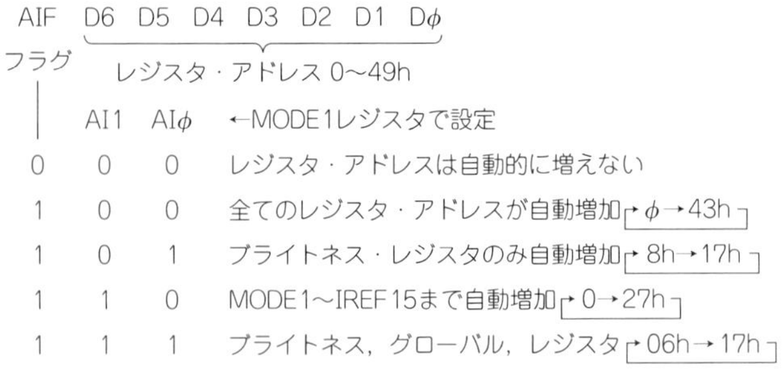

```
AIF  D6  D5  D4  D3  D2  D1  Dφ
フラグ      レジスタ・アドレス 0～49h
         AI1  AIφ   ←MODE1レジスタで設定
 0    0    0    レジスタ・アドレスは自動的に増えない
 1    0    0    全てのレジスタ・アドレスが自動増加  φ→43h
 1    0    1    ブライトネス・レジスタのみ自動増加  8h→17h
 1    1    0    MODE1～IREF15まで自動増加  0→27h
 1    1    1    ブライトネス，グローバル，レジスタ  06h→17h
```

図 10-3 コントロール・レジスタ

表 10-3 MODE1 レジスタの内容

Bit	シンボル	アクセス	値	内容
7	AIF	R	0	レジスタのオート・インクリメント不許可
			1*	レジスタのオート・インクリメント許可
6	AI1	R/W	0*	図10-3参照
5	AI0	R/W	0*	図10-3参照
4	SLEEP	R/W	0*	通常動作
			1	低消費モード 発振器オフ
3	SUB1	R/W	0	サブ・アドレス1に応答しない
			1*	サブ・アドレス1に応答する
2	SUB2	R/W	0*	サブ・アドレス2に応答しない
			1	サブ・アドレス2に応答する
1	SUB3	R/W	0*	サブ・アドレス3に応答しない
			1	サブ・アドレス3に応答する
0	ALLCALL	R/W	0	LED All Callアドレスに応答しない
			1*	LED All Callアドレスに応答する

*デフォルト

表 10-4 MODE2 レジスタの内容

Bit	シンボル	アクセス	値	内容
7	OVERTEMP	R	0*	OK
			1	過温度状態
6	ERROR	R	0*	エラーなし
			1	解放，短絡エラー検出(EFLAGn)
5	DMBLNK	R/W	0*	グループ制御＝調光
			1	グループ制御＝ブリンク
4	CLRERR	W	0*	'1'書込み後自動的にクリア
			1	EFLAGnの全エラービットをクリアしたいとき'1'を書込み
3	OCH	R/W	0*	STOPコマンド時に出力が変化
			1	ACK時に出力が変化
2	EXP_EN	R/W	0*	グラデーションは直線的
			1	グラデーションは指数関数的
1	-	R/W	0*	予約
0	-	R/W	1*	予約

*デフォルト

● レジスタ

表10-2に，レジスタ・マップを示します．これらは，スレーブ・アドレスの後に送る，図10-3に示すコントロール・レジスタでレジスタ・アドレスを設定します．AIF(Auto-Increment Flag)を，1に設定すると，1バイトのデータを転送するごとに，レジスタ・アドレスは，1ずつ増えていくので，多バイトを一気に転送することができます．そのときに，MODE1レジスタの，AI1，AI0を設定することにより，機能をまとめて循環的にレジスタ・アドレスに設定することができます．

モード・レジスタ1(0h) MODE1

表10-3に，モード・レジスタ1を示します．パワーON時は，SLEEP＝0で通常動作モードです．AIF～AI0は，オート・インクリメント機能で，コントロール・レジスタの設定値に反映されます．あとは，サブ・アドレス関連なので省略します．

モード・レジスタ2(1h) MODE2

表10-4に，モード・レジスタ2を示します．後述する，グループ動作をさせたい場合，DMBLNKビットで動作モードを設定します．動作モードは，単にグループが，ON/OFFする周期が違うだけで，調光時は，周期が122Hzなので，チラつきのない調光ができます．ブリンク時は，周期が66.7ms以上なので，LEDは，点滅して見えます．

OVERTEMPビットは，ICが過温度かどうかを示すフラグです．過温度が頻繁に起こる場合，放熱を強化するか，設計を見直します．ERRORビットは，LED駆動回路における解放，短絡を検出します．どのチャネルにエラーが発生しているかは，EFLAGnレジスタで確認できます．

EXP_ENビットは，グラデーション変化時(グラ

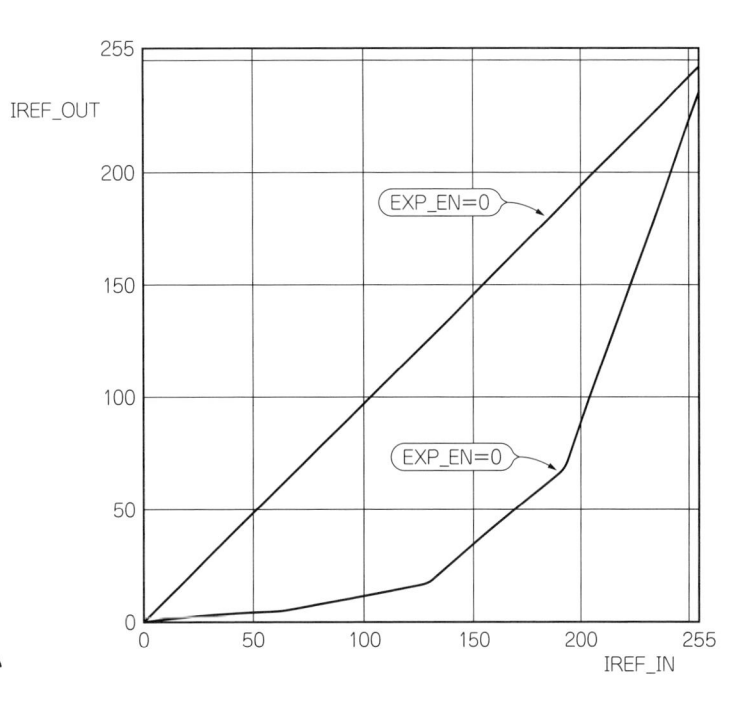

図 10-4
グラデーションの変化の違い

図 10-5
LEDOUTφレジスタの内容

Bit	7	6	5	4	3	2	1	φ
	LDR3		LDR2		LDR1		LDRφ	
	右に同じ		右に同じ		右に同じ			

φ	φ	LEDxはオフ
φ	1	LEDxはフル点灯
1	φ	LEDxはPWMxかPWMALLレジスタで制御（デフォルト）
1	1	LEDxはPWMxとGRPPWMで制御

デーション）に，その変化を直線的にするか，指数関数的にするかを設定します．その変化のようすを，図 10-4 に示します．

LEDOUT0 ～ LEDOUT3（02h ～ 05h）

各レジスタで，4個分の LED をどのように点灯するのかを，設定します．各 LED には，2 ビット分与えられているので，四つのモードを選択できます．LED0 ～ LED3 設定用の LEDOUT0 の内容を，図 10-5 に示します．LEDOUT1 ～ 3 も同様の内容です．

PWM0（8h）～ PWM15（17h）輝度制御

LEDOUTx レジスタで，LDRx = "10"以上に設定すると，PWM 駆動モードになり，PWM0 ～ PWM15 レジスタのデューティ比で，LED の明るさ，輝度を設定することができます．PWM の周期は，31.25kHz 固定です．デューティ比は，次式で 0 ～ 99.6% まで設定することができます．

$$\text{デューティ比} = \text{PWMx の設定値} / 256$$

GRPPWM（6h）group duty cycle
GRPFREQ（7h）group frequency

LEDOUTx レジスタで，LDRx = "11"に設定すると，グループ制御モードになり，グループ設定した LEDx を一括して制御することができます．図 10-6 に，コントロールの概要を示します．ON/OFF 比は，GRPPWM で設定します．ON/OFF 周波数は，DMBLNK（MODE2）のビットの値で，周波数 122Hz（固定）と GRPFREQ の二つが選択できます．前者は調光に，後者はブリンキングに使用されます．

ON 時の LEDx の駆動は，PWMx のデューティ比で設定します．したがって，調光時 LED の駆動強度は，PWMx×GRPPWM となり，0 ～ 65025 まで制御することができます．

IREF0（18h）～ IREF15（27h）出力電流設定

LEDx の出力電流の利得を設定します．

$$\text{LEDx の出力電流} = \text{IREFx の設定値} / 255 \times I_o$$

OFFSET（3Fh）

LED 出力において，ターン ON 遅延時間を設定することができます．これにより，LED 電流のピーク電流を少なくでき，EMI を減少させることができます．

図10-6
グループ・コントロールの概要
(LDRx = 11 とした LEDx だけが対象)

LDRx=11としたLEDxだけが対象
DMBLNK(MODE2)=0　122Hz(チラチラしないので調光に使える)
　　　　　　　　=1　$\dfrac{15.26}{\text{GRPFREQ}+1}$=15〜0.0596Hz
　　　　　　　　　　(65.5ms〜16.8s)

デューティ比=$\dfrac{\text{GRPPWM}}{256}$

Bit	7	6	5	4	3	2	1	φ	
	ERR3		ERR2		ERR1		ERRφ		
	右に同じ →		右に同じ →		右に同じ →		φ	φ	正常動作，ノー・エラー
							φ	1	LEDの短絡を検出
							1	φ	LEDの開放を検出
							1	1	この状態はなし

図10-7 EFLAGφレジスタの内容

⑤GRAD_MODE_SEL0=1 … LED0のみグラデーション
⑥GRAD_GRP_SEL0[1:0]=0 … LED0はGRP0
⑦GRAD_CNTL[0]=1 … GRP0は連続動作

Iref=40μA(Rext=5.6kΩ)

④IREF_GRP0=0xF0=240
Idrv=40μA×240=9.6mA

②STEP_TIME_GRP0[6]=0 … 0.5ms
STEP_TIME_GRP0[5:0]=0x3F … 64
ステップ時間=0.5ms×64=32ms

①RAMP_RATE_GRP0[5:0]=0x31 … 50
Istep=40μA×50=2mA

IREF_GRPx (max.=255)

240 (9.6mA)
200
150
100
50 (2mA)
00

t1 (step time) (32ms)
190
140
s1 (step current)
90
40

ramp-up (T=192ms) =32ms×6step
hold ON (0.25s)
ramp-down (T=192ms)
hold OFF (0.5s)

⑧HOLD_CNTL_GRP0[7]=1 … Hold ON Enable
HOLD_CNTL_GRP0[5:3]=0x1 … 0.25s

⑧HOLD_CNTL_GRP0[6]=1 … Hold OFF Enable
HOLD_CNTL_GRP0[2:0]=0x2 … 0.5s

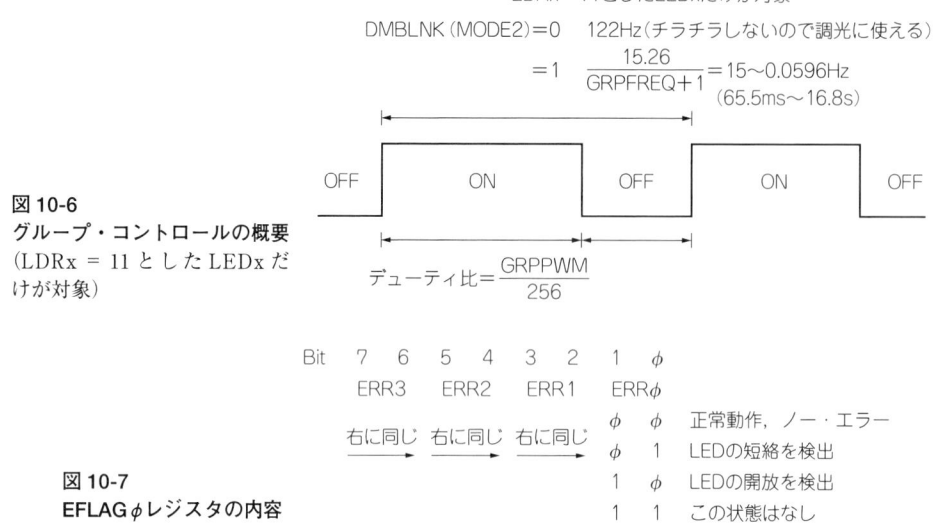

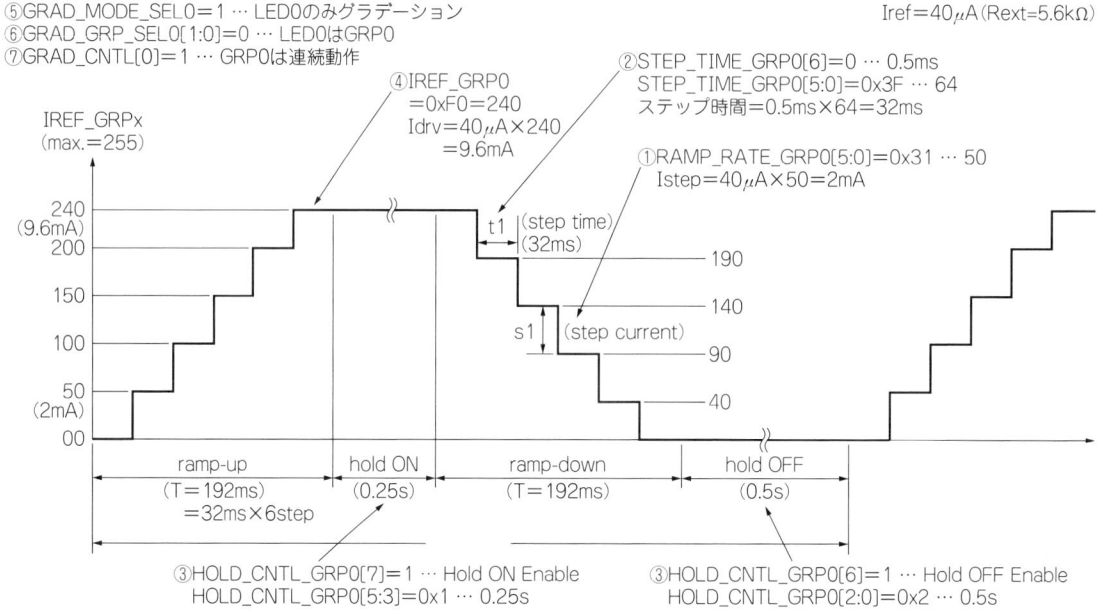

図10-8 グラデーション制御の例

遅延時間は，Bit0〜3の値×0.125μsです．例えば，OFFSET＝8(デフォルト値)とすると，遅延は1μsとなります．そのときに，以下のようにターンONします．

```
チャネル 0 は，0μsでターン ON
チャネル 1 は，1μsでターン ON
… … … …
チャネル 15 は 15μsでターン ON
```

PWMALL(44h)

PWM0〜PWM15が，設定値に書き換えられます．
IREFALL(45h)

IREF0〜IREF15が，設定値に書き換えられます．
EFLAG0(46h)〜EFLAG3(49h) LED エラー検出

図10-7に，EFLAG0の内容を示します．MODE2レジスタのERRORステータス・ビット(bit6)をポーリングして，エラーが発生したら，どのチャネルにエラーがあるのかをEFLAG0-3で調べます．

● グラデーション制御

図10-8のように，設定ドライブ電流に達するまで，

表10-5 RAMP_RATE_GRP[0:3]レジスタの内容

アドレス	レジスタ	Bit	アクセス	値	内容
28h 2Ch 30h 34h	RAMP_RATE_GRP0 RAMP_RATE_GRP1 RAMP_RATE_GRP2 RAMP_RATE_GRP3	7	R/W	0* 1	Ramp-up disable Ramp-up enable
		6	R/W	0* 1	Ramp-down disable Ramp-down enable
		5:0	R/W	0x00*	1ステップのランプ・レイト値 1(00h)　64(3Fh)

*デフォルト

表10-6 STEP_TIME_GRP[0:3]レジスタの内容

アドレス	レジスタ	Bit	アクセス	値	内容
29h 2Dh 31h 35h	STEP_TIME_GRP0 STEP_TIME_GRP1 STEP_TIME_GRP2 STEP_TIME_GRP3	7	read only	0*	予約
		6	R/W	0* 1	サイクル・タイム＝0.5ms サイクル・タイム＝8ms
		5:0	R/W	0x00*	1ステップのサイクル・タイムの倍数 1(00h)　64(3Fh)

*デフォルト

表10-7 HOLD_CNTL_GRP[0:3]レジスタの内容

アドレス	レジスタ	Bit	アクセス	値	内容
2Ah 2Eh 32h 36h	HOLD_CNTL_GRP0 HOLD_CNTL_GRP1 HOLD_CNTL_GRP2 HOLD_CNTL_GRP3	7	R/W	0* 1	Hold ON disable Hold ON enable
		6	R/W	0* 1	Hold OFF disable Hold OFF enable
		5:3	R/W	000*	Hold ON 　000:0 s 　001:0.25 s 　… 　111:6 s
		2:0	R/W	000*	Hold OFF 　Hold ONの値と同じ

*デフォルト

LED電流が緩やかに上昇，下降する制御です．徐々に変化する度合を，ランプ・レイトといいます．各LEDxは，グループ単位で制御でき，任意のグループに登録できます．グループの数は，最大四つまでです．制御は，レジスタの設定で行うので，図中の番号順に説明します．

① **RAMP_RATE_GRP0(28h)～RAMP_RATE_GRP3 (34h)ランプ・レイト設定**

ランプ・レイト設定の内容を，**表10-5**に示します．Bit7は，ランプ・アップのON/OFF，Bit6は，ランプ・ダウンのON/OFFです．Bit5～0の値で，1ステップにおける電流の増減値を設定します．

> 1ステップの電流の増減値 ＝ I_{ref} × (Bit[5:0] + 1)
> ステップ数 ＝ IREF_GRPx/RAMP_RATE_GRPx[5:0]
> ただし小数点以下は切り上げ

② **STEP_TIME_GRP0(29h)～STEP_TIME_GRP3 (35h)ステップ時間設定**

ステップ時間設定の内容を，**表10-6**に示します．Bit6はステップ時間の単位で，"0"のときは0.5ms，"1"のときは8msです．実際のステップ時間は次式で求めることができます．

> ステップ時間 ＝ (0.5msか8ms) × (Bit[5:0] + 1)
> 最小は，0.5ms，最大は，512msです．

③ **HOLD_CNTL_GRP0(2Ah)～HOLD_CNTL_GRP3 (36h)ホールドON/OFF制御**

ホールドON/OFF制御の内容を，**表10-7**に示します．Bit7は，ホールドONのON/OFF，Bit6は，ホールドOFFのON/OFFです．Bit5:3で，ホールドONの時間を選択します．Bit2:0で，ホールドOFFの時間を選択します．

④ **IREF_GRP0(2Bh)～IREF_GRP3(37h)最終電流の設定**

グループ設定されたLEDの電流値を設定します．設定値は，次式で求められます．

> LED電流 ＝ I_{ref} × IREF_GRPx
> ただし I_{ref} (mA) ＝ $0.9/4/R_{ext}$ (kΩ)

表10-8 GRAD_MODE_SEL[0:1]レジスタの内容

アドレス	レジスタ	Bit	アクセス	値	内容
38h	GRAD_MODE_SEL0	7:0	R/W	00*	チャネル0～7は通常動作
				FFh	チャネル0～7はグラデーション動作 チャネル0は0ビット … チャネル7は7ビット
39h	GRAD_MODE_SEL0	7:0	R/W	00*	チャネル8～15は通常動作
				FFh	チャネル8～15はグラデーション動作 チャネル8は0ビット … チャネル15は7ビット

＊デフォルト

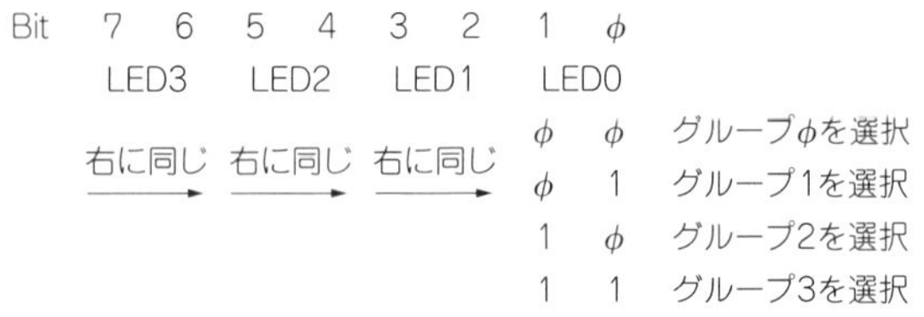

```
Bit  7    6    5    4    3    2    1    φ
    LED3      LED2      LED1      LED0
     右に同じ  右に同じ  右に同じ   φ  φ  グループφを選択
                                  φ  1  グループ1を選択
                                  1  φ  グループ2を選択
                                  1  1  グループ3を選択
```

図10-9
GRAD_GRP_SELφの内容

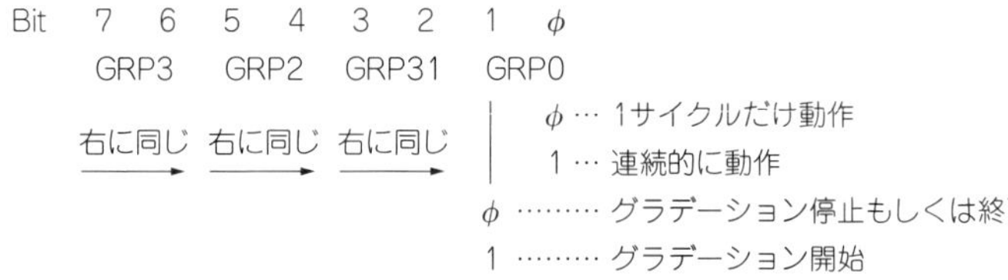

```
Bit  7    6    5    4    3    2    1    φ
    GRP3      GRP2      GRP31     GRP0
     右に同じ  右に同じ  右に同じ      φ … 1サイクルだけ動作
                                      1 … 連続的に動作
                                   φ ……… グラデーション停止もしくは終了
                                   1 ……… グラデーション開始
```

図10-10
GRAD_CNTLの内容

R_{ext}（最小）1kΩ 時 I_{ref} = 225μA

⑤ GRAD_MODE_SEL0(38h)〜 GRAD_MODE_SEL 1 (39h)グラデーション・モードの選択

グラデーション・モードの選択の内容を，**表10-8**に示します．8ビットが，それぞれのLEDのチャネル数を表します．各ビットを，"0"に設定すると，通常動作が選択され，"1"に設定すると，グラデーション動作が選択されます．

⑥ GRAD_GRP_SEL0(3Ah)〜 GRAD_GRP_SEL 3 (3Dh)グラデーション・グループの選択

グラデーション・グループの選択の内容を，**図10-9**に示します．LED0～3に，2ビットずつ割り振られており，その2bitで，どのグループにするかを選択します．デフォルトは，LED[0:3]はグループ0…LED[15:12]は，グループ3に設定されています．

GRAD_GRP_SEL1で，LED[4:7]，GRAD_GRP_SEL2で，LED[8:11]，GRAD_GRP_SEL3で，LED[12:15]を設定できます．

⑦ GRAD_CNTL(3Eh)グラデーション制御

グラデーション制御の内容を，**図10-10**に示します．四つのグループごとに制御できます．各グループには，2ビットずつ割り振られており，グラデーション動作の開始，ストップ／終了，グラデーション動作を1サイクル，もしくは連続動作を選択できます．

回 路

● 変換基板

評価回路を，**図10-11**に，外観を，**写真10-1**に示します．基板の番号は，4Bです．基板上に，0603のチップLEDを6個実装可能ですが，駆動電圧は，V_{DD}となります．残りの10個は，外部に実装します．そのときに，LEDを複数個直列接続したり，LED駆動電圧を，V_{DD}以上にすることもできます．

R_{ext} = 5.6kΩとしたので，I_{ref} = 40μAです．基板が小さく，十分な放熱効果が得られないので，あまり大きなLED電流を流さないでください．

SDA，SCLのプルアップ抵抗を，基板上に実装できます．$\overline{RESET}$は，200kΩでプルアップされているので，実装しなくてもかまいません．

基本的な使い方の例

サンプル・プログラムを，**リスト10-1**に，実行画面を，**図10-12**に示します．シーケンシャル・プログラムでは，16個のLEDが，LED0～15まで，0.5sおきに順番に一つずつ点灯します．グラデーション・プログラムでは，LED0，LED4，LED5が，**図10-8**

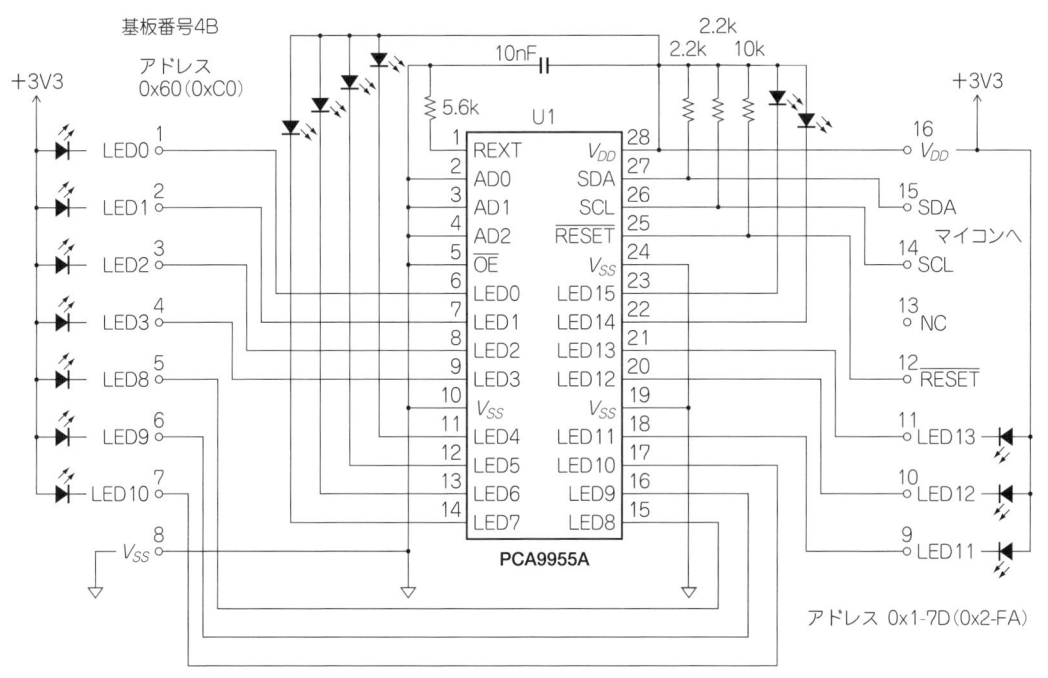

図 10-11 PCA9955A 変換基板の回路

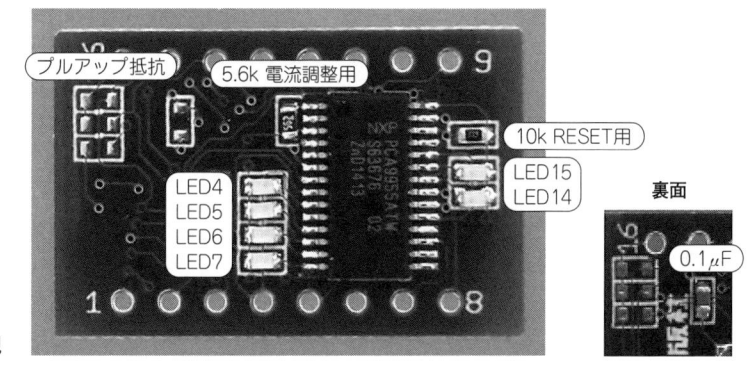

写真 10-1
変換基板の外観

で説明した条件で，グラデーション点滅を 15 秒間行います．実行すると，選択行が表示されるので，例えば，1 を選択するならパソコンから 1 + ENTER を USB 経由で mbed 基板に送信します．

● シーケンシャル・プログラム

①PCA9955 は，POR 時に，すでに動作状態となっていますが，念のため，MODE1 レジスタにゼロを書き込み，通常動作とします．②LEDOUT0〜3 レジスタにより，LED0〜15 の動作を PWM とします．③IREF0〜15 レジスタで，IREF の設定値を 0x80 とします．$R_{ext} = 5.6$kΩ としたので，$I_{ref} = 40\mu A$，よって各 LED の電流値は，$40\mu A \times 128 = 5.12$mA となります．なお，今回のようにすべての LED に同じ値を設定する場合，IREFALL レジスタで設定することも可能です．

次に，for 文で，以下を 3 回繰り返します．
④書き込み先頭アドレスは，PWM0 レジスタ，オート・インクリメントに設定します．⑤LED0〜15 の PWM 値を，すべて 0(消灯)にクリアし，⑥i で示される LED だけ，PWM = 0xFF(99.6%) とします．⑦cmd[1..16] を，PWM0〜15 レジスタに書き込むと，i で示される LED が点灯します．あとは④〜⑦を 16 回繰り返せば，LED0〜LED15 が一つずつ点滅します．

● グラデーション・プログラム

⑧PCA9955 は，POR 時にすでに動作状態となっていますが，念のため，MODE1 レジスタにゼロを書き込み，通常動作とします．⑨LEDOUT0〜3 レジス

リスト 10-1　PCA9955A のサンプル・プログラム

```
●シーケンシャル動作プログラム
        cmd[0] = MODE1;
        cmd[1] = 0x0;                           // SLEEP = 0
        i2c.write(PCA9955A_ADDR, cmd, 2);       // cmd[0]Regにcmd[1]を書き込み …… ①

        cmd[0] = LEDOUT0 + 0x80;                // LEDOUT0, Auto incriment
        cmd[1] = 0xaa;                          // LED3,2,1,0 10= PWM
        cmd[2] = 0xaa;                          // LED7,6,5,4 10= PWM
        cmd[3] = 0xaa;                          // LED11,10,9,8 10= PWM
        cmd[4] = 0xaa;                          // LED15,14,13,12 10= PWM
        i2c.write(PCA9955A_ADDR, cmd, 5);       // cmd[0]Regにcmd[1-4]を書き込み …… ②

        cmd[0] = IREF0 + 0x80;                  // IREF0, Auto incriment
        for(i=0; i<16; i++)  cmd[i+1] = 0x80;   // all IREF = 50%
        i2c.write(PCA9955A_ADDR, cmd, 17);      // cmd[0]Regにcmd[1-16]を書き込み …… ③

        for(k=0; k<3; k++)      // 3回繰返す
        {
            for(i=0; i<16; i++) // チャネル0～15まで一つずつ点灯
            {
                cmd[0] = PWM0 + 0x80;                   // PWM0, Auto incriment …… ④
                for(j=0; j<16; j++)  cmd[j+1] = 0x0;    // all LED PWM = 0% …… ⑤
                cmd[i+1] = 0xff;    // iチャネルのLED PWM = 99.6% …… ⑥
                i2c.write(PCA9955A_ADDR, cmd, 17);      // cmd[0]Regにcmd[1-16]を書き込み …… ⑦
                wait(0.5);
            }
        }

●グラデーション動作プログラム
        cmd[0] = MODE1;
        cmd[1] = 0x0;                           // SLEEP = 0
        i2c.write(PCA9955A_ADDR, cmd, 2);       // cmd[0]Regにcmd[1]を書き込み …… ⑧

        cmd[0] = LEDOUT0 + 0x80;                // LEDOUT0, Auto incriment
        cmd[1] = 0x55;                          // LED3,2,1,0 01= ON
        cmd[2] = 0x05;                          // LED7,6 00= OFF  LED5,4 01= ON
        cmd[3] = 0x00;                          // LED11,10,9,8 00= OFF
        cmd[4] = 0x00;                          // LED15,14,13,12 00= OFF
        i2c.write(PCA9955A_ADDR, cmd, 5);       // cmd[0]Regにcmd[1-4]を書き込み …… ⑨

        cmd[0] = GRAD_GRP_SEL1;
        cmd[1] = 0x50;                          // LED4,5 = GRP0
        i2c.write(PCA9955A_ADDR, cmd, 2);       // cmd[0]Regにcmd[1]を書き込み …… ⑩
```

```
PCA9955A Sample Program
シーケンシャル … 1, グラデーション … 2 ?
1
シーケンシャル Sample Start
シーケンシャル Sample End
シーケンシャル … 1, グラデーション … 2 ?
2
グラデーション Sample Start
グラデーション Sample End
シーケンシャル … 1, グラデーション … 2 ?
```

図 10-12　サンプル実行画面

タにより，LED0～5の動作をON，フル点灯，LED6～15の動作を，OFF消灯とします．⑩ GRAD_GRP_SEL1レジスタで，LED4, LED5をGRP0とします．

⑪⑫ IREFALLレジスタで，すべてのLEDのIREFの設定値を，1とします．これは，0のままだと消灯のままなので,1を設定しました．グラデーション動作のときは，最終的にLEDの電流は，IREF_GRP0レジスタで設定されるので，0以外であれば何でもいいのですが，グラデーション停止時に，この値の電流が流れるので注意してください．

```
cmd[0] = IREFALL;                        //
cmd[1] = 0x1;                            // あとでIREF_GRP0で設定するので1以上であればよい …… ⑪
i2c.write(PCA9955A_ADDR, cmd, 2);        // cmd[0]Regにcmd[1]を書き込み …… ⑫

cmd[0] = GRAD_MODE_SEL0;
cmd[1] = 0x31;                           // LED0, 4, 5 = Gradation
i2c.write(PCA9955A_ADDR, cmd, 2);        // cmd[0]Regにcmd[1]を書き込み …… ⑬

cmd[0] = GRAD_GRP_SEL0;
cmd[1] = 0x0;                            // LED0, 1, 2, 3 = GRP0
i2c.write(PCA9955A_ADDR, cmd, 2);        // cmd[0]Regにcmd[1]を書き込み …… ⑭


cmd[0] = IREF_GRP0;
cmd[1] = 0xF0;                           // Idrv = 240 * 40uA(Rext = 5.6k)=9.6mA
i2c.write(PCA9955A_ADDR, cmd, 2);        // cmd[0]Regにcmd[1]を書き込み …… ⑮

cmd[0] = STEP_TIME_GRP0;
cmd[1] = 0x3F;                           // 0.5ms * 64 = 32ms
i2c.write(PCA9955A_ADDR, cmd, 2);        // cmd[0]Regにcmd[1]を書き込み …… ⑯

cmd[0] = RAMP_RATE_GRP0;
cmd[1] = 0xc0 + 0x31;                    // Ramp up/down ON, Ramp rate = 50
i2c.write(PCA9955A_ADDR, cmd, 2);        // cmd[0]Regにcmd[1]を書き込み …… ⑰

cmd[0] = HOLD_CNTL_GRP0;
cmd[1] = 0xc0 + (0x1 << 3) + 0x2;        // Hold ON/OFF ON, ON = 0.25s, OFF = 0.5s
i2c.write(PCA9955A_ADDR, cmd, 2);        // cmd[0]Regにcmd[1]を書き込み …… ⑱

cmd[0] = GRAD_CNTL;
cmd[1] = 0x3;                            // Gradation ON, Continuous
i2c.write(PCA9955A_ADDR, cmd, 2);        // cmd[0]Regにcmd[1]を書き込み …… ⑲

wait(15);                                // 15s待つ …… ⑳

cmd[0] = GRAD_CNTL;
cmd[1] = 0x0;                            // Gradation OFF
i2c.write(PCA9955A_ADDR, cmd, 2);        // cmd[0]Regにcmd[1]を書き込み …… ㉑

cmd[0] = GRAD_MODE_SEL0;
cmd[1] = 0x0;                            // LED0, 4, 5 = Normal
i2c.write(PCA9955A_ADDR, cmd, 2);        // cmd[0]Regにcmd[1]を書き込み …… ㉒
```

⑬ GRAD_MODE_SEL0 レジスタで，LED0，LED4，LED5 をグラデーション動作モードとします．⑭ GRAD_GRP_SEL0 レジスタで，LED0 を GRP0 としますが，これはデフォルト値なので，設定しなくても動作します．

⑮ IREF_GRP0 レジスタで，GRP0 の IREF を 240 に設定します．R_{ext} = 5.6kΩ としたので，I_{ref} = 40μA，よって，各 LED の電流値は，40μA × 240 = 9.6mA となります．

⑯ STEP_TIME_GRP0 レジスタで，ステップ時間を，0.5ms × 64 = 32ms に設定します．⑰ RAMP_RATE_GRP0 レジスタで，ランプ・アップ，ランプ・ダウンをイネーブルし，IREF のステップ増減を，50 に設定します．したがって，LED の電流の増減値 = 40 μA×50 = 2mA となります．

⑱ HOLD_CNTL_GRP0 レジスタでホールド ON/OFF をイネーブルし，ON 時間を，"001" = 0.25s，OFF 時間を"010" = 0.5s とします．⑲最後に，GRAD_CNTL レジスタでグラデーション連続動作を書き込むとグラデーション動作が開始します．

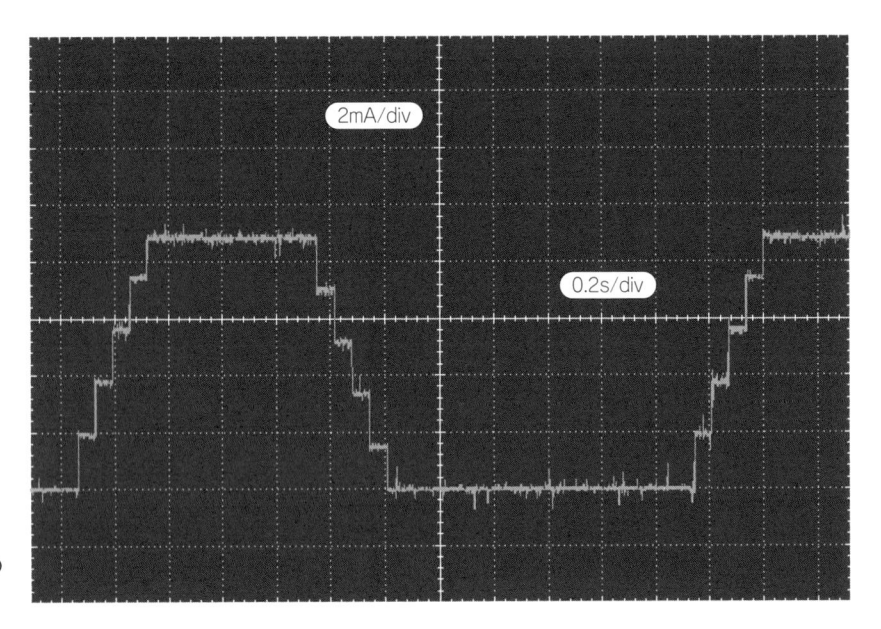

図10-13
グラデーション・サンプルの
実行結果

　15秒間グラデーション動作をしたら，⑳ GRND_CNTLレジスタで，グラデーション動作を停止します．さらに21の，GRAD_MODE_SEL0レジスタで，LED0，LED4，LED5を通常動作とします．
　実際にグラデーション動作させたときのLEDの電流波形を，図10-13に示します．大きなLED電流領域で電流の増減値，駆動電流の値が若干小さいのは，LEDの駆動電圧が，3.3Vと小さく，定電流動作が正しく行われていないからです．

第11章
LEDコントローラ(24ch，定電流型) PCA9956ATW

Fm+．16ポートLEDドライバ．各ポート8bit(256段階)のPWM輝度調整機能．全ポート対象のグループ・ディミング・モードにより，一括して輝度調整を行うことが可能．

PCA9956Aは，NXP社のI²Cバス・インターフェースの24チャネル57mA 20V定電流駆動型LEDドライバです．57mAの赤，緑，青，アンバー(RGBA)のLED制御に適しています．各LEDは，PWM(周波数は31.25kHz)で，輝度を0～99.6%(256ステップ)まで個別に制御できます．さらに，グループ調光モードの場合，122Hzの周波数で輝度を，0～99.6%(256ステップ)までグループをまとめて制御できます．グループ・ブリンク・モードでは，66.7ms(15Hz)～16.8s(256ステップ)周期でグループ化されたLEDを，ブリンク表示することができます．

PCA9956Aは，3～5.5Vで動作し，8ビットDACにより，225μA～57mAに吸い込み定電流値を設定できます．LED出力端子は20Vまで使えます．

Fast-mode Plus(Fm+)ファミリーの一つで，1MHzのクロック周波数，4000pFのバス容量まで対応できます．

$\overline{OE}$端子を持っているので，24個のLEDを同時にON/OFFしたり，外部信号でPWM制御することができます．

特徴

PCA9956Aの，おもな特徴を以下に示します．

- 24チャネルのLEDドライバ
  個別にON，OFF，輝度，グループ化された調光/ブリンク，個々のLED出力の遅延を設定することにより，EMIと突入電流の減少が可能
- 24チャネルの定電流出力は，0～57mAの吸い込みが可能，耐圧は20V
- 定電流出力は，REXT端子に接続する抵抗1本で調整可能
- 出力電流の精度
  ±4% 各チャネル間
  ±6% 各PCA9956A間
- 各LED回路の開放，短絡，ICの過温度を検出可能
- I²Cバス・クロックは，1MHz(FASTモード+)に対応
- PWMにより，各LEDの輝度は，0～99.6%(256ステップ)に設定可能
- PWM周波数は，31.25kHz
- グループ制御機能により，122Hz PWMで，0～99.6%(256ステップ)の調光が可能
- グループ制御機能により，66.7ms～16.8sの周期，0～99.6%のデューティで，ブリンク動作可能
- 出力状態の更新は，ACK，STOPコマンドのいずれかが選択可能で，点灯データ・バイト転送時個別更新と，STOPによる一斉更新が可能
- $\overline{OE}$端子経由の外部回路により，ブリンキング，調光などが可能
- 3個のI²Cアドレス設定用端子により，最高125個のPCA9956Aを同一I²Cバスに接続可能
- 四つのプログラム可能なI²Cバス・アドレスを持っているので，他のPCA9956Aと同期した設定も可能
- I²CバスのSWRSTコールに対応
- 8MHzの発振回路を内蔵しているので外部部品はパスコンのみ
- 動作電圧；3～5.5V
- LED出力端子以外の各端子電圧は5.5Vトレラント
- 低消費動作時電流；17mA(標準) V_{DD} = 3.3V，f_{SCL} = 1MHz，R_{ext} = 1kΩ，LEDはすべて57mA出力
- スタンバイ電流；100μA(標準) V_{DD} = 3.3V
- パッケージ；HTSSOP38

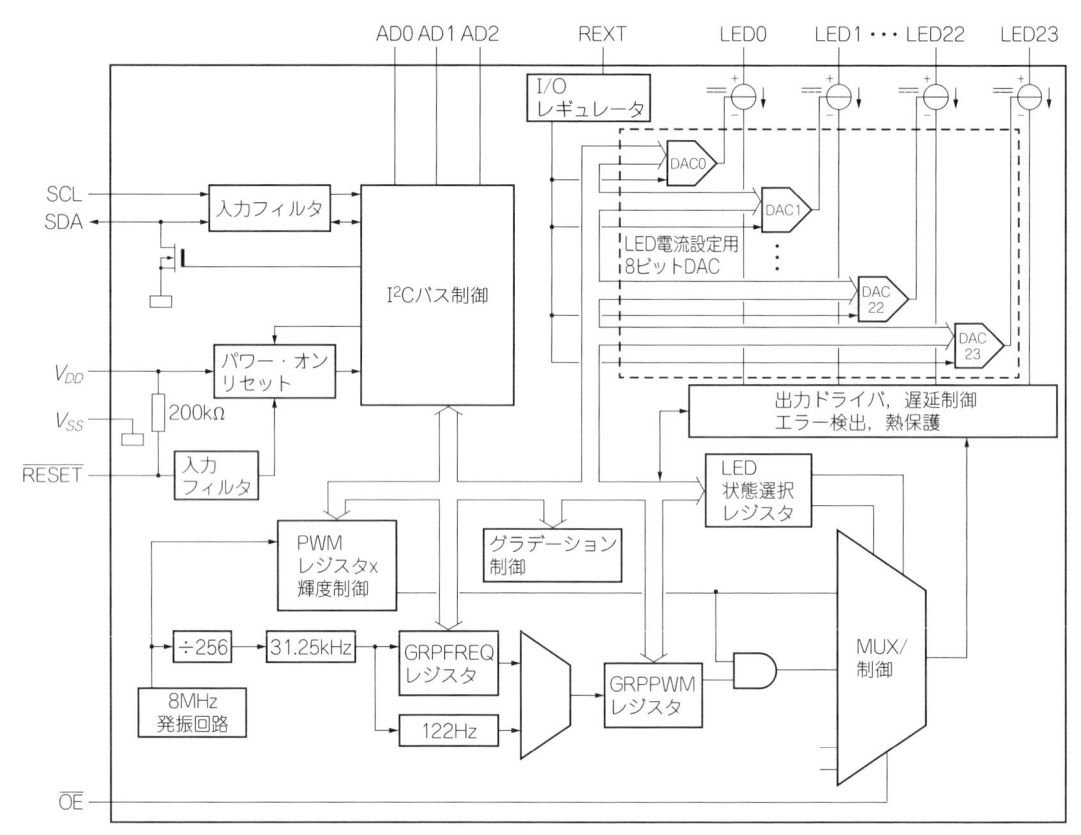

図11-1 PCA9956Aのブロック・ダイアグラム

ブロック・ダイアグラム

図11-1にブロック・ダイアグラムを示します．LEDドライバは，8ビットDACで定電流制御されます．8MHzの発振回路が内蔵されており，この周波数を基準に，すべてが動作しています．

PWMは，8ビット＝256分解能で制御するので，PWM周波数は，8MHz/256分解能≒31.25kHzとなります．この31.25kHzは，分周されグループ制御用クロックとなります．グループ制御の調光モード時の周波数は，31.25kHz/256＝122Hzです．ブリンク・モードでは，GRPFREQレジスタで，さらに分周され，66.7ms（15Hz）～16.8s（256ステップ）となります．

電気的特性

表11-1に，おもな電気的特性を示します．図11-2に，R_{ext}と最大LED電流の関係を示します．R_{ext}の値で，LEDの定電流値を制御することができます．$R_{ext}＝1kΩ$が最小値で，そのときにLEDの定電流値の最大は，57.375mA，225μA/LSBとなります．

LEDドライバは，チャネル数が24と大きく，定電流駆動なので，駆動回路における全消費電力はとても大きくなります．したがって，ICの温度設計は重要になります．

● 温度設計例；周囲温度から接合温度を計算

PCA9956A（HTSSOP38）の接合-周囲間の温度抵抗；$R_{th(j-a)}＝33.9℃/W$
周囲温度；$T_{amb}＝50℃$
LED出力電流 ILED＝30mA/ch
$I_{DD(max)}＝20mA$
$V_{DD(max)}＝5.5V$
LEDの直列個数＝5LEDs/ch
LED $V_{F(typ)}＝3V$ per LED（5個直列なのでLED電圧は15V）
LED V_F（個々のバラつき）＝0.2V（5個直列なので1Vのバラつき）
$V_{reg(drv)}＝0.8V$（定電流を安定して制御するのに必要な最低ドライブ電圧）
$V_{sup}＝$ LED $V_{F(typ)}＋$ LED V_F（個々のバラつき）

表11-1 PCA9956Aのおもな電気的特性

項目	記号	最小	標準	最大	単位	条件
電源電圧	V_{DD}	3		5.5	V	
消費電流	I_{DD}		11	12	mA	R_{ext} = 2kΩ, LED[23:0] = off, IREFx = 0, f_{SCL} = 1MHz
			13	14		R_{ext} = 1kΩ, LED[23:0] = off, IREFx = 0, f_{SCL} = 1MHz
			15	19		R_{ext} = 2kΩ, LED[23:0]=on, IREFx=FFh, f_{SCL} = 1MHz
			17	21		R_{ext} = 1kΩ, LED[23:0]=on, IREFx=FFh, f_{SCL} = 1MHz
スタンバイ電流	I_{stb}		100	600	μA	V_{DD} = 3.3V, f_{SCL} = 0Hz
			100	700		V_{DD} = 5.5V, f_{SCL} = 0Hz
POR電圧	V_{POR}		2		V	
接合温度	T_j			125	℃	
LED出力電流	$I_{o(LEDn)}$	25		30	mA	V_o = 0.8V, IREFx = 80h, R_{ext} = 1kΩ
		50		60		V_oo = 0.8V, IREFx = FFh, R_{ext} = 1kΩ
ドライバ安定化電圧	$V_{reg(drv)}$	0.8	1	20	V	最小安定化電圧;IREFx = FFh, R_{ext} = 1kΩ
トリップ電圧	V_{trip}	2.7	2.85		V	LED短絡検出($V_o \geq V_{trip}$);R_{ext} = 1kΩ
SCLクロック周波数	f_{SCL}	0		1	MHz	Fastモード+

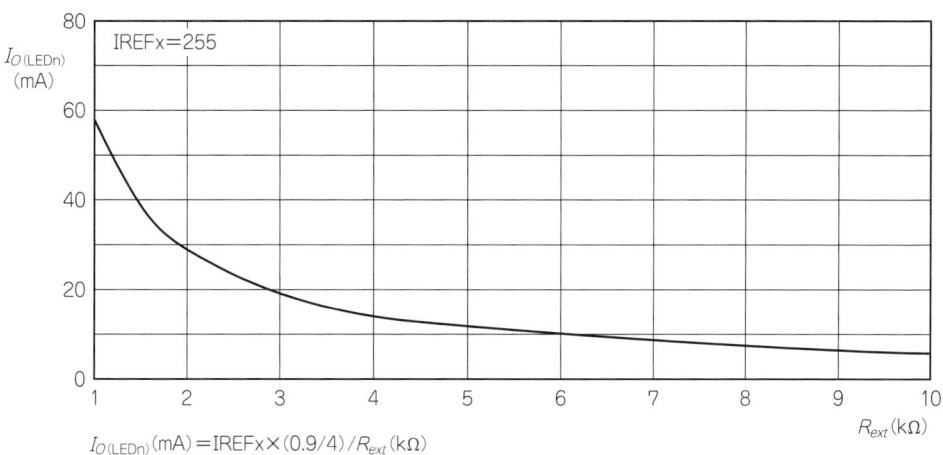

図11-2
R_{ext}と最大LED電流の関係

$I_{O(LEDn)}$(mA) = IREFx × (0.9/4) / R_{ext}(kΩ)
maximum $I_{O(LEDn)}$(mA) = 255 × (0.9/4) / R_{ext}(kΩ)

+ $V_{reg(drv)}$ = 15V + 1V + 0.8V = 16.8V
I²C-bus clock(SCL)最大吸い込み電流 = 25mA
I²C-bus data(SDA)最大吸い込み電流 = 25mA

まず,全消費電力を求めます.

ICの消費電力
　PCA9955Aの消費電力 = 20mA × 5V = 100mW
　SCLの消費電力 = 25mA × 0.4V = 10mW
　SDAの消費電力 = 25mA × 0.4V = 10mW
　　したがって,IC_power = 100 + 10 + 10
　　　　　　　　　　　　= 120mW
LEDドライバ段の消費電力(すべてのLEDのV_Fが小さいと仮定)
　LEDdrivers_power = 24 × 30mA × (1V + 0.8V)
　　　　　　　　　 = 1.296W

よって全消費電力 P_{tot} = 120mW + 1.296W
　　　　　　　　　　　　= 1.416W

次に接合温度を求めます.

$T_j = (T_{amb} + R_{th(j-a)} \times P_{tot})$
　　= (50℃ + 33.9℃/W × 1.416W)
　　= 98℃

T_jは,最大125℃,過温度保護が起きるのが,130℃なので余裕があります.
　ここで,LEDの供給電圧を,18Vとしてみましょう.

LEDドライバ段の消費電力(すべてのLEDのV_Fが小さいと仮定)
　LEDdrivers_power = 24 × 30mA × (1V +

$0.8V + 1.2V) = 2.16W$
よって全消費電力 $P_{tot} = 0.12 + 2.16W = 2.28W$
$T_j = 50℃ + 33.9℃/W × 2.28W = 127.3℃$

T_j を超え，130℃の過温度保護が働く可能性があることがわかります．したがって，LED の V_F のバラつきを極力小さくすること，LED の供給電圧を極力小さくすることが重要だとわかります．

機能説明

● I²C アドレス

アドレス設定端子は，AD0 ～ AD2 までの3端子ですが，各端子を，GND，V_{DD}，PD(34.8k ～ 270kΩ)，PU(31.7k ～ 340kΩ)，未接続(503k ～ ∞Ω)と五つの状態とできるので，1 ～ 125 個(8bit アドレス；2h ～ FAh)のアドレスが設定可能です(詳細はデータシート参照)．ただし，いくつかのアドレスは予約されているので，そのアドレスは選択しないようにします(詳細は，データシート参照)．

● レジスタ

表 11-2 に，レジスタ・マップを示します．これらは，スレーブ・アドレスの後に送る，図 11-3 に示すコントロール・レジスタで，レジスタ・アドレスを設定します．AIF(Auto-Increment Flag)を 1 に設定すると，1バイトのデータを転送するごとに，レジスタ・アドレスは，1 ずつ増えていくので，多バイトを一気に転送することができます．そのときに，MODE1 レジスタの AI1，AI0 を設定することにより，機能をまとめて循環的にレジスタ・アドレスに設定することができます．

モード・レジスタ 1 (0h) MODE1

モード・レジスタ 1 を，表 11-3 に示します．パワーON 時は，SLEEP = 0 で通常動作モードです．AIF ～ AI0 は，オート・インクリメント機能でコントロール・レジスタの設定値に反映されます．あとは，サブ・アドレス関連なので省略します．

表 11-2 PCA9956A のレジスタ・マップ

アドレス	名前	型	機能
0h	MODE1	R/W	モード・レジスタ 1
1h	MODE2	R/W	モード・レジスタ 2
2h	LEDOUT0	R/W	LED 出力状態 0
…	…	…	…
7h	LEDOUT5	R/W	LED 出力状態 5
8h	GRPPWM	R/W	グループ PWM 制御
9h	GRPFREQ	R/W	グループ周波数
0Ah	PWM0	R/W	輝度制御 LED0
…	…	…	…
21h	PWM23	R/W	輝度制御 LED23
22h	IREF0	R/W	出力利得制御レジスタ 0
…	…	…	…
39h	IREF23	R/W	出力利得制御レジスタ 23
3Ah	OFFSET	R/W	LEDn 出力のオフセット/遅延
3Bh	SUBADR1	R/W	I²C サブ・アドレス 1
3Ch	SUBADR2	R/W	I²C サブ・アドレス 2
3Dh	SUBADR3	R/W	I²C サブ・アドレス 3
3Eh	ALLCALLADR	R/W	全 LED コール・アドレス
3Fh	PWMALL	W	全 LEDn の輝度制御
40h	IREFALL	W	全 IREF0 - IREF23 出力利得制御
41h	EFLAG0	R	出力エラー・フラグ 0
…	…	…	…
46h	EFLAG5	R	出力エラー・フラグ 5
47-7Fh	予約	R	使用不可

モード・レジスタ 2 (1h) MODE2

モード・レジスタ 2 を，表 11-4 に示します．後述する，グループ動作をさせたい場合，DMBLNK ビットで動作モードを設定します．動作モードは，単にグループが ON/OFF する周期が違うだけで，調光時は周期が，122Hz なので，チラつきのない調光に使えます．ブリンク時は，周期が 66.7ms 以上なので，LED は点滅して見えます．

OVERTEMP ビットは，IC 過温度かどうかを示すフラグです．過温度が頻繁に起こる場合，放熱を強化するか，設計を見直します．ERROR ビットは，LED 駆動回路における解放，短絡を検出します．どのチャネルにエラーが発生しているかは，EFLAGn レジス

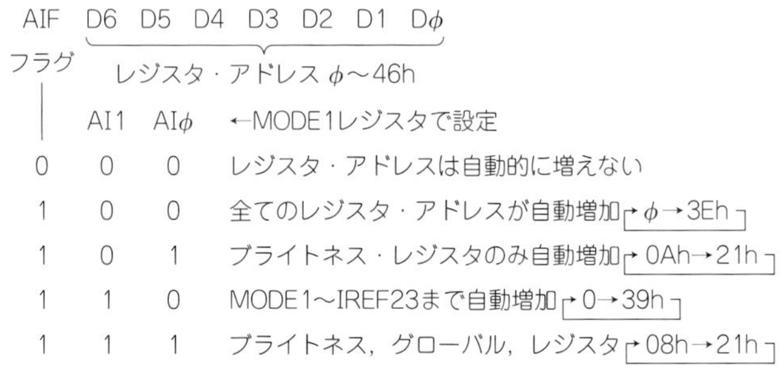

図 11-3 コントロール・レジスタの内容

```
        AIF  D6  D5 D4 D3 D2 D1 Dφ
        フラグ    レジスタ・アドレス φ～46h
              AI1 AIφ  ←MODE1レジスタで設定
         0    0   0    レジスタ・アドレスは自動的に増えない
         1    0   0    全てのレジスタ・アドレスが自動増加  φ→3Eh
         1    0   1    ブライトネス・レジスタのみ自動増加  0Ah→21h
         1    1   0    MODE1～IREF23まで自動増加  0→39h
         1    1   1    ブライトネス，グローバル，レジスタ  08h→21h
```

表11-3 MODE1レジスタの内容

Bit	シンボル	アクセス	値	内容
7	AIF	R	0	レジスタのオート・インクリメント不許可
			1*	レジスタのオート・インクリメント許可
6	AI1	R/W	0*	図11-3参照
5	AI0	R/W	0*	図11-3参照
4	SLEEP	R/W	0*	通常動作
			1	低消費モード 発振器オフ
3	SUB1	R/W	0	サブ・アドレス1に応答しない
			1*	サブ・アドレス1に応答する
2	SUB2	R/W	0*	サブ・アドレス2に応答しない
			1	サブ・アドレス2に応答する
1	SUB3	R/W	0*	サブ・アドレス3に応答しない
			1	サブ・アドレス3に応答する
0	ALLCALL	R/W	0	LED All Callアドレスに応答しない
			1*	LED All Callアドレスに応答する

*デフォルト

表11-4 MODE2レジスタの内容

Bit	シンボル	アクセス	値	内容
7	OVERTEMP	R	0*	OK
			1	過温度状態
6	ERROR	R	0*	エラー無し
			1	解放，短絡エラー検出(EFLAGn)
5	DMBLNK	R/W	0*	グループ制御＝調光
			1	グループ制御＝ブリンク
4	CLRERR	W	0*	'1'書込み後自動的にクリア
			1	EFLAGnの全エラービットをクリアしたい時'1'を書込み
3	OCH	R/W	0*	STOPコマンド時に出力が変化
			1	ACK時に出力が変化
2	-	R/W	1*	予約
1	-	R/W	0*	予約
0	-	R/W	1*	予約

*デフォルト

タで確認できます．

LEDOUT0 ～ LEDOUT5 (02h ～ 07h)

各レジスタで，4個分のLEDをどのように点灯するのかを設定します．各LEDには，2ビット分与えられているので，四つのモードを選択できます．LED0～LED3設定用のLEDOUT0の内容を，図11-4に示します．LEDOUT1～5も同様の内容です．

PWM0 (0Ah) ～ PWM23 (21h) 輝度制御

LEDOUTxレジスタで，LDRx = "10"以上に設定すると，PWM駆動モードになり，PWM0 ～ PWM23レジスタのデューティ比で，LEDの明るさ，輝度を設定することができます．PWMの周期は，31.25kHz固定です．デューティ比は，次式で0 ～ 99.6%まで設定することができます．

デューティ比 = PWMxの設定値 / 256

GRPPWM (8h) group duty cycle

GRPFREQ (9h) group frequency

LEDOUTxレジスタで，LDRx = "11"に設定すると，グループ制御モードになり，グループ設定したLEDxを一括して制御することができます．図11-5に，コントロールの概要を示します．ON/OFF比は，GRPPWMで設定します．ON/OFF周波数は，DMBLNK(MODE2)のビットの値で，周波数122Hz(固定)とGRPFREQの二つが選択できます．前者は調光に，後者はブリンキングに使用されます．

ON時のLEDxの駆動は，PWMxのデューティ比で設定します．したがって，調光時，LEDの駆動強度は，PWMx × GRPPWMとなり，0 ～ 65025まで制御することができます．

IREF0 (22h) ～ IREF23 (39h) 出力電流設定

LEDxの出力電流の利得を設定します．

LEDxの出力電流 = IREFxの設定値 / 255 × I_o

OFFSET (3Ah)

LED出力において，ターンON遅延時間を設定することができます．これにより，LED電流のピーク電流を少なくでき，EMIを減少させることができます．

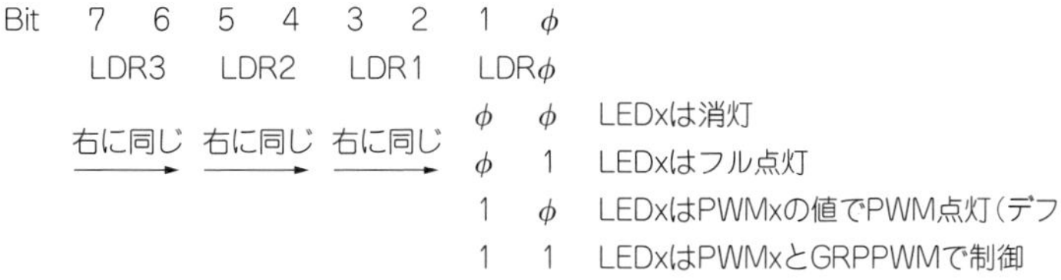

```
Bit  7    6    5    4    3    2    1    φ
     LDR3      LDR2      LDR1      LDRφ
     右に同じ   右に同じ   右に同じ
                              φ  φ  LEDxは消灯
                              φ  1  LEDxはフル点灯
                              1  φ  LEDxはPWMxの値でPWM点灯(デフォルト)
                              1  1  LEDxはPWMxとGRPPWMで制御
```

図11-4 LEDOUTφレジスタの内容

LDRx＝11としたLEDxだけが対象
DMBLNK(MODE2)＝0 122Hz（チラチラしないので調光に使える）

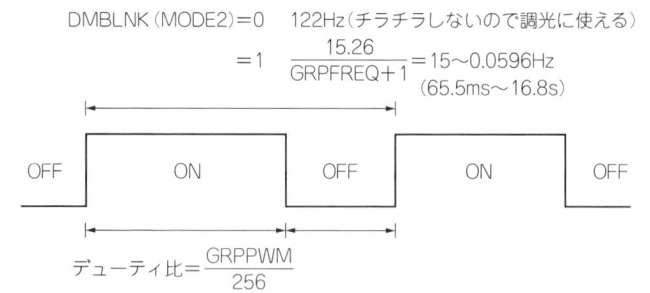

$= 1 \quad \dfrac{15.26}{GRPFREQ+1} = 15 \sim 0.0596 \text{Hz}$
(65.5ms～16.8s)

デューティ比＝$\dfrac{GRPPWM}{256}$

図11-5
グループ・コントロールの概要
（LDRx = 11 とした LEDx だけが対象）

Bit	7	6	5	4	3	2	1	φ	
	ERR3		ERR2		ERR1		ERRφ		
	右に同じ		右に同じ		右に同じ		φ	φ	正常動作，ノー・エラー
							φ	1	LEDの短絡を検出
							1	φ	LEDの開放を検出
							1	1	この状態はなし

図11-6
EFLAGφレジスタの内容

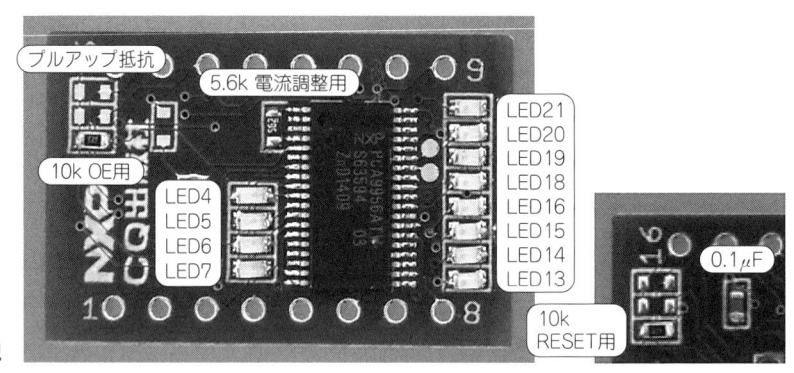

写真11-1 変換基板の外観
（プルアップ抵抗／5.6k 電流調整用／10k OE用／LED4～LED7／LED13～LED21／0.1μF／10k RESET用）

遅延時間は，ビット0～3の値×0.125μsです．例えば，OFFSET = 8（デフォルト値）とすると，遅延は1μsとなります．そのときに，以下のようにターンONします．

　チャネル0は，0μsでターンON
　チャネル1は，1μsでターンON
　…　…　…　…
　チャネル23は，23μsでターンON

PWMALL(3Fh)
PWM0～PWM23が，設定値に書き換えられます．
IREFALL(40h)
IREF0～IREF23が，設定値に書き換えられます．
EFLAG0(41h)～EFLAG5(46h) LEDエラー検出
図11-6に，EFLAG0の内容を示します．MODE2レジスタのERRORステータス・ビット(bit6)をポーリングして，エラーが発生したら，どのチャネルにエラーがあるのかを，EFLAG0-5で調べます．

グラデーションの動作，レジスタ内容は第10章 PCA9955Aとほぼ同じなのでそちらを参考にしてください．

回路

● 変換基板

図11-7に評価回路を，写真11-1に外観を示します．基板の番号は，4Aです．基板上に，0603のチップLEDを12個実装可能ですが，駆動電圧は，V_{DD} となります．外部端子に，10個のLEDを実装できます．そのときに，LEDを複数個直列接続したり，LED駆動電圧をV_{DD}以上にすることもできます．残りの2個のLED分は，基板上にパッドを用意したので直接接続してください．

$R_{ext} = 5.6\text{k}\Omega$ としたので，$I_{ref} = 40\mu\text{A}$ です．基板が小さく，十分な放熱効果が得られないので，あまり大きなLED電流は流さないでください．

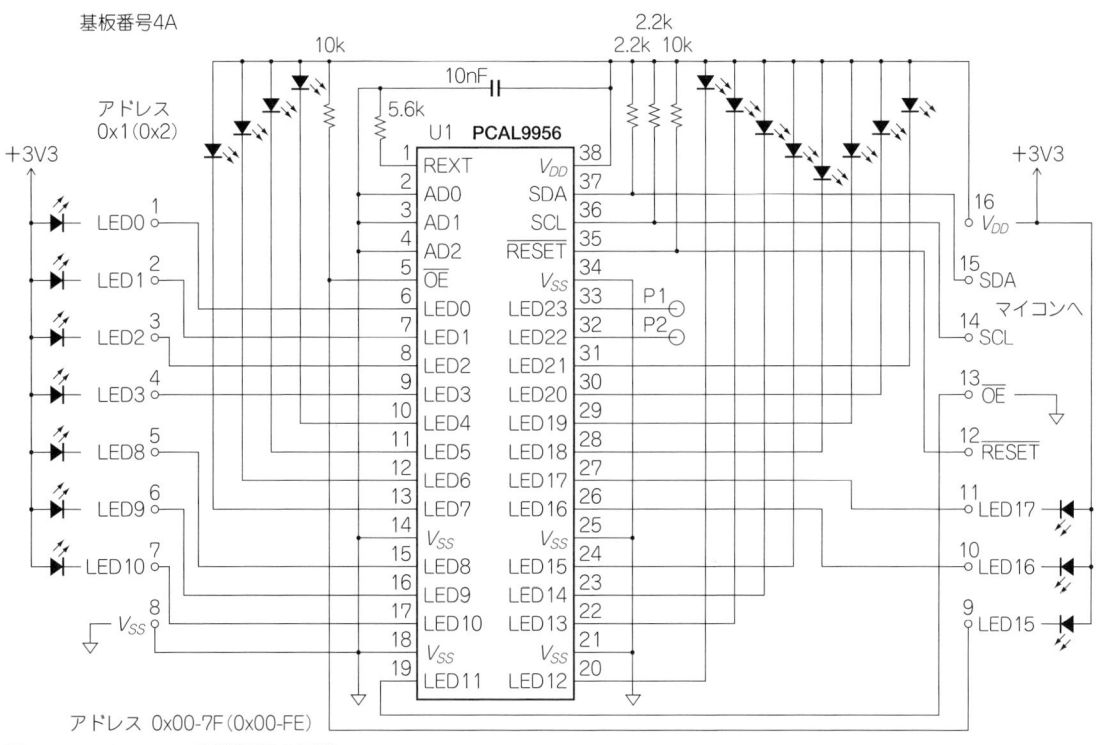

図11-7 PCA9956A変換基板の回路

リスト11-1 PCA9956Aのサンプル・プログラム

```
cmd[0] = MODE1;
cmd[1] = 0x0;                            // SLEEP = 0
i2c.write(PCA9956A_ADDR, cmd, 2);        // cmd[0]Regにcmd[1]を書き込み …… ①

cmd[0] = LEDOUT0 + 0x80;                 // LEDOUT0, Auto incriment
cmd[1] = 0xaa;                           // LED3,2,1,0 10= PWM
cmd[2] = 0xaa;                           // LED7,6,5,4 10= PWM
cmd[3] = 0xaa;                           // LED11,10,9,8 10= PWM
cmd[4] = 0xaa;                           // LED15,14,13,12 10= PWM
cmd[5] = 0xaa;                           // LED19,18,17,16 10= PWM
cmd[6] = 0xaa;                           // LED23,22,21,20 10= PWM
i2c.write(PCA9956A_ADDR, cmd, 7);        // cmd[0]Regにcmd[1-6]をき書き込み …… ②

cmd[0] = IREFALL;
cmd[1] = 0x80;                           // Idrv = 40uA * 128 = 5.12mA
i2c.write(PCA9956A_ADDR, cmd, 2);        // cmd[0]Regにcmd[1]を書き込み …… ③

while(1)
{
  if (i>23) i = 0;
  cmd[0] = PWMALL;
  cmd[1] = 0x0;                          // PWM = 0%
  i2c.write(PCA9956A_ADDR, cmd, 2);      // cmd[0]Regにcmd[1]を書き込み …… ④

  cmd[0] = PWM0 + i;                     // PWMx = PWM0 + i
  cmd[1] = 0xFF;                         // PWM = 99.6%
  i2c.write(PCA9956A_ADDR, cmd, 2);      // cmd[0]Regにcmd[1]を書き込み …… ⑤
  wait(0.5);
  i++;
}
```

SDA，SCLのプルアップ抵抗を基板上に実装できます．$\overline{\text{RESET}}$は，200kΩでプルアップされているので，実装しなくてもかまいません．$\overline{\text{OE}}$回路は，プルアップ抵抗を実装してください．$\overline{\text{OE}}$の機能を使わない場合は，そのままGNDへ接続してください．

基本的な使い方の例

リスト11-1に，サンプル・プログラムを示します．24個のLEDが，LED0〜23まで，0.5sおきに順番に一つずつ点灯します．

① PCA9956Aは，POR時にすでに動作状態となっていますが，念のためMODE1レジスタにゼロを書き込み，通常動作とします．② LEDOUT0〜5レジスタにより，LED0〜23の動作をPWMとします．③ IREFALLレジスタで，IREFの設定値を0x80とします．R_{ext} = 5.6kΩとしたので，I_{ref} = 40μA，よって各LEDの電流値は，40μA×128 = 5.12mAとなります．なお，各LEDのIREF値を個別に設定する場合，IREF0〜23レジスタで設定します．

次に，for文で以下を3回繰り返します．

④ PWMALLレジスタによりPWM0〜23をすべて0（消灯）にクリアし，⑤ iで示されるLEDだけPWM = 0xFF（99.6%）とします．すると，iで示されるLEDが点灯します．あとは，④〜⑤を24回繰り返せば，LED0〜LED23が一つずつ点滅します．

第12章
ブリッジ(I²C to UART変換) SC16IS750IPW

I²C，またはSPIからUARTへ変換するブリッジ・デバイス．データ・レートは，最大5Mbps，低消費電力．業界標準の16C450と互換．最大115.2kbpsの赤外線通信もサポート．

　SC16IS740/750/760は，NXP社の1チャネル高性能UARTで，インターフェースは，I²CかSPIです．低消費電流，低スタンバイ電流で，5Mbpsまで使えます．SC16IS750/760は，8端子の汎用IOポートがあります．この製品ファミリは，I²Cバス/SPIとRS-232/RS485のシームレスなプロトコル変換を可能にします．

　SC16IS760と750の違いは，SPIクロックとIrDA SIRで，前者は760が15Mbps，750が4Mbpsまでです．後者は，760が1.152Mbps，750が115.2kbpsまでです．SC16IS740と750の違いは，8端子の汎用ポートで，740にはありません．

　このファミリの内部レジスタは，業界標準の16C450の上位互換です．さらに，ハードウェア，ソフトウェア・フロー制御，自動RS-485変換，ソフトウェア・リセットが可能です．

特徴

SC16IS750の，おもな特徴を以下に示します．

- 1チャネルのフル・デュプレックスUART
- I²CバスかSPIかを選択可能
  I²Cバス；400kbps FASTモード
  SPI；4Mbps(SC16IS750)，15Mbps(SC16IS760)
  SPIモード0に対応
- 電源電圧は，3.3Vか2.5V
- 64バイトのFIFO(送信，受信)
- 業界標準の16C450に上位互換
- RTS/CTSを使った自動ハードウェア・フロー制御
- Xon/Xoffを使った自動ソフトウェア・フロー制御

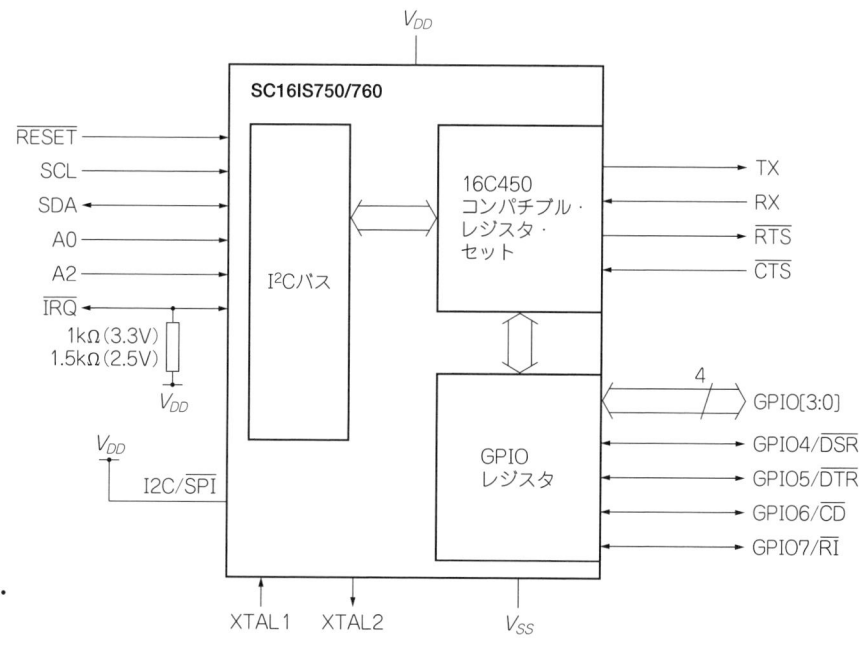

図12-1
SC16IS750のブロック・ダイアグラム

- 八つの汎用 IO 端子（SC16IS750/760）
- IrDA エンコーダ / デコーダを内蔵
- IrDA SIR は SC16IS750 で 115.2kbps，760 で 1.152Mbps
- プログラム可能な特殊文字の検出
- キャラクタ・フォーマットはプログラム可能
  5，6，7，8 ビットキャラクタ
  偶数，奇数，ノン・パリティ
  1，1.5，2 ストップ・ビット
- 内部ループバック・モード
- スリープ電流；30μA 以下 @ 3.3V
- パッケージ；HVQFN24, TSSOP24（SC16IS750/760），TSSOP16（SC16IS740）

ブロック・ダイアグラム

図 12-1 に，I²C バス・インターフェースの場合のブロック・ダイアグラムを示します．UART 部分は，業界標準の 16C450 の上位互換なので，参考までに，16C450 のブロック・ダイアグラムを図 12-2 に示します．

図 12-3 に，SC16IS750/760 のピン配置を示します．8 番端子を V_{DD} に接続すると，I²C バス・インターフェースを，V_{SS} に接続すると SPI インターフェースを選択できます．

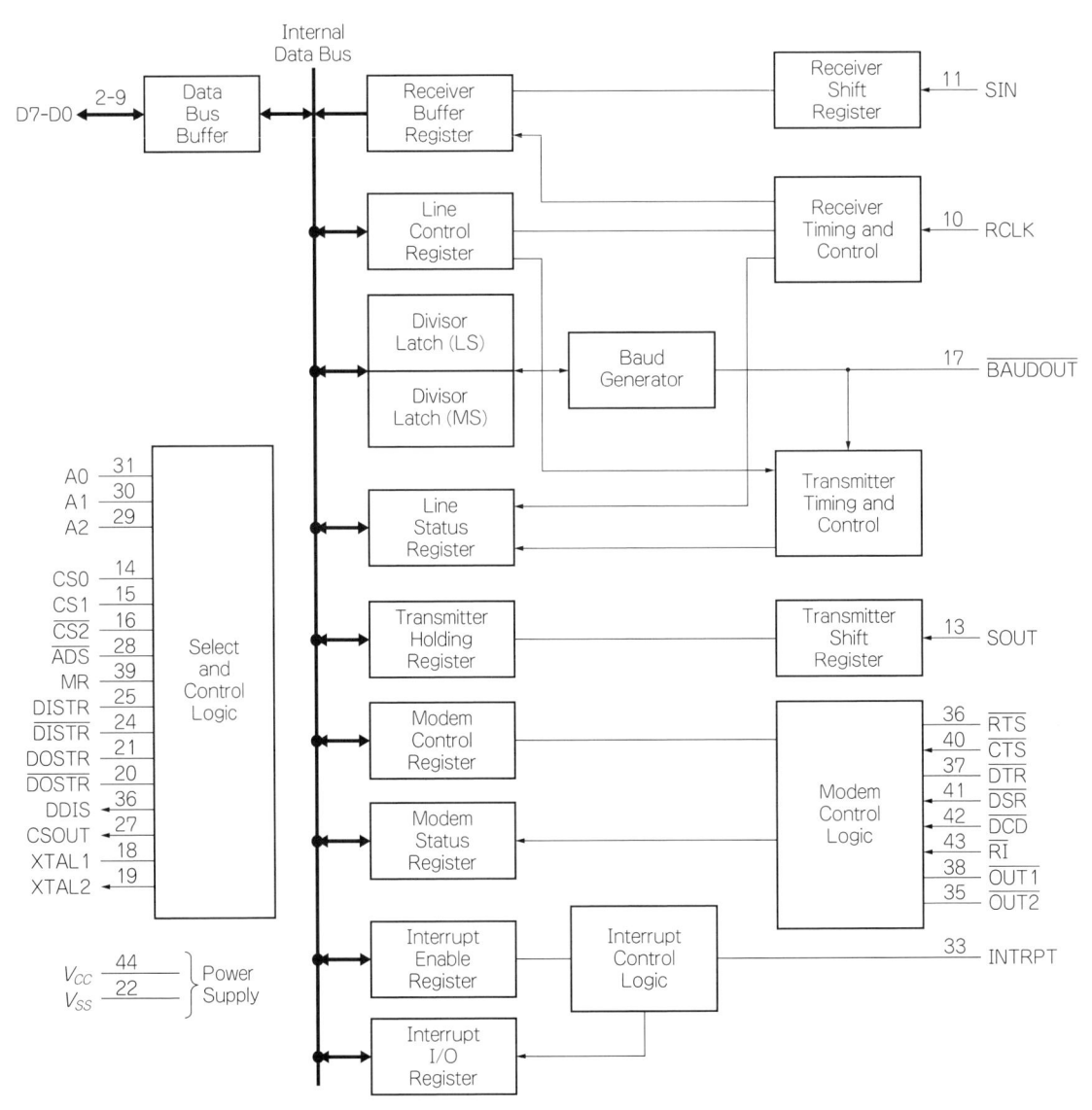

図 12-2　16C450 のブロック・ダイアグラム

表12-1に，おもな電気的特性を示します．

機能説明

● I²C アドレス

アドレス設定端子は，A0，A1 の 2 端子ですが，各端子を，GND，V_{DD}，SCL，SDA と四つの状態とできるので，48h ～ 4Fh（8bit アドレス；90h ～ 9Eh），50h ～ 57h（8bit アドレス；A0h ～ AEh）に設定可能です（詳細はデータシート参照）．

● レジスタ

図 12-4 に，レジスタ・アドレス・バイトを示します．レジスタ・アドレスは，Bit[6:3] なので，3 ビット左シフトします．SC16IS750.h のレジスタの定義で，3 ビット左シフトしておいても良いでしょう．このバイトでレジスタのアドレスを指定し，データを読み書きすれば，SC16IS750 を制御することができます．

● ボー・レイトの設定

図 12-5 に，ボー・レイト発生ブロック・ダイアグラムを示します．図中のボー・レイトの式から，プリ

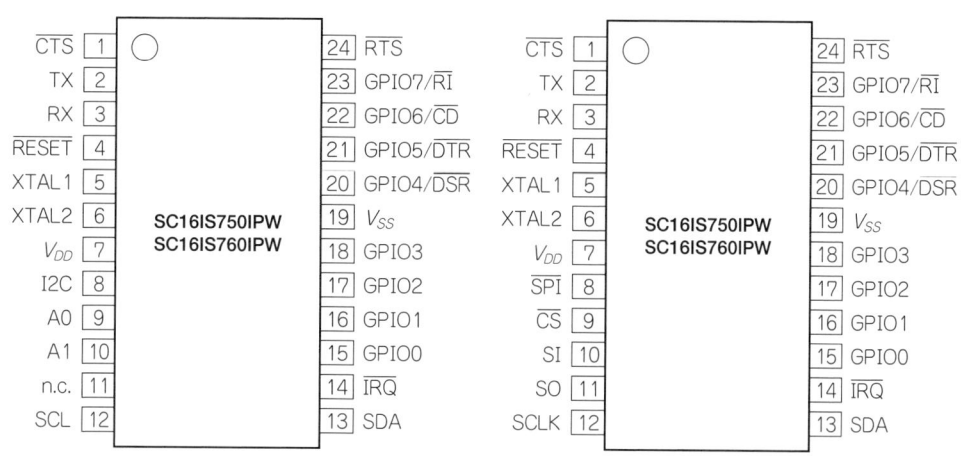

図 12-3
SC16IS750/760
のピン配置

(a) I²C-bus interface

(b) SPI interface

表 12-1 SC16IS750 のおもな電気的特性（I²C バス）

項 目	記号	V_{DD} = 2.5V 最小	V_{DD} = 2.5V 最大	V_{DD} = 3.3V 最小	V_{DD} = 3.3V 最大	単位	条 件
電源電圧	V_{DD}	2.3	2.7	3.0	3.6	V	
消費電流	I_{DD}		6.0		6.0	mA	無負荷
スリープ電流	$I_{DD(sleep)}$		30		30	μA	入力端子 = V_{DD} か GND
"H" レベル入力電圧	V_{IH}	1.6	5.5	2.0	5.5	V	XTAL1 を除く入力端子
"L" レベル入力電圧	V_{IL}		0.6		0.8	V	XTAL1 を除く入力端子
"H" レベル入力電圧	V_{IH}	1.8	5.5	2.4	5.5	V	XTAL1
"L" レベル入力電圧	V_{IL}		0.45		0.6	V	XTAL1
"H" レベル出力電圧	V_{OH}	1.85				V	I_{OH} = -400μA
				2.4			I_{OH} = -4mA
"L" レベル出力電圧	V_{OL}		0.4			V	I_{OL} = 1.6mA
					0.4		I_{OL} = 4mA
プルアップ抵抗	R_{PU}	3.94	4.91	3.02	3.63	MΩ	GPIO 端子
XTAL クロック周波数	f_{XTAL}		48		80	MHZ	外部クロックの場合，最大 24MHz
SCL クロック周波数	f_{SCL}	0	400	0	400	kHz	Fast モード

ビット　7　6　5　4　3　2　1　φ
　　　　－　A3　A2　A1　Aφ　CH1　CHφ　－

図 12-4
レジスタ・アドレス・バイトの内容

表12-2で示される
レジスタ・アドレス

他の値は使用せず

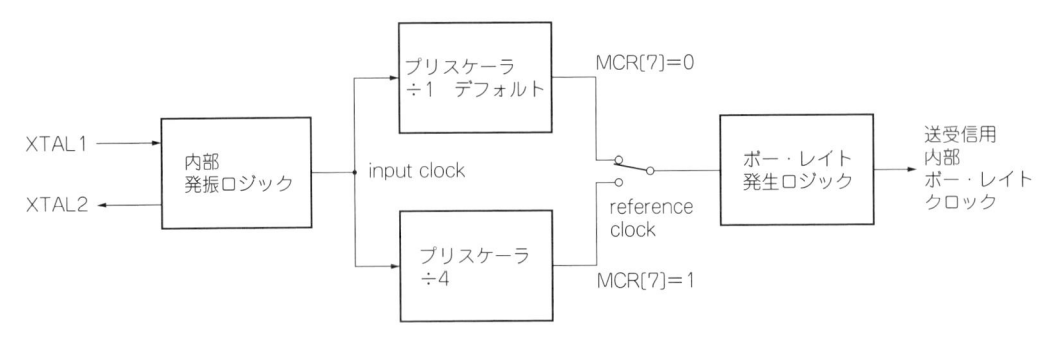

図12-5 ボー・レイト発生ブロック・ダイアグラム

ボー・レイト＝XTAL発振周波数／プリスケーラ／16／(DLH+DLL)
(DLH+DLL)＝XTAL発振周波数／プリスケーラ／16／ボー・レイト

表12-2 レジスタ・マップ

アドレス	レジスタ名	読み込みモード	書き込みモード
0h	RHR/THR	Receive Holding Register (RHR)	Transmit Holding Register (THR)
1h	IER	Interrupt Enable Register (IER)	Interrupt Enable Register
2h	IIR/FCR	Interrupt Identification Register (IIR)	FIFO Control Register (FCR)
3h	LCR	Line Control Register (LCR)	Line Control Register
4h	MCR	Modem Control Register (MCR)	Modem Control Register
5h	LSR	Line Status Register (LSR)	n/a
6h	MSR	Modem Status Register (MSR)	n/a
7h	SPR	Scratchpad Register (SPR)	Scratchpad Register
6h	TCR	Transmission Control Register (TCR)	Transmission Control Register
7h	TLR	Trigger Level Register (TLR)	Trigger Level Register
8h	TXLVL	Transmit FIFO Level Register	n/a
9h	RXLVL	Receive FIFO Level Register	n/a
0Ah	IODir	I/O pin Direction Register	I/O pin Direction Register
0Bh	IOState	I/O pin States Register	n/a
0Ch	IOIntEna	I/O Interrupt Enable Register	I/O Interrupt Enable Register
0Eh	IOControl	I/O pins Control Register	I/O pins Control Register
0Fh	EFCR	Extra Features Register	Extra Features Register
0h	DLL	divisor latch LSB (DLL)	divisor latch LSB
1h	DLH	divisor latch MSB (DLH)	divisor latch MSB
2h	EFR	Enhanced Feature Register (EFR)	Enhanced Feature Register
4h	XON1	Xon1 word	Xon1 word
5h	XON2	Xon2 word	Xon2 word
6h	XOFF1	Xoff1 word	Xoff1 word
7h	XOFF2	Xoff2 word	Xoff2 word

スケーラ(MCR[7])の値で4倍異なります．今回水晶振動子は18MHz，9600bpsで使うのでDLH，DLL＝18e6/16/9600＝117.19．したがって，DLH＝0，DL＝117を設定しました．

レジスタの説明

表12-2に，レジスタ一覧を示します．読み込み時と書き込み時で，機能，名前が変わるレジスタもあります．

● Receive Holding Register(RHR)

受信ブロックは，Receiver Holding Register(RHR)とReceiver Shift Register(RSR)で構成されます．RHRは，64バイトのFIFOです．RSRは，RX端子のシリアル・データを受信し，パラレル・データに変換します．1バイト分受信すると，そのデータはRHRに転送されます．受信部は，Line Control Register(LCR)により制御されます．FIFOを使わない場合，

FIFOのアドレス0にデータは保存されます.

● Transmit Holding Register(THR)

送信ブロックは，Transmit Holding Register(THR)とTransmit Shift Register(TSR)で構成されます．THRは64バイトのFIFOです．THRに書き込まれたデータはTSRに転送され，シリアル・データに変換され，TX端子より送信されます．

FIFOを使わない場合，FIFOはデータ保存に使われますが，オーバ・フローすると，書き込まれたデータは無視されます．FIFOを使わない設定で複数のバイトを連続して書き込むと，書き込みデータのいくつかが欠落するので注意してください．

● FIFO Control Register(FCR)

書き込み専用で，表12-3に示すように，FIFOの使用許可，FIFOのクリア，送受信におけるトリガ・レベルを設定します．

● Line Control Register(LCR)

図12-6に，Line Control Registerの内容を示します．ワード長，ストップ・ビット長，パリティの通信フォーマットを設定します．

● Line Status Register(LSR)

表12-4に，Line Status Registerの内容を示します．FIFOの空き状態や受信時のエラー状態などを取得で

表12-3 FIFO Control Register(2h)の内容

Bit	アクセス	値	内容
7:6	W		RX FIFOのトリガ・レベル
		00	8文字
		01	16文字
		10	56文字
		11	60文字
5:4	W		TX FIFOのトリガ・レベル[1]
		00	8容量分
		01	16容量分
		10	32容量分
		11	56容量分
3	-	-	予約
2	W	0	デフォルト
		1	TX FIFOをリセット後0に
1	W	0	デフォルト
		1	RX FIFOをリセット後0に
0	W	0	TX, RX FIFOは禁止（デフォルト）
		1	TX, RX FIFOを許可

[1] EFR[4] = 1の時書換え可能

表12-4 Line Statusレジスタ(LSR)の内容(05h)

Bit	アクセス	値	内容
7	R		FIFOデータ・エラー
		0	ノー・エラー
		1	下記のエラーが少なくとも一つ発生
6	R		THRとTSRの空き状態
		0	空いていない
		1	空き
5	R		THRの空き状態
		0	空いていない
		1	空き
4	R		ブレーク割込み
		0	ブレーク状態ではない，デフォルト
		1	ブレーク状態発生，対応文字は0x00
3	R		フレーミング・エラー(FE)
		0	ノー・エラー，デフォルト
		1	エラーあり，受信データのストップビット異常
2	R		パリティ・エラー(PE)
		0	ノー・エラー，デフォルト
		1	エラーあり
1	R		オーバラン・エラー
		0	ノー・エラー，デフォルト
		1	エラーあり
0	R		受信データ
		0	FIFOに受信データなし，デフォルト
		1	RX FIFOに1文字以上のデータあり

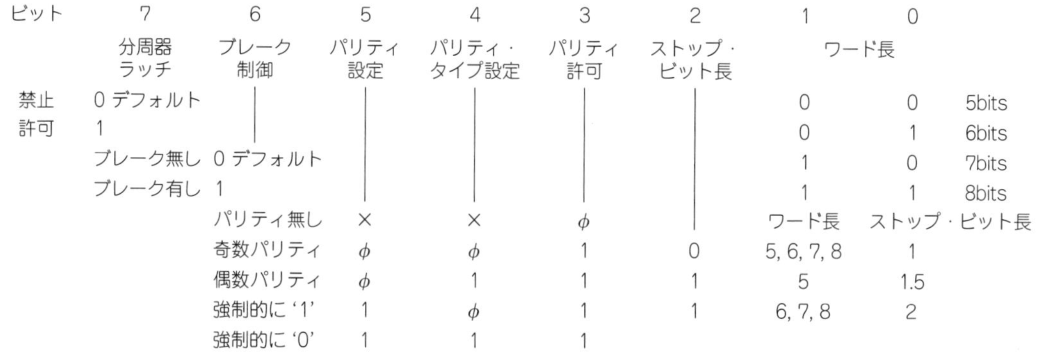

```
ビット      7        6        5        4        3        2        1        0
         分周器    ブレーク   パリティ   パリティ・  パリティ   ストップ・       ワード長
         ラッチ    制御      設定      タイプ設定  許可      ビット長
禁止     0 デフォルト                                              0        0    5bits
許可     1                                                        0        1    6bits
         ブレーク無し 0 デフォルト                                  1        0    7bits
         ブレーク有し 1                                            1        1    8bits
                    パリティ無し   ×        ×        φ          ワード長  ストップ・ビット長
                    奇数パリティ   φ        φ        1          0        5, 6, 7, 8    1
                    偶数パリティ   φ        1        1          1        5             1.5
                    強制的に '1'   1        φ        1          1        6, 7, 8       2
                    強制的に '0'   1        1        1
```

図12-6 LCRレジスタの内容(03h)

表12-5 Modem Controlレジスタ(MCR)の内容(04h)

Bit	アクセス	値	内容
7	R/W		クロック分周
		0	÷1
		1	÷4
6	R/W		IrDAモード許可
		0	UARTモード
		1	IrDAモード
5	R/W		任意のXon
		0	任意のXon機能禁止
		1	任意のXon機能許可
4	R/W		ループバックの許可
		0	通常動作モード
		1	ループバック動作モード許可
3	R/W		予約
2	R/W		TCRとTLRの許可
		0	禁止
		1	許可
1	R/W		RTS
		0	RTS=インアクティブ(HIGH)
		1	RTS=アクティブ(LOW)
0	R/W		DTR
		0	DTR=インアクティブ(HIGH)
		1	DTR=アクティブ(LOW)

表12-6 Modem Statusレジスタ(MSR)の内容(06h)

Bit	アクセス	内容
7	R	CDの状態；アクティブ・ハイ'1'
6	R	RIの状態；アクティブ・ハイ'1'
5	R	DSRの状態；アクティブ・ハイ'1'
4	R	CTSの状態；アクティブ・ハイ'1'
3	R	ΔCD；CDの変化，読込みでクリア
2	R	ΔRI；RIのLOWからHIGHへの変化，読込みでクリア
1	R	ΔDSR；DSRの変化，読込みでクリア
0	R	ΔCTS；CTSの変化，読込みでクリア

きます．LSR[4:2]は，RX FIFOのトップ・アドレスの受信文字に対するエラー・ビット(BI，FE，PE)です．したがって，エラーを知りたい場合は，RHRを読み込む前に，LSRを読み込みます．

● Modem Control Register(MCR)

表12-5に，Modem Control Registerの内容を示します．モデムとして使用する場合のモード，データ・セットなどを制御します．

● Modem Status Register(MSR)

表12-6に，Modem Status Registerの内容を示します．モデムの制御線の状態を取得できます．

表12-7 Interrupt Enableレジスタ(IER)の内容(01h)

Bit	アクセス	値	内容
7	R/W		CTS割り込み許可
		0	CTS割り込み不許可(デフォルト)
		1	CTS割り込み許可
6	R/W		RTS割り込み許可
		0	RTS割り込み不許可(デフォルト)
		1	RTS割り込み許可
5	R/W		Xoff割り込み許可
		0	Xoff割り込み不許可(デフォルト)
		1	Xoff割り込み許可
4	R/W		スリープ・モード
		0	スリープ・モード不許可(デフォルト)
		1	スリープ・モード許可
3	R/W		モデム・ステータス割り込み許可
		0	モデム・ステータス割り込み不許可(デフォルト)
		1	モデム・ステータス割り込み許可
2	R/W		受信ライン・ステータス割り込み許可
		0	受信ライン・ステータス割り込み不許可(デフォルト)
		1	受信ライン・ステータス割り込み許可
1	R/W		THR割り込み許可
		0	THR割り込み不許可(デフォルト)
		1	THR割り込み許可
0	R/W		RHR割り込み許可
		0	RHR割り込み不許可(デフォルト)
		1	RHR割り込み許可

IER[7:4]はEFR[4]＝1の時変更可

● Scratch Pad Register(SPR)

一時的に使用できるレジスタで，デバイスの動作にまったく影響しないでデータを読み書きできます．

● Interrupt Enable Register(IER)

表12-7に示す，六つの割り込み要因の許可，禁止を設定できます．割り込みが発生すると，IRQ出力はアクティブになります．

● Interrupt Identification Register(IIR)

Interrupt Identification Registerの内容を，図12-7に示します．プライオリティに基づいた割り込み要因を取得できます．読み込み専用です．

● Enhanced Features Register(EFR)

表12-8に示すUARTの強化機能を許可，もしくは不許可します．Bit[3:0]は，ソフトウェア・フローの選択で内容を，表12-9に示します．

● Division registers(DLL，DLH)

ボー・レイト発生用分周器を設定します．詳細は，図12-5を見てください．

```
Bit     7    6    5    4    3    2    1    φ
      FCR[0]のミラー                                    割り込みステータス φ 割り込み有り
                                                                       1 割り込み無し
            プライオリティ
            レベル
            1    0    0    0    0    1    1      受信ライン・ステータス・エラー
            2    0    0    1    1    0           受信タイムアウト割り込み
            2    0    0    0    1    0           RHR割り込み
            3    0    0    0    0    1           THR割り込み
            4    0    0    0    0    0           モデム割り込み
            5    1    1    0    0    0           入力ピンの変化
            6    0    1    0    0    0           xoff文字の受信
            7    1    0    0    0    0           CTS，RTSの立上り変化
```

図12-7 Interrupt Identification レジスタ(IIR)(02h)の内容

表12-8 Enhanced Features レジスタ(EFR)の内容(02h)

Bit	アクセス	値	内容
7	R/W		CTSフロー制御許可
		0	CTSフロー制御不許可(デフォルト)
		1	CTSフロー制御許可
6	R/W		RTSフロー制御許可
		0	RTSフロー制御不許可(デフォルト)
		1	RTSフロー制御許可
5	R/W		特殊文字検出許可
		0	特殊文字検出不許可(デフォルト)
		1	特殊文字検出許可，Xoff2と比較
4	R/W		強化機能許可
		0	強化機能不許可(デフォルト)
		1	強化機能許可
3:0	R/W		表12-9で指定

表12-9 ソフトウェア・フロー制御オプション

EFR[3]	EFR[2]	EFR[1]	EFR[0]	TX, RXソフトウェア・フロー制御
0	0	X	X	送信フロー制御なし
1	0	X	X	Xon1，Xoff1送信
0	1	X	X	Xon2，Xoff2送信
1	1	X	X	Xon1 と Xon2，Xoff1 と Xoff2送信
X	X	0	0	受信フロー制御なし
X	X	1	0	受信器はXon1，Xoff1と比較
X	X	0	1	受信器はXon2，Xoff2と比較
1	0	1	1	Xon1，Xoff1送信，受信器はXon1かXon2，Xoff1かXoff2比較
0	1	1	1	Xon1，Xoff1送信，受信器はXon1かXon2，Xoff1かXoff2比較
1	1	1	1	Xon1 と Xon2，Xoff1 と Xoff2送信 受信器はXon1 と Xon2，Xoff1 と Xoff2比較
0	0	1	1	送信フロー制御なし 受信器はXon1 と Xon2，Xoff1 と Xoff2比較

● Transmission Control Register (TCR)

ハードウェア/ソフトウェア・フロー制御中における，送信の停止/開始をする RX FIFO スレッショルド・レベルを設定します．TCR[7:4]は，送信を再開するトリガ・レベルを設定します．TCR[3:0]は，送信停止するトリガ・レベルを設定します．設定可能なトリガ・レベルは，0 から 60 文字です．

EFR[4] = 1，MCR[2] = 1 のときだけ書き込み可です．TCR [3:0]>TCR[7:4]でなければなりません．誤動作を防ぐために，オート RTS かソフトウェア・フロー制御を許可する前に設定してはいけません．

● Trigger Level Register (TLR)

割り込み発生の TX FIFO と，RX FIFO のトリガ・レベルを設定します．4 ～ 60 で 4 の倍数で設定します．TLR[7:4]は，RX FIFO，TLR[3:0]は，TX FIFO 用です．

EFR[4] = 1，MCR[2] = 1 のときだけ書き込み可です．TLR[3:0]，もしくは TLR[7:4]が 0 の場合，FCR の設定値が送受信 FIFO のトリガ・レベルとして使用

されます．

● Transmit FIFO Level Register (TXLVL)

読み込み専用で，TX FIFO の空き容量を読み込めます．値は 0 ～ 64 です．

● Receiver FIFO Level Register (RXLVL)

読み込み専用で，RX FIFO の受信文字数を読み込めます．値は 0 ～ 64 です．

● I/O pin Direction Register (IODir)

I/O 端子の入出力設定用です．該当ビットが 0 の時入力端子，1 の時出力端子となります．

表12-10 IOControlレジスタ(IOControl)の内容(0Eh)

Bit	アクセス	値	内容
7:4	-		予約
3	R/W		SRESET；ソフトウェア・リセット
		1	デバイスをリセット後0
2	-		予約
1	R/W		GPIO[7:4]かモデム端子かの選択
		0	GPIO[7:4]はIO端子
		1	GPIO[7:4]は$\overline{RI}$, $\overline{CD}$, $\overline{DTR}$, $\overline{DSR}$
0	R/W		IOLATCH；入力ラッチング
		0	入力端子の状態をラッチしない
		1	入力端子の状態をラッチ，IOStateで読出し可

表12-11 Extra Features Controlレジスタ(EFCR)の内容(0Fh)

Bit	アクセス	値	内容
7	R/W		IrDAモード
		0	3/16パルス，115.2kbps
		1	1/4パルス，1.152Mbps
6	R/W		予約
5	R/W		RTSINVER；RS485モード時のRTSの反転
		0	送信時$\overline{RTS}$ = 0，受信時$\overline{RTS}$ = 1
		1	送信時$\overline{RTS}$ = 1，受信時$\overline{RTS}$ = 0
4	R/W		RTSCON；$\overline{RTS}$端子による送信許可
		0	不許可
		1	許可
3	R/W		予約
2	R/W		TXDISABLE；送信の不許可 ただし，TX FIFOにはデータが保存される
		0	許可
		1	不許可
1	R/W		RXDISABLE；受信の不許可
		0	許可
		1	不許可
0	R/W		9-BIT MODE；9-bitかマルチドロップ・モード(RS-485)
		0	通常のRS-232モード
		1	RS485モードを許可

● I/O pin States Register(IOState)

I/O端子の状態を読み込みます．書き込んだ場合，出力設定された該当ビットの端子に値が出力されます．

● I/O Interrupt Enable Register(IOIntEna)

I/O端子(入力端子に設定)の変化による割り込みを許可します．0の時割り込み禁止，1の時割り込み許可となります．GPIO[7:4]をモデム端子としている場合，IER[3]で割り込み許可を設定します．

● I/O Control register(IOControl)

Control registerの内容を，表12-10に示します．GPIO[7:4]は，I/O端子と設定した場合，関連するレジスタは，IODir, IOState, IOIntEna, IOControlです．モデム端子として設定した場合，関連するレジスタは，MSR[7:5], MSR[3:1], MCR[0], IER[3]で，動作で相互に影響することはありません．

● Extra Features Control Register(EFCR)

表12-11に内容を示します．

回　路

図12-8に，変換基板の回路を，外観を，写真12-1に示します．基板の番号は，5Bです．SC16IS750は，SPIインターフェースで使うことができますが，変換基板は，I²Cインターフェース専用で設計してあります．したがって，SPIインターフェースで使う場合，パターン・カットなどが必要なので，市販の24ピンTSSOP用変換基板を使用してください．

後述のサンプル・プログラムは，ループバックでテストするので，点線の配線を外部でしてください．もしくは，SC16IS750のループバック機能を使ってください．

水晶振動子を，18MHzとしたので，9600bpsで0.16％のクロック誤差が発生しますが，まったく問題になりません．なお，他の水晶振動子を使う場合は，図12-5中の式を参考に，水晶振動子の発振周波数を決定してください．そしてDLL, DLHレジスタの値を変更してください．

基本的な使い方の例

サンプル・プログラムの実行結果を，図12-9に示します．文字列を入力し，ENTERキーを押すと，その文字列がTX端子より出力され，TX端子とRX端子が接続されていると，その文字列はRX端子より受信され，表示されます．あとは，その繰り返しです．通信フォーマットは9600bps，8ビット文字，1ストップ・ビット，ノンパリティです．

サンプル・プログラムを，リスト12-1に示します．まず，ボー・レイトを設定したいので，LCR[7] = 1に設定し，②でDLL, DLHレジスタに分周比を設定します．図12-5で説明したように，18MHzのクロックなので，DLL = 117です．③は，UARTの通信

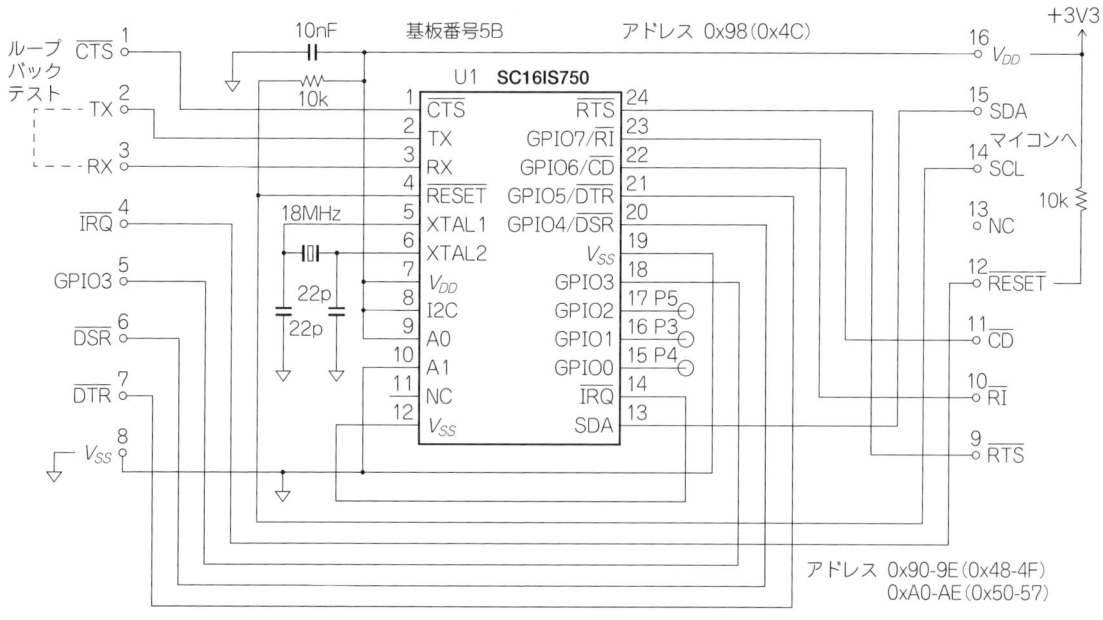

図 12-8　SC16IS750 変換基板の回路

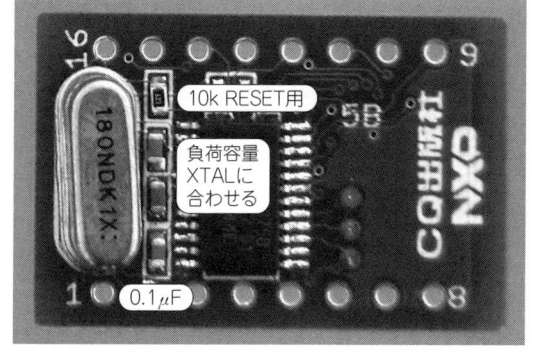

写真 12-1　変換基板の外観

図 12-9　サンプル・プログラムの実行結果

```
SC16IS750 Sample Program

文字列を入力してください>ofskjrei64-8-22ojsdf
送信された文字列 = ofskjrei64-8-22ojsdf 20文字
受信した文字列 = ofskjrei64-8-22ojsdf

文字列を入力してください>
```

リスト 12-1　SC16IS750 のサンプル・プログラム

```
cmd[0] = LCR << 3;
cmd[1] = 0x83;              // DLL,H Latch enable ……①
i2c.write(SC16IS750_ADDR, cmd, 2);

cmd[0] = DLL << 3; ……②
cmd[1] = 117;               // baud = 18e6 / 16 /117 = 9615
i2c.write(SC16IS750_ADDR, cmd, 2);
cmd[0] = DLH << 3;
cmd[1] = 0x0;
i2c.write(SC16IS750_ADDR, cmd, 2);

cmd[0] = LCR << 3;
cmd[1] = 0x03;              // NoParity 1Stop 8bits ……③
i2c.write(SC16IS750_ADDR, cmd, 2);

cmd[0] = FCR << 3;
```

リスト 12-1　SC16IS750 のサンプル・プログラム（つづき）

```
cmd[1] = 0x07;                  // reset TX,RX FIFO, FIFO enable …… ④
i2c.write(SC16IS750_ADDR, cmd, 2);

while(1)
{
    pc.printf("\r\n 文字列を入力してください>");
    pc.scanf("%s" , str); …… ⑤
    j = strlen(str);
    pc.printf("\r\n 送信された文字列 = %s %d 文字 \r\n" , str, j);
    cmd[0] = THR << 3;
    for (i = 0; i < j; i++) cmd[i + 1] = str[i]; …… ⑥
    i2c.write(SC16IS750_ADDR, cmd, j + 1);
    wait(1);

    cmd[0] = RHR << 3;              //
    i2c.write(SC16IS750_ADDR, cmd, 1, true);
    i2c.read(SC16IS750_ADDR, cmd, j); …… ⑦
    cmd[j] = 0;
    pc.printf("受信した文字列 = %s\r\n", cmd);
}
```

フォーマットの設定で，今回は，8 ビット文字長，1 ストップ・ビット，ノンパリティです．最後に，④で，TX, RX FIFO を有効にします．

これで，UART 通信ができるようになりましたので，while 文で以下の動作を繰り返します．まず，⑤で送信したい文字列の入力を待ちます．ユーザは適当な文字列を入力したら，ENTER キーを押します．

文字列の長さを，strlen() で取得し，その文字数分を，⑥で THR レジスタに書き込みます，と同時に，これら文字列は TX 端子より出力されます．

1 秒待ったら，RHR レジスタにより受信文字列を取得します（⑦）．今回は，受信文字数がわかっているので，j 個取得します．その文字列を表示したら，⑤〜⑦を繰り返します．

第13章
温度センサ
LM75BD

業界標準のLM75互換のディジタル温度センサ．−25〜＋100℃では，誤差±2℃，−55〜＋125℃誤差±3℃．11ビット解像度のA-Dコンバータを搭載．設定温度超過時の通知機能．

LM75Bは，SMBusとI²Cバスにコンパチブルな2線インターフェースのワンチップ温度センサです．温度センサは，オンチップのバンドギャップ型，ΣΔ A-D変換器でディジタル化されます．過温度検出用のOS端子を持っています．

温度は，2の補数形式の11ビット長で，0.125℃の分解能です．高分解能なので，温度ドリフトや熱暴走などの精密測定に適しています．

LM75Bは，パワーON時に，温度測定モード，OS端子は，測定温度と過温度設定温度(80℃)，ヒステリシス設定温度(75℃)とのコンパレータ出力となっています．

特 徴

LM75Bのおもな特徴を，以下に示します．

- 業界標準のLM75，LM75Aにピン・コンパチブルで，0.125℃の高分解能化，2.8〜5.5Vの広動作電圧範囲化が図られています
- 三つのアドレス設定端子により，同一バス上に8個接続可能
- 動作電圧；2.8〜5.5V
- 温度測定範囲；−55℃〜＋125℃
- I²Cバス・クロックは，20Hz〜400kHz(FASTモード)
  バス・クロックのタイムアウトを監視しているので，バスのハングアップを防止できます．
- 11ビットのADCで温度分解能は，0.125℃
- 温度精度
  ±2℃　−25℃〜＋100℃
  ±3℃　−55℃〜＋125℃
- 過温度検出用温度閾値，ヒステリシス温度設定値をプログラム可能

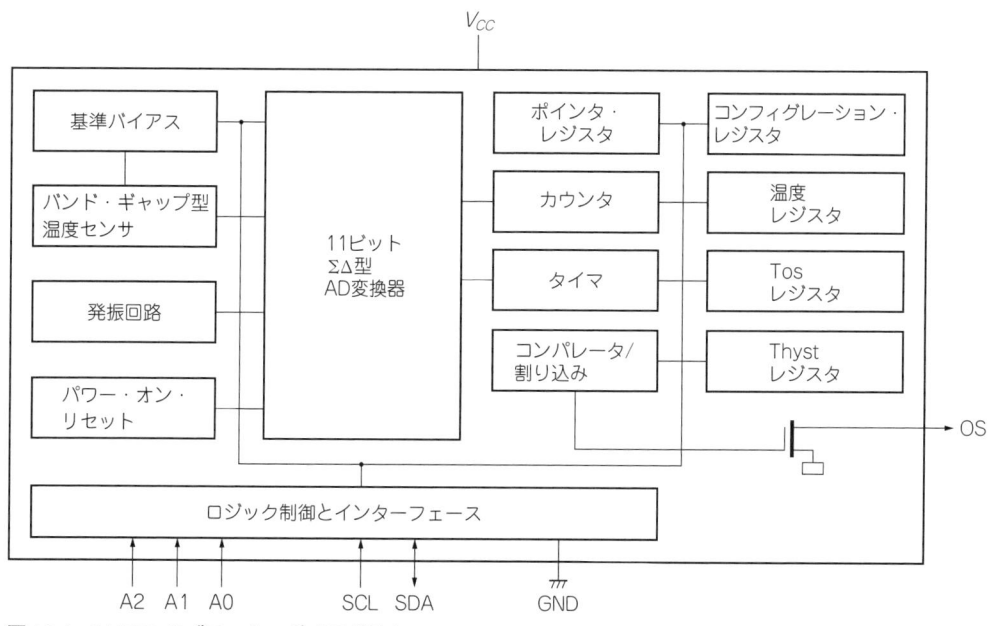

図13-1　LM75Bのブロック・ダイアグラム

表13-1 LM75Bのおもな電気的特性

項　目	記号	規格値 最小	規格値 標準	規格値 最大	単位	条　件
電源電圧	V_{cc}	2.8		5.5	V	
平均消費電流	$I_{DD(AV)}$		100	200	μA	通常動作, f_{SCL} = 0Hz
				300		通常動作, f_{SCL} = 400kHz
			0.2	1		シャット・ダウン時
接合温度	T_j			150	℃	
測定温度精度	T_{acc}	-2		+2	℃	-25℃～+100℃
		-3		+3		-55℃～+125℃
測定温度分解能	T_{res}		0.125		℃	11ビット分解能時
温度変換時間	$T_{conv(T)}$		10		ms	ノーマル・モード
温度変換周期	T_{conv}		100		ms	ノーマル・モード
過温度シャットダウン閾温度	$T_{th(ots)}$		80		℃	デフォルト値
ヒステリシス温度	T_{hys}		75		℃	デフォルト値
SCLクロック周波数	f_{SCL}	0.02		400	kHz	Fastモード
タイムアウト時間	t_{to}	75		200	ms	

- シャット・ダウン時電流；1.0μA
- スタンド・アローン動作によるサーモスタットとして使用可能
- パッケージ；SO8, TSSOP8, 3mm×2mm XSON8U, 2mm×3mm HWSON8

表13-2 LM75Bのレジスタ・マップ

アドレス	レジスタ	型	初期値
00h	Temp	R/W	00h
01h	C_{onf}	R	xxxxh
02h	T_{hyst}	R/W	4B00h(75℃)
03h	T_{os}	R/W	5000h(80℃)

ブロック・ダイアグラム

図13-1に，ブロック・ダイアグラムを示します．OS端子は，コンフィグレーション・レジスタにより，Tosレジスタ，Thystレジスタと温度レジスタのコンパレータ出力か，もしくは割り込み出力かを選択できます．コンパレータ出力を選ぶと，スタンド・アローンで動作するサーモスタットとして使用できます．OS端子を使う場合，オープン・ドレインなので，外部にプルアップ抵抗が必要です．

電気的特性

表13-1に，おもな電気的特性を示します．温度の変換時間は，10msで，変換周期は，100msです．したがって，平均消費電流は，100μA（標準）と小さな値です．測定温度精度は，±2℃（-25℃～+100℃間で最大）なので，校正なしに使用することもできます．使用した感じでは，室温付近で±0.5℃以内と高精度でした．

SDAラインを75ms（最小）以上LOWにしておくと，LM75Bはリセットされ，I²Cバスはアイドル状態になります．そのときは，I²Cのデータ通信は，STARTコンディションから始める必要があります．このことにより，バス競合などによるLM75Bのハングアップを防止できます．

機能説明

● I²Cアドレス

アドレス設定端子は，A0～A2の3端子なので，48h～4Fh(8ビット・アドレス；90h～9Eh)に設定可能です．したがって，同一I²Cバスに8個のデバイスを実装可能です．SCL, SDA, A0～A2の入力端子は，IC内部でバイアスされていないので，開放状態にして使うことはできません．

● レジスタ

表13-2に，レジスタ・マップを示します．これらはスレーブ・アドレスの後に送るポインタ・レジスタのBit[1:0]でレジスタ・アドレスを設定します．温度関連のレジスタは16bit長なので読み書きは2バイト単位で行います．

Temperature レジスタ(0h)

読み込み専用レジスタで，A-D変換された温度デー

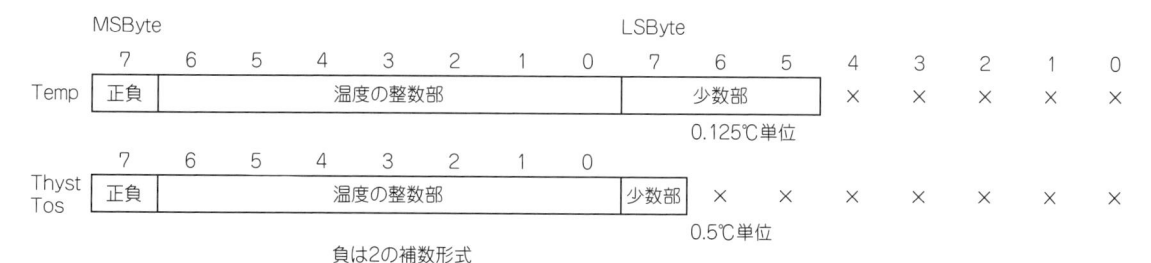

図 13-2 温度の表現

	MSByte								LSByte						
	7	6	5	4	3	2	1	0	7	6	5	4	3	2	1	0
Temp	正負	温度の整数部							少数部		×	×	×	×	×

0.125℃単位

	7	6	5	4	3	2	1	0							
Thyst Tos	正負	温度の整数部						少数部	×	×	×	×	×	×	×

0.5℃単位

負は2の補数形式

図 13-3 コンフィグレーション・レジスタの内容

```
ビット   7   6   5      4  3        2         1            0
        予約(φφφ)      OS_F_QUE   OS_POL   OS_COMP_INT   SHUTDOWN
                      列の数= 1  φ  φ*                    φ* ノーマル
                      列の数= 2  φ  1                      1  シャットダウン
                      列の数= 4  1  φ              φ* OS出力はコンパレータ
                      列の数= 6  1  1              1  OS出力は割り込み
                      雑音などによるfault   φ* OSはアクティブ・ロー
                      の列の数              1   OSはアクティブ・ハイ
                                                      * デフォルト値
```

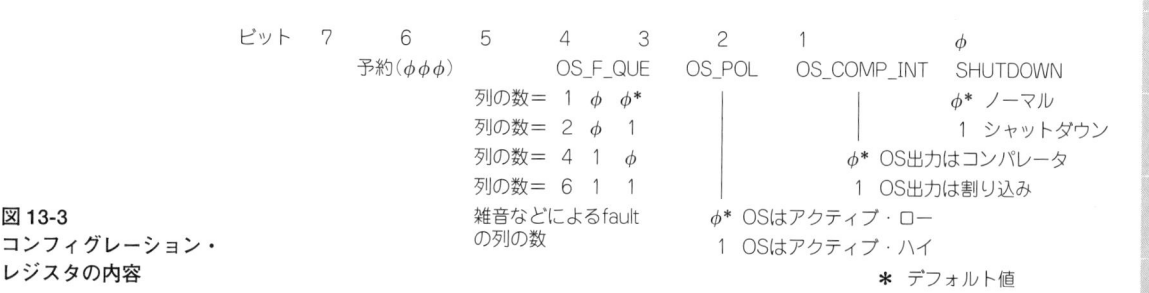

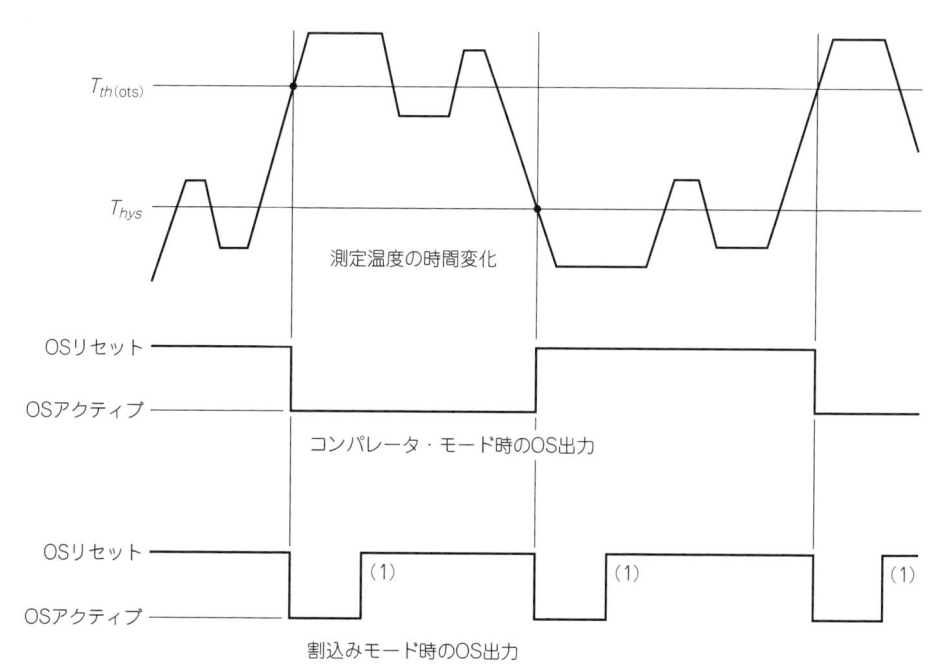

図 13-4 OS 出力と測定温度の関係

(測定温度の時間変化、$T_{th(ots)}$、T_{hys}、コンパレータ・モード時のOS出力、割込みモード時のOS出力)

(1) OS出力は，レジスタ読込みかシャットダウンモードになった時にリセットされる

タが格納されています．温度データは，11 ビット長で最小単位は，0.125℃です．MSByte(Most Significant Byte)，LSByte(Least Significant Byte)の順で読み出せます．

図 13-2 に，温度の表現を示します．A‐D 変換長の 11 ビットで処理する場合は，得られたデータに，0.125 を掛けます．いっぽう，整数部分である MSByte，小数部である LSByte という形でも処理できます．A‐D 変換値が負の場合，2 の補数形式となります．16 ビット変数とする場合，最終的に 256 で割り，0.125℃単位とします．

Configuration レジスタ(1h)

図 13-3 に，内容を示します．OS_F_QUE(Bit[4:3]) は，図 13-4 に示す $T_{th(ots)}$，T_{hys} 近傍時に雑音などで

発生する，fault列の数を設定します．この値を大きくすることにより，雑音の影響を少なくでき判定の精度が向上します．OS_POL(Bit2)は，OS端子の出力をアクティブ・ローにするかアクティブ・ハイにするか設定します．

OS_COMP_INT(Bit1)は，OS端子の出力がコンパレータか割り込みかを選択します．図13-4に，OS出力と設定温度の関係を示します．後述する$T_{th(ots)}$，T_{hys}と二つの設定温度でヒステリシス動作をします．コンパレータ動作を選択した場合，サーモスタットと同じ動作が得られ，OSリセット時にヒータをON，OSアクティブ時にヒータをOFFというような形で使えば，温度調整ができます．割り込みモードを設定した場合，$T_{th(ots)}$，T_{hys}と二つの設定温度でOSアクティブという割り込み信号が出ます．OSアクティブは，Tempレジスタを読み出すか，ICがシャット・ダウン・モードになったときに，リセットされます．

SHUTDOWN(Bit0)は，デバイスの動作モードを通常かシャット・ダウンかを選択できます．シャット・ダウンを選択すると，デバイスは低消費電流モードとなり，消費電流は1μA以下となります．

Hysteresis レジスタ (2h)
Overtemperature shutdown threshold レジスタ (3h)

温度設定レジスタとも呼ばれます．ユーザが最高温度などを設定したい場合などに使います．温度がA-D変換された後に，この二つのレジスタ値と比較されます．その結果は，図13-4に示すようにOS端子に反映されます．

図13-2に，温度の表現方法を示します．Tempと異なるのは，データ長が9ビットで，小数部のビットが一つになります．したがって，単位は，0.5℃となります．

回路

● 変換基板

図13-5に評価回路を，写真13-1に外観を示します．基板の番号は，1Aです．基板上に，SDA，SCLのプルアップ抵抗を実装することもできます．OS端子の機能を使う場合，外部にプルアップ抵抗が必要です．OS端子のプルアップ抵抗は，OS端子に流入する電流による発熱の影響を極力少なくするために，200kΩまでの極力大きな値にします．

基本的な使い方の例

サンプル・プログラムを，リスト13-1に，実行結果を，図13-6に示します．①ポインタ・レジスタとして，Tempをcmd[0]に設定します．②cmd[0]をLM75Bに書き込めば，ポインタ・レジスタに

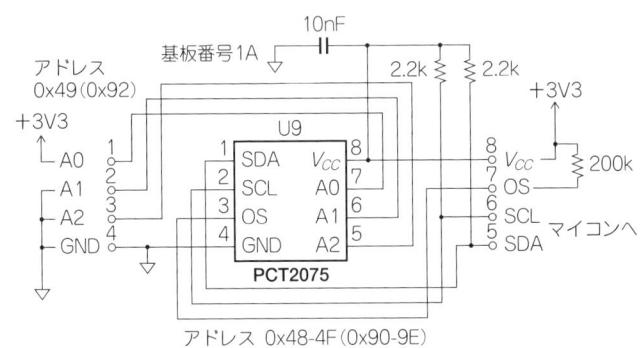

図13-5 LM75B変換基板の回路（PCT2075用）

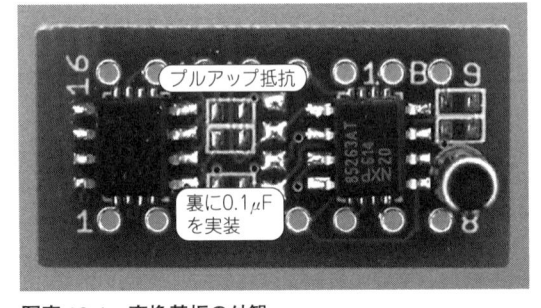

写真13-1 変換基板の外観

```
LM75B Sample Program
24.88 ℃
24.88 ℃
24.88 ℃
24.88 ℃
25.00 ℃
24.88 ℃
25.00 ℃
```

図13-6 サンプル実行画面

リスト 13-1　LM75B のサンプル・プログラム

```
while(1)
{
    cmd[0] = Temp; …… ①
    i2c.write(LM75_ADDR, cmd, 1, true);    // pointer = Temp …… ②
    i2c.read(LM75_ADDR, cmd, 2);           // Read Temp register …… ③
    T = (cmd[0]<<8) | cmd[1];              // calculate temperature …… ④
    pc.printf("%.2f ℃\r\n", T / 256.0); …… ⑤
    wait(2.0); …… ⑥
}
```

Temp が設定されます．③Temp レジスタから 2 バイト分を読み込みます．④温度を計算します．見てわかるように，T は 16 ビット変数となっています．これを，0.125℃ 単位とするために，⑤表示時に，T を 256 で割ります．

⑥ 2 秒間待ち，あとは①〜⑥を繰り返します．

OS 端子の動作を見たい場合は，T_{os} に 30℃（1E00h），T_{hyst} に 28℃（1C00h）を設定し，指を IC に押しつければ容易に 30℃以上にできるので試すことができます．

第14章

温度センサ PCT2075D

業界標準のLM75互換のディジタル温度センサ．−25〜+100℃では，誤差±1℃，−55〜+125℃では誤差±2℃．11ビット解像度のA-Dコンバータを搭載．同一バス上に27デバイス可．

PCT2075は，−25℃〜+100℃において，±1℃の精度の温度-ディジタル変換用温度センサICです．温度センサは，オンチップのバンドギャップ型，ΣΔA-D変換器でディジタル化されます．過温度検出出力端子OS端子があるので，LM75温度センサと置き換え可能です．インターフェースは，I²Cバス，SMBusで，クロック周波数1MHzのFastモード+に対応しています．

温度は，2の補数形式の11ビット長で，0.125℃の分解能です．高分解能なので，温度ドリフトや熱暴走などの精密測定に適しています．

PCT2075は，パワーON時に，温度測定モード，OS端子は，測定温度と過温度設定温度(80℃)，ヒステリシス設定温度(75℃)とのコンパレータ出力となっています．

8ピン・デバイスの場合，三つのI²Cアドレス設定端子により，27個のデバイスを同一I²Cバスに接続できます．6ピン・デバイスの場合は，アドレス設定端子が一つなので3個です．

特 徴

PCT2075の，おもな特徴を以下に示します．

- 業界標準のLM75シリーズにピン・コンパチブルで，27個のデバイスを同一I²Cバスに接続できます．
- 動作電圧；2.7〜5.5V
- 温度測定範囲；−55℃〜+125℃
- SMBusクロックは，20kHz〜1MHzで，タイムアウトによりバスのハングアップを防止します．
- I²Cバス・クロックは，1MHz(FASTモード+)

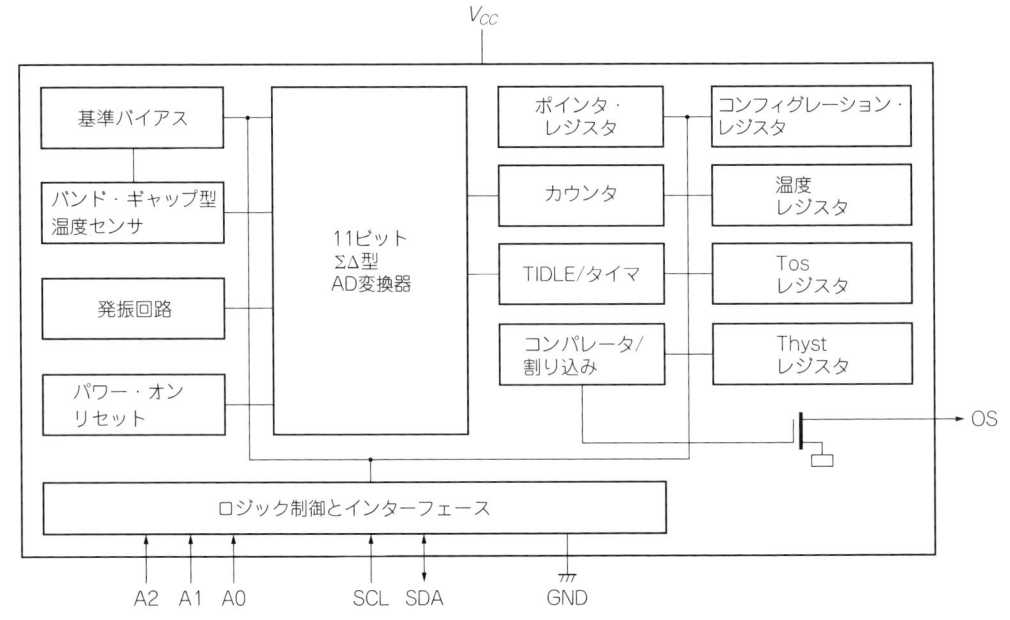

図14-1 PCT2075のブロック・ダイアグラム

で，SDAのドライブ能力は，30mAなので多くのデバイスを同一バスに接続できます．

- 11ビットのADCで温度分解能は，0.125℃
- 温度精度
  ±1℃　−25℃〜+100℃
  ±2℃　−55℃〜+125℃
- 過温度検出用温度閾値，ヒステリシス温度設定値をプログラム可能
- シャット・ダウン時電流；<1.0μA
- スタンド・アローン動作によるサーモスタットとして使用可能
- 8ピン・パッケージ；SO8，TSSOP8，2mm×3mm HWSON8
- 6ピン・パッケージ；TSOP6

ブロック・ダイアグラム

図14-1にブロック・ダイアグラムを示します．OS端子はコンフィグレーション・レジスタにより，T_{os}レジスタ，T_{hyst}レジスタと温度レジスタのコンパレータ出力もしくは割り込み出力かを選択できます．コンパレータ出力を選ぶとスタンド・アローンで動作するサーモスタットとして使用できます．OS端子を使う場合，オープン・ドレインなので外部にプルアップ抵抗が必要です．

図14-2に，ピン配置を示します．超小型のTSOP6も用意されていますが，I²Cのアドレス設定端子が一つなので，同一バスには3個までしか接続できません．

電気的特性

表14-1に，おもな電気的特性を示します．温度の変換時間は，28msで変換周期は，0.1s〜3.2sです．したがって，平均消費電流は，125μA（標準）と低い値です．測定温度精度は，±1℃（−25℃〜+100℃間で最大）なので，校正なしに使用することができます．

SDAラインを，25ms（最小）以上LOWにしておくと，PCT2075はリセットされ，SMBusはアイドル状態になります．その後のSMBusのデータ通信は，STARTコンディションから始める必要があります．このことにより，バス競合などによるPCT2075のハ

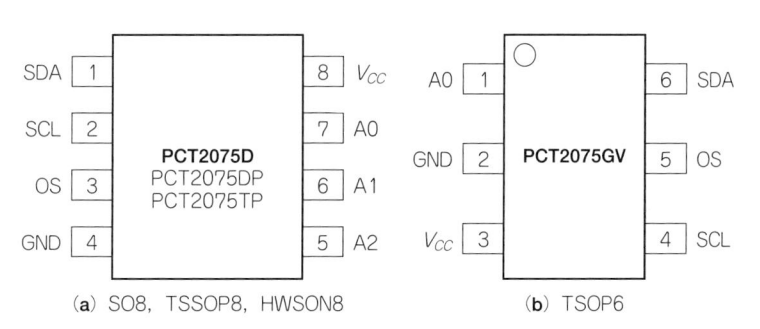

図14-2
PCT2075のピン配置　　（a）SO8, TSSOP8, HWSON8　　（b）TSOP6

表14-1　PCT2075のおもな電気的特性

項目	記号	規格値 最小	規格値 標準	規格値 最大	単位	条件
電源電圧	V_{cc}	2.7		5.5	V	
平均消費電流	$I_{DD(AV)}$		125	300	μA	通常動作，f_{SCL} = 0Hz
			200	400		通常動作，f_{SCL} = 1MHz
			<0.1			シャット・ダウン時，Tamb = 25℃
接合温度	T_j			150	℃	
測定温度精度	T_{acc}	−1		+1	℃	−25℃〜+100℃
		−2		+2		−55℃〜+125℃
測定温度分解能	T_{res}		0.125		℃	11ビット分解能時
温度変換時間	$T_{conv(T)}$		28		ms	ノーマル・モード
温度変換周期	T_{conv}	0.1		3.2	s	ノーマル・モード
過温度シャットダウン温度	$T_{th(ots)}$		80		℃	デフォルト値
ヒステリシス温度	T_{hys}		75		℃	デフォルト値
SCLクロック周波数	f_{SCL}	20		1000	kHz	Fastモード+
SMBusタイムアウト時間	t_{to}	25		35	ms	

ングアップを防止できます．

機能説明

● I²C アドレス

アドレス設定端子は，A0 〜 A2 の 3 端子ですが，GND，V_{CC} 以外にフローティングが可能なので，1 端子辺り，三つの状態を設定できます．したがって，3×3×3 = 27 個のアドレスを設定できます．設定可能アドレスは，48h 〜 4Fh，70h 〜 77h，28h 〜 2Fh，35h 〜 37h（8bit アドレス；90h 〜 9Eh，E0h 〜 E7h，50h 〜 5Eh，6Ah 〜 6Eh）です．

A0 〜 A2 の状態は，電源 ON 時にラッチされ，それ以降は，低消費電流化のため切り離されます．

●レジスタ

表 14-2 に，レジスタ・マップを示します．これらは，スレーブ・アドレスの後に送るポインタ・レジスタの Bit[2:0] で，レジスタ・アドレスを設定します．温度関連のレジスタは，16 ビット長なので，読み書きは，2 バイト単位で行います．

Temperature レジスタ(0h)

読み込み専用レジスタで，A - D 変換された温度データが格納されています．温度データは，11 ビット長で，最小単位は，0.125℃です．MSByte（Most Significant Byte），LSByte（Least Significant Byte）の順で読み出せます．

図 14-3 に，温度の表現を示します．A - D 変換長の 11 ビットで処理する場合は，得られたデータに，0.125 を掛けます．いっぽう，図では整数部分である MSByte，小数部である LSByte という形にしてあります．A - D 変換値が負の場合，2 の補数形式となります．16bit 変数とする場合，最終的に 256 で割り，0.125℃単位とします．

Configuration レジスタ(1h)

図 14-4 に，Configuration レジスタの内容を示します．OS_F_QUE（Bit[4:3]）は，図 14-5 に示す $T_{th(ots)}$，T_{hys} 近傍時に雑音などで発生する fault 列の数を設定します．この値を大きくすることにより，雑音の影響を少なくでき，判定の精度が向上します．OS_POL（Bit2）は，OS 端子の出力をアクティブ・ローにするかアクティブ・ハイにするか設定します．

OS_COMP_INT（Bit1）は，OS 端子の出力がコンパレータか割り込みかを選択します．図 14-5 に OS 出力と設定温度の関係を示します．後述する，$T_{th(ots)}$，T_{hys} と，二つの設定温度でヒステリシス動作をします．コンパレータ動作を選択した場合，サーモスタットと同じ動作が得られ，OS リセット時にヒータを ON，OS アクティブ時にヒータを OFF というような

表 14-2 PCT2075 のレジスタ・マップ

アドレス	レジスタ	型	初期値
00h	Temp	R/W	00h
01h	C_{onf}	R	xxxxh
02h	T_{hyst}	R/W	4B00h (75℃)
03h	T_{os}	R/W	5000h (80℃)
04h	T_{idle}	R/W	00h

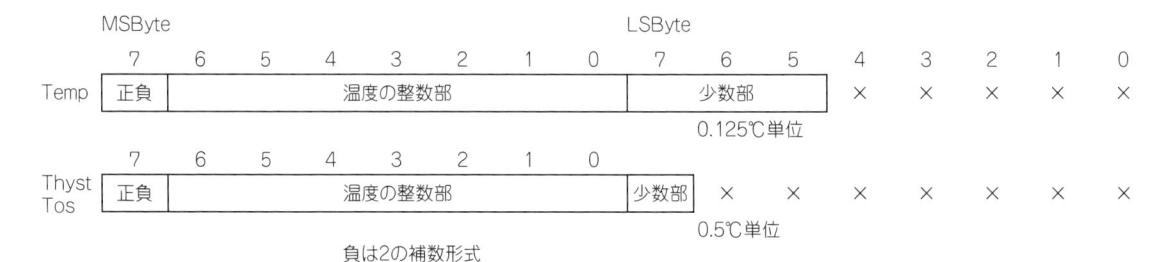

図 14-3 温度の表現

図 14-4 コンフィグレーション・レジスタの内容

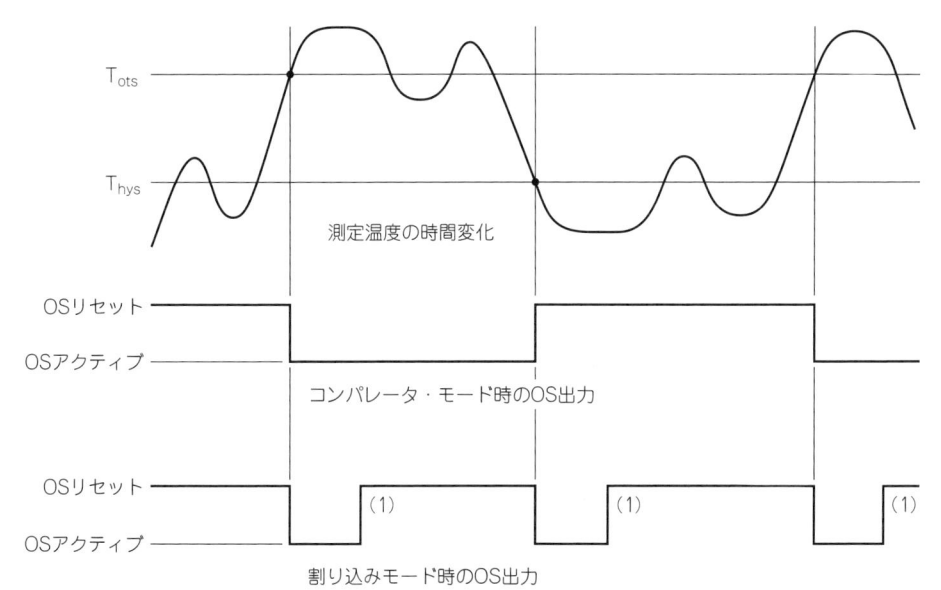

図 14-5
OS 出力と測定温度
の関係

(1) OS出力は，レジスタ読込みかシャットダウンモードになった時にリセットされる

形で使えば，温度調整ができます．

割り込みモードを設定した場合，$T_{th(ots)}$，T_{hys} と二つの設定温度で，OSアクティブという割り込み信号が出ます．OSアクティブは，Tempレジスタを読み出すか，ICがシャットダウン・モードになったときにリセットされます．

SHUTDOWN(Bit0)は，デバイスの動作モードを，通常かシャット・ダウンかを選択できます．シャット・ダウンを選択すると，デバイスは低消費電流モードとなり，消費電流は，$1\mu A$ 以下となります．

Hysteresis レジスタ(2h)
Overtemperature shutdown threshold レジスタ(3h)

温度設定レジスタとも呼ばれます．ユーザが最高温度などを設定したい場合などに使います．温度がA-D変換された後に，この二つのレジスタ値と比較されます．その結果は，図14-5に示すように，OS端子に反映されます．

図14-3に温度の表現方法を示します．Tempと異なるのは，データ長が9ビットで小数部のビットが一つになります．したがって，単位は0.5℃となります．

Tidle レジスタ(4h)

温度測定は，低消費電流化のために周期的に行われます．温度測定時消費電流は，$70\mu A$ に増えます．周囲温度が緩やかに変化する場合，温度測定を頻繁に行う必要はありません．そこで本レジスタで測定終了後のアイドル時間を設定することにより，さらなる低消費電流化を図れます．

設定値は5ビット長で，TIDLE[4:0] となります．単位は0.1秒なので，測定周期は，0.1s ～ 3.1sとなります．ただし，"00000" = "00001" と解釈されます．"00001"がデフォルト値なので，その場合温度測定周期は，100msとなります．温度測定に28msかかるので，アイドル時間は，100 − 28 = 72msとなります．

回　路

● 変換基板

評価回路を，図14-6に，外観を，写真14-1に示します．基板の番号は，1Aです．基板上に，SDA，SCLのプルアップ抵抗を実装することもできます．OS端子の機能を使う場合，外部にプルアップ抵抗が必要です．OS端子のプルアップ抵抗は，OS端子に流入する電流による発熱の影響を極力少なくするために，200kΩまでの極力大きな値にします．

基本的な使い方の例

図14-7に，実行結果を示します．T_{idle} の設定を，0と31にし，急激な温度上昇の変化を与えた場合を試しました．

$T_{idle} = 0$ の場合，0.1秒周期の測定，1秒周期の表示と，測定周期の方が短いので，表示毎に測定温度は更新されています．いっぽう，$T_{idle} = 31$ の場合，3.1秒周期の測定，1秒周期の表示と測定周期の方が長いので，約3回に1回測定データが更新されています．

リスト14-1に，サンプル・プログラムを示します．

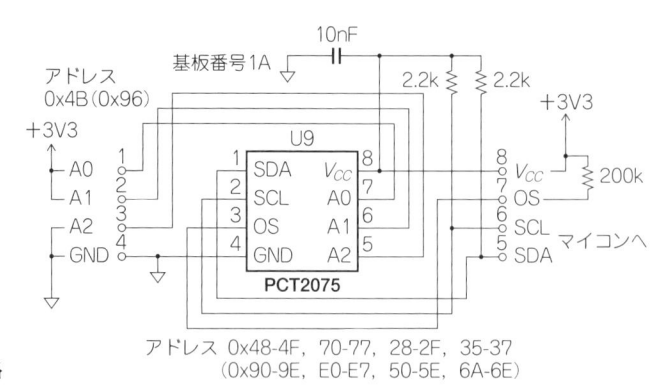

図 14-6
PCT2075 変換基板の回路

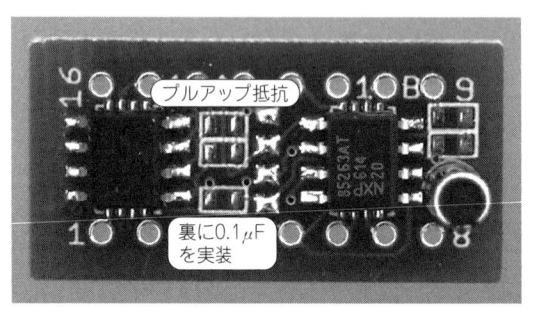

写真 14-1 変換基板の外観

図 14-7 サンプル実行画面

リスト 14-1 PCT2075 のサンプル・プログラム

```
    cmd[0] = Tidle;
    cmd[1] = 0x1f;
//    cmd[1] = 0x0;
    i2c.write(PCT2075_ADDR, cmd, 2);          // Tidle = 0x1f = 3.1s ……①
    pc.printf("Tidle = %2d\r\n", cmd[1]); ……②

    while(1)
    {
        cmd[0] = Temp; ……③
        i2c.write(PCT2075_ADDR, cmd, 1, true);  // pointer = Temp ……④
        i2c.read(PCT2075_ADDR, cmd, 2);         // Read Temp register ……⑤
        T = (cmd[0]<<8) | cmd[1];               // calculate temperature ……⑥
        pc.printf("%.2f ℃\r\n", T / 256.0); ……⑦
        wait(1.0); ……⑧
    }
```

① T_{idle} を設定します．ポインタ・レジスタは cmd[0] に，設定値は cmd[1] に格納し，PCT2075 に書き込みます．T_{idle} の設定値は②で表示します．

③ポインタ・レジスタとして，Temp を cmd[0] に設定します．④cmd[0] を PCT2075 に書き込めば，ポインタ・レジスタに Temp が設定されます．⑤Temp レジスタから 2 バイト分読み込みます．⑥温度を計算します．見てわかるように，T は 16 ビット変数となっています．これを 0.125℃単位とするために⑦の表示時に T を 256 で割ります．

⑧1 秒間待ち，あとは③〜⑧を繰り返します．

OS 端子の動作を見たい場合は，T_{os} に 30℃(1E00h)，T_{hyst} に 28℃(1C00h)を設定し，指を IC に押しつければ，容易に 30℃以上にできるので試すことができます．

第15章
モータ・コントローラ PCA9629APW

Fm+．ステッピング・モータ・コントローラ．0.3pps～333.3kpps まで±3%の精度でパルスを発生できる．1相，2相，1-2相励磁をサポート．ドライバを直接制御するバイパス・モード．

PCA9629A は，NXP 社の I²C バス・インターフェースの，4相ステッピング・モータ制御用 IC です．モータ制御に必要なすべてのロジックを有し，低消費電力です．モータのコイルを駆動するためには，外部に大電流ドライバが必要です．三つの駆動方式；1相，2相，1-2相（ハーフ・ステップ）に対応します．四つの GPIO(General Purpose Input/Outputs)を入力として用いた場合，光学インタラプト・モジュールからのロジック・レベルを検出でき，$\overline{INT}$ 端子に割り込み出力を出すことができます．これにより，モータ・シャフトの原点，もしくはステップ・パルスの基準などを検出することができます．割り込みを使用すれば，モータの自動停止，再起動，ステップの追加，回転方向の逆転などをプログラミングできます．

モータの駆動パルス列は，コントロール・レジスタでプログラミングできます．例えば，ステップ幅，一つのコマンドによるステップ数，1～255 の動作もしくは連続回転，回転方向です．モータを停止することなしに，新速度，新動作で再起動できます．起動時のランプ・アップ，停止時のランプ・ダウンのカーブも，リアルタイムで変更可能です．

特 徴

PCA9629A の，おもな特徴を以下に示します．

- CPU の負担増なしに 4相ステップ・モータ用駆動信号を発生可能
- 四つのプシュプル出力は，吸い込み，掃き出しとも，25mA で，外部大電流ドライバの切れ目ない駆動が可能です．
  1000pF の負荷まで立ち上り，立下りとも 100ns です．
- 1MHz の発振回路を内蔵しているので，外部部品は不要です
- 三つの駆動方式；1相，2相，1-2相（ハーフ・ステップ）
- ステップ・レイトは，0.3pps～333.3kpps，精度は±3%
- 起動時のランプ・アップ，停止時のランプ・ダウンをプログラム可
- ランプ・レイト・カーブのランプ・アップ，ランプ・ダウンをリアルタイムにプログラム可
- 動作中のモータの新スピードへの再起動プログラムが可能
- モータ動作の複数回(1～255)，もしくは連続動作にプログラム可能
- 逆転時のループ遅延タイマのプログラム可能
- モータ・シャフトの最終状態維持，パワー ON，パワー・OFF，リリース状態の選択が可能
- ステップ・カウンタは，32 ビット長
- 割り込みの特徴
  オープン・ドレインで，アクティブ・ロー
  ウオッチドッグ・タイマにより，割り込み発生，デバイス・リセット，モータ停止が可能
  モータ停止割り込み可能
  GPIO 端子のセンサからの信号でのドライブ制御
  入力ソースの割り込みマスクのプログラム可能
- 四つのドライバ出力：OUT0～OUT3
  モータ停止時に最終ステップ状態の読み込みが可能
  モータ停止時にすべての出力をゼロにするタイムアウト・タイマのプログラム可能
  25mA の汎用出力として使用可能
- 四つの汎用 I/O：P0～P3
  フォト・トランジスタからの割り込み可能
  P0，P1 入力のスパイク，ノイズ低減のためのフィルタ・タイマのプログラム可能
  25mA の汎用出力
- 動作電圧；4.5～5.5V
- I²C バス・クロックは 1MHz(FAST モード+)

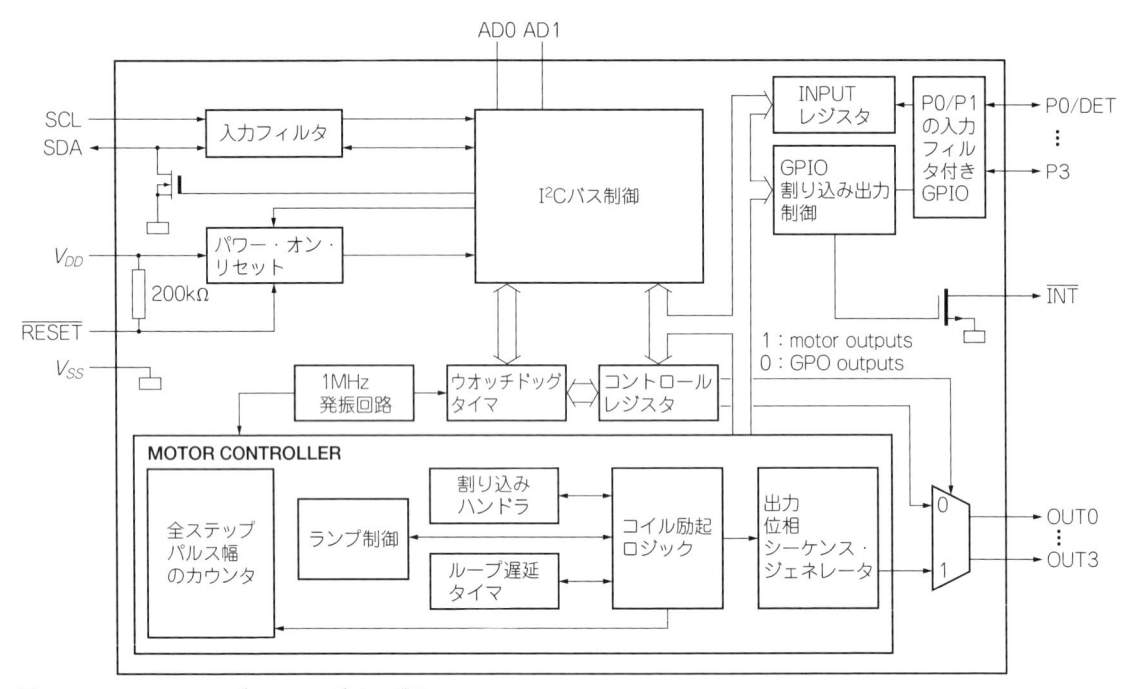

図15-1 PCA9629Aのブロック・ダイアグラム

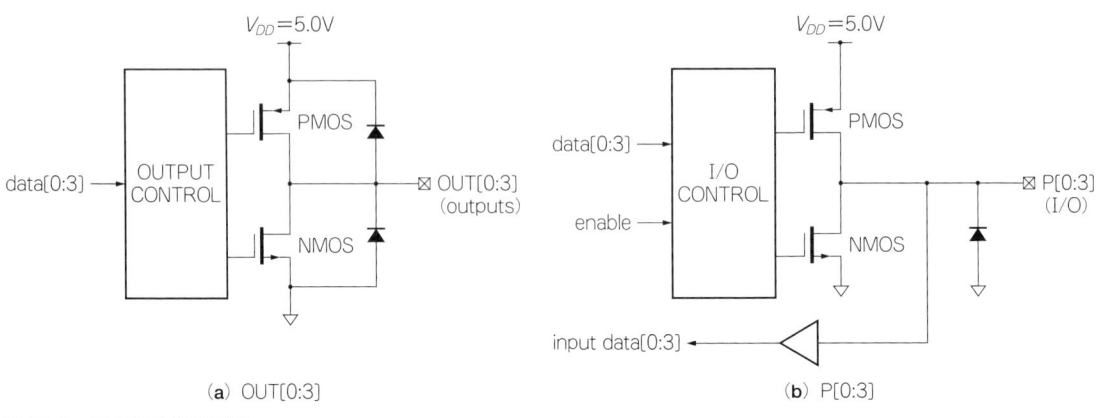

(a) OUT[0:3]

(b) P[0:3]

図15-2 出力部の等価回路

に対応
- SDAの駆動能力は30mA
- アクティブ・ロー・リセット端子により初期状態に復帰可能
- オール・コール・アドレスにより複数のデバイスを同一パラメータを同時に設定可能
- AD0，AD1端子により16個のスレーブ・アドレスに設定可能
- パッケージ；TSSOP16

ブロック・ダイアグラム

図15-1に，ブロック・ダイアグラムを示します．リセット端子は，200kΩでプルアップされています．1MHzの発振回路を内蔵しているので，必要な外部部品はパスコンだけです．AD0，AD1の二つのアドレス設定端子により，16個のI²Cスレーブ・アドレスが設定可能です．

図15-2は，出力部の等価回路です．OUT[0:3]は，汎用出力ポートとして使うことができますが，入力用ゲート回路はないので端子状態を直接モニタすること

表15-1 PCA9629Aのおもな電気的特性

項 目	記号	規格値 最小	規格値 標準	規格値 最大	単位	条 件
電源電圧	V_{DD}	4.5		5.5	V	
消費電流	I_{DD}		6	10	mA	V_{DD} = 5.5V，f_{SCL} = 1MHz
スタンバイ電流	I_{stb}		600	800	μA	V_{DD} = 5.5V，f_{SCL} = 0Hz，OSC off
POR電圧	V_{POR}		2.3		V	
LOWレベル出力電流	I_{OL}	20	22		mA	V_{OL} = 0.4V；V_{DD} = 4.5V　OUT0-3
		25	28			V_{OL} = 0.5V；V_{DD} = 4.5V　OUT0-3
全LOWレベル出力電流	$I_{OL(tot)}$			120	mA	V_{OL} = 0.5V；V_{DD} = 4.5V　OUT0-3
HIGHレベル出力電圧	V_{OH}	4			V	I_{OH} = -10mA；V_{DD} = 4.5V　OUT0-3
LOWレベル出力電流	I_{OL}	25	28		mA	V_{OL} = 0.5V；V_{DD} = 4.5V　P0-3
全LOWレベル出力電流	$I_{OL(tot)}$			120	mA	V_{OL} = 0.5V；V_{DD} = 4.5V　P0-3
HIGHレベル出力電圧	V_{OH}	4			V	I_{OH} = -10mA；V_{DD} = 4.5V　P0-3
LOWレベル出力電流	I_{OL}	24	28		mA	V_{OL} = 0.5V；V_{DD} = 4.5V　INT出力
HIGHレベル入力電圧	V_{IH}	$0.7V_{DD}$		5.5	V	SCL，SDA入力
LOWレベル出力電流	I_{OL}	30	40		mA	V_{OL} = 0.5V；V_{DD} = 5.0V　SDA出力
SCLクロック周波数	f_{SCL}	0		1	MHz	Fastモード+

はできません．

電気的特性

表15-1に，おもな電気的特性を示します．電源電圧の最小が，4.5Vなので，3.3V系のマイコンで制御する場合は，注意が必要です．SDA，SCL端子のHIGHレベル入力電圧の最小値は，$0.7V_{DD}$なので，V_{DD} = 5Vで動作させた場合，3.5Vとなり，3.3V系マイコンで制御することはできません．その場合は，付録のレベル変換用IC，PCA9517ADPを使ってロジック・レベル3.3Vを5Vに変換してください．

機能説明

● I²Cアドレス

アドレス設定端子は，AD0，AD1の2端子ですが，各端子を，GND，V_{DD}，SCL，SDAと四つの状態とできるので，20h～2Fh（8ビット・アドレス；40h～5Eh）に設定可能です（詳細は，データシート参照）．

● レジスタ

表15-2に，レジスタ・マップを示します．これらはスレーブ・アドレスの後に送る，図15-3に示すコマンド・レジスタでレジスタ番号を設定します．MSBのAI(Auto-Increment Flag)を，1に設定すると1バイトのデータを転送するごとに，レジスタ番号は1ずつ増えていくので，多バイトを一気に転送することができます．

モード・レジスタ(00h)MODE

モード・レジスタを，表15-3に示します．

▶ 低消費スリープ・モード(bit6)

パワーON時は，bit6 = 0で，通常動作モードです．"1"を書き込むと低消費スリープ・モードになりますが，モータが動作中は，"1"を書き込んでも無視されます．スリープ時は，モータ出力端子はLOW，GPIO端子は高インピーダンスの入力，割り込みはすべて無視されます．ただし，レジスタの読み書きはできます．

▶ STOPによる出力変化(bit4)

複数のPCA9629Aを同期して使いたい場合は，"0"とします．すべてのレジスタを設定後，STOPを発行すると，数μsの差ですべてのPCA9629Aがモータを制御します．OUT0～3の出力だけ有効で，P0～P3には有効ではありません．

ウオッチドッグ・タイムアウト・インターバル・レジスタ(01h)WDTOI

ホストなどの予期しない不具合で，システムが停止した場合，このレジスタで設定した時間経過後（単位は秒で1～255（デフォルト）sの設定が可），INT端子の割り込みにより，ホストに異常を知らせます．動作モードの設定により，PCA9629Aのリセット，モータの停止も可能です．

このインターバル・タイマをリセットするためには，PCA9629Aに，[START＋スレーブ・アドレス＋START]，もしくは，[START＋スレーブ・アドレス＋STOP]を発行します．

ウオッチドッグ・タイマを使いたい場合以下のようにします．

① 本WDTOIレジスタで，タイムアウト時間を設定

表15-2 PCA9629Aのレジスタ・マップ

アドレス	名前	型	機能
0h	MODE	R/W	モード・レジスタ
1h	WDTOI	R/W	ウオッチドッグタイムアウトインターバル
2h	WDTCNTL	R/W	ウオッチドッグコントロール
3h	IO_CFG	R/W	I/Oコンフィグレーション
4h	INTMODE	R/W	割り込みモード
5h	MSK	R/W	割り込みマスク
6h	INTSTAT	R/W	割り込みステータス
7h	IP	R/W	入力ポート
8h	INT_MTR_ACT	R/W	割り込みモータ動作コントロール
9h	EXTRASTEP0	R/W	INTP0のエクストラステップカウント数
0Ah	EXTRASTEP1	R/W	INTP1のエクストラステップカウント数
0Bh	OP_CFG_PHS	R/W	出力ポートコンフィグレーションと位相制御
0Ch	OP_STAT_TO	R/W	出力ポートステートとタイムアウト制御
0Dh	RUCNTL	R/W	ランプアップ制御
0Eh	RDCNTL	R/W	ランプダウン制御
0Fh	PMA	R/W	アクション・コントロールの倍数
10h	LOOPDLY_CW	R/W	CWからCCW反転時のループ遅延時間
11h	LOOPDLY_CCW	R/W	CCWからCW反転時のループ遅延時間
12h	CWSCOUNTL	R/W	CWステップ数の下位バイト
13h	CWSCOUNTH	R/W	CWステップ数の上位バイト
14h	CCWSCOUNTL	R/W	CCWステップ数の下位バイト
15h	CCWSCOUNTH	R/W	CCWステップ数の上位バイト
16h	CWPWL	R/W	CW時のステップ・パルス幅の下位バイト
17h	CWPWH	R/W	CW時のステップ・パルス幅の上位バイト
18h	CCWPWL	R/W	CCW時のステップ・パルス幅の下位バイト
19h	CCWPWH	R/W	CCW時のステップ・パルス幅の上位バイト
1Ah	MCNTL	R/W	モータのスタート/ストップと回転方向
1Bh	SUBADR1	R/W	I²Cサブアドレス1
1Ch	SUBADR2	R/W	I²Cサブアドレス2
1Dh	SUBADR3	R/W	I²Cサブアドレス3
1Eh	ALLCALLADR	R/W	全LEDコールアドレス
1Fh	STEPCOUNT0	R	ステップ・カウンタ・バイト0
20h	STEPCOUNT1	R	ステップ・カウンタ・バイト1
21h	STEPCOUNT2	R	ステップ・カウンタ・バイト2
22h	STEPCOUNT3	R	ステップ・カウンタ・バイト3

```
AI  —   D5  D4  D3  D2  D1  Dφ
 1   φ   φ   φ   φ   φ   φ   φ
 |       ─────────────────────
 φ          レジスタ番号 φh〜22h
```

1* オート・インクリメント

図15-3 コマンド・レジスタ

表15-3 MODEレジスタの内容(00h)

Bit	アクセス	値	内容
7	—	0*	使用していない
6	R/W	0*	通常動作
		1	低消費スリープ・モード，発振回路停止
5	R/W	0*	INT出力許可
		1	INT出力禁止
4	R/W	0*	I²CバスSTOP状態で出力が変化
		1	I²CバスACK状態で出力が変化
3	R/W	0	サブアドレス1に応答しない
		1*	サブアドレス1に応答する
2	R/W	0*	サブアドレス2に応答しない
		1	サブアドレス2に応答する
1	R/W	0*	サブアドレス3に応答しない
		1	サブアドレス3に応答する
0	R/W	0	All Call I²Cアドレスに応答しない
		1*	All Call I²Cアドレスに応答する

*デフォルト

② WDCNTLレジスタのbit[2:1]で，動作モードを設定
③ INTSTATレジスタの，WDINTビットをクリア
④ WDCNTLレジスタの，bit0(WDENビット)で動作開始
⑤ WDTOIがタイムアウトする前に，ホストは周期的にPCA9629Aのアドレスにアクセス
⑥ 必要ならINTSTATレジスタの，WDINTビット(bit5)でチェック

ウオッチドッグ・コントロール・レジスタ(02h) WDCNTL

ウオッチドッグ・コントロール・レジスタの概要を，**表15-4**に示します．WDENビットでウオッチドッグを許可する前に，INTSTATレジスタのWDINTビットがセットされていたら，クリアしておく必要があります．

I/Oコンフィギュレーション・レジスタ(03h) IO_CFG

I/Oコンフィギュレーション・レジスタの概要を，**表15-5**に示します．入力端子に設定した場合，高インピーダンス入力となります．

割り込みモード・レジスタ(04h) INTMODE

割り込みモード・レジスタの概要を，**表15-6**に示

表 15-4　WDCNTL レジスタの内容 (02h)

Bit	アクセス	値	内容
7:3	R	0*	予約
2:1	R/W	00*	WDMOD：ウオッチドッグ割り込みだけ
		01	WDMOD：ウオッチドッグ割り込みとリセット
		10	WDMOD：ウオッチドッグ割り込みとモータ停止
		11	
0	R/W	0*	WDEN：ウオッチドッグ禁止
		1	WDEN：ウオッチドッグ許可

*デフォルト

表 15-6　INTMODE レジスタの内容 (04h)

Bit	アクセス	値	内容
7	-	0*	予約
6:4	R/W		P0, P1 の入力フィルタで除去されるスパイク, ノイズのパルス幅
		0	0s
		001*	500us
		010	1ms
		011	5ms
		100-111	10ms
3	R/W	0*	P3 の立上りで割り込み発生
		1	P3 の立下りで割り込み発生
2	R/W	0*	P2 の立上りで割り込み発生
		1	P2 の立下りで割り込み発生
1	R/W	0*	P1 の立上りで割り込み発生
		1	P1 の立下りで割り込み発生
0	R/W	0*	P0 の立上りで割り込み発生
		1	P0 の立下りで割り込み発生

*デフォルト

します．P0 ～ P3 で生じた割り込み状態は，ラッチされ INTSTAT の該当 bit がセットされます．割り込みを使わない入力端子は，MSK レジスタの該当ビットでマスクします．

マスク割り込みレジスタ (05h) MSK
　マスク割り込み・レジスタの概要を，**表 15-7** に示します．パワー ON 後は，すべての割り込み状態ラッチはクリア，フラグはクリア，マスク・ビットは，"1"（割り込み禁止）となっています．

割り込みステータス・レジスタ (06h) INTSTAT
　表 15-8 に示します．すべて読み込み専用です．

入力ポート・レジスタ (07h) IP
　Bit[3:0]=P[3:0] です．読み込み専用で，ポートの入出力設定関係なく，端子のロジック状態を取得できます．

割り込みによるモータ動作コントロール・レジスタ (08h) INT_MTR_ACT
　割り込みによるモータ動作コントロール・レジスタの概要を，**表 15-9** に示します．P0 と P1 の割り込み

表 15-5　IO_CFG レジスタの内容 (03h)

Bit	アクセス	値	内容
7:4	-	0000*	P[3:0] が出力設定の時, そのロジック・レベル
3	R/W	0	P3 は出力設定
		1*	P3 は入力設定
2	R/W	0	P2 は出力設定
		1*	P2 は入力設定
1	R/W	0	P1 は出力設定
		1*	P1 は入力設定
0	R/W	0	P0 は出力設定
		1*	P0 は入力設定

*デフォルト

表 15-7　MSK レジスタの内容 (05h)

Bit	アクセス	値	内容
7:5	-	000*	予約
4	R/W	0	モータ停止時の割り込み許可
		1*	モータ停止時の割り込み禁止
3	R/W	0	P3 の割り込み許可
		1*	P3 の割り込み禁止
2	R/W	0	P2 の割り込み許可
		1*	P2 の割り込み禁止
1	R/W	0	P1 の割り込み許可
		1*	P1 の割り込み禁止
0	R/W	0	P0 の割り込み許可
		1*	P0 の割り込み禁止

*デフォルト

表 15-8　INTSTAT レジスタの内容 (06h)

Bit	アクセス	値	内容
7:6	-	00*	予約
5	R	0*	WDINT ウオッチドッグ割り込みフラグ・クリア
		1	WDINT ウオッチドッグ割り込みフラグ・セット
4	R	0*	モータ停止割り込みフラグ・クリア
		1	モータ停止割り込みフラグ・セット
3	R	0*	INTP3 フラグ・クリア
		1	INTP3 フラグ・セット
2	R	0*	INTP2 フラグ・クリア
		1	INTP2 フラグ・セット
1	R	0*	INTP1 フラグ・クリア
		1	INTP1 フラグ・セット
0	R	0*	INTP0 フラグ・クリア
		1	INTP0 フラグ・セット

*デフォルト

を使い，以下のようにモータを制御できます．
　①モータの停止
　②モータの反転
　③速度，ランプレイトの変更のための再スタート
　④エクストラ・ステップの実行，停止，反転

表15-9 INT_MTR_ACT レジスタの内容(08h)

Bit	アクセス	値	内容
7:5	R/W	000*	P0割り込みでモータ停止
		001	P1割り込みでモータ停止
		010	P0, P1割り込みでモータ停止
		011	P0, P1割り込みでモータ反転
		100	P0割り込みでモータ再スタート
		101	P1割り込みでモータ再スタート
		110,111	P0, P1割り込みでモータ再起動
4:3	R/W	00*	INTP0, INTP1 禁止で自動的にINTをクリア
		01	INTP0が自動的にINTP1をクリアINTP1が自動的にINTP0をクリア
		10	INTP1が自動的にINTP0をクリア
		11	INTP0が自動的にINTP1をクリア
2:1	R	00*	予約
0	R/W	0*	割り込みによるモータ制御を禁止
		1	割り込みによるモータ制御を許可

*デフォルト

表15-11 OP_STAT_TO レジスタの内容(0Ch)

Bit	アクセス	値	内容
7:5	R/W		モータ停止後,設定時間でOUT[3:0]=ロジック0
		000*	タイムアウト・タイマは禁止
		001	12ms
		010	28ms
		011	60ms
		100	124ms
		101	252ms
		110	508ms
		111	1020ms
4	R/W	0*	予約
3:2	R/W	00*	CCW停止後OUT[3:0]=ロジック0(オフ)
		01	CCW停止後OUT[3:0]=HOLD(最終状態)
		10, 11	CCW停止後OUT[3:0]=ロジック1(オン)
1:0	R/W	00*	CW停止後OUT[3:0]=ロジック0(オフ)
		01	CW停止後OUT[3:0]=HOLD(最終状態)
		10, 11	CW停止後OUT[3:0]=ロジック1(オン)

*デフォルト

エクストラ・ステップ・カウンタ・レジスタ(09h, 0Ah)EXTRASTEPS0, 1

P0, P1割り込み発生時に実行されるステップ数を設定します.EXTRASTEPS0レジスタは,P0用,EXTRASTEPS1レジスタはP1用です.

出力端子コンフィギュレーションと位相制御レジスタ(0Bh)OP_CFG_PHS

出力端子コンフィギュレーションと位相制御レジス

表15-10 OP_CFG_PHS レジスタの内容(0Bh)

Bit	アクセス	値	内容
7:6	R/W	00*	1相励起ドライブ出力
		01	2相励起ドライブ出力
		10, 11	1-2相(ハーフ・ステップ)励起ドライブ出力
5	-	0*	予約
4	R/W	0	OUT[3:0]を汎用出力に設定
		1*	OUT[3:0]をモータ・ドライブ出力に設定
3:0	R/W	0000*	Bit4=0;OUT[3:0]のロジック・レベルBit4=1;OUT[3:0]はモータ停止時のロジック・レベル(読込み専用)

*デフォルト

表15-12 PMA レジスタの内容(0Fh)

Bit	アクセス	値	内容
7:0	R/W	00h	MCNTLのbit[1:0]設定で連続動作
		01h*	MCNTLのbit[1:0]設定で1回動作
		02h-FFh	MCNTLのbit[1:0]設定で2〜255(FFh)回動作

*デフォルト

タの概要を,**表15-10**に示します.Bit4=0の場合,OUT[3:0]は汎用出力端子として使え,bit[3:0]で,OUT[3:0]のロジック・レベルを設定できます.Bit4=1の場合,OUT[3:0]はモータ出力端子で,bit[3:0]は読み込み専用でモータ停止時のOUT[3:0]のロジック・レベルを取得できます.

bit[7:6]でモータの励起モードを選択できます.

出力ステートとタイムアウト制御レジスタ(0Ch)OP_STAT_TO

出力ステートとタイムアウト制御レジスタの概要を,**表15-11**に示します.Bit[1:0]は,CW回転後モータの停止状態を,Bit[3:2]は,CCW回転後モータの停止状態を設定します.

Bit[7:5]は,モータ停止後起動されるタイムアウト時間を設定します.設定時間後OUT[3:0]は,ロジック0となり,モータの消費電力がゼロとなります.

複数回動作制御レジスタ(0Fh)PMA

複数回動作制御レジスタの概要を,**表15-12**に示します.PMA=0の場合,MCNTLレジスタ(後述)のbit[1:0]で設定された動作を連続的に行います.PMA=1〜255の場合,設定回数繰り返し動作します.

CWからCCW時のLoop遅延タイマ制御レジスタ(10h)LOOPDLY_CW

CCWからCW時のLoop遅延タイマ制御レジスタ

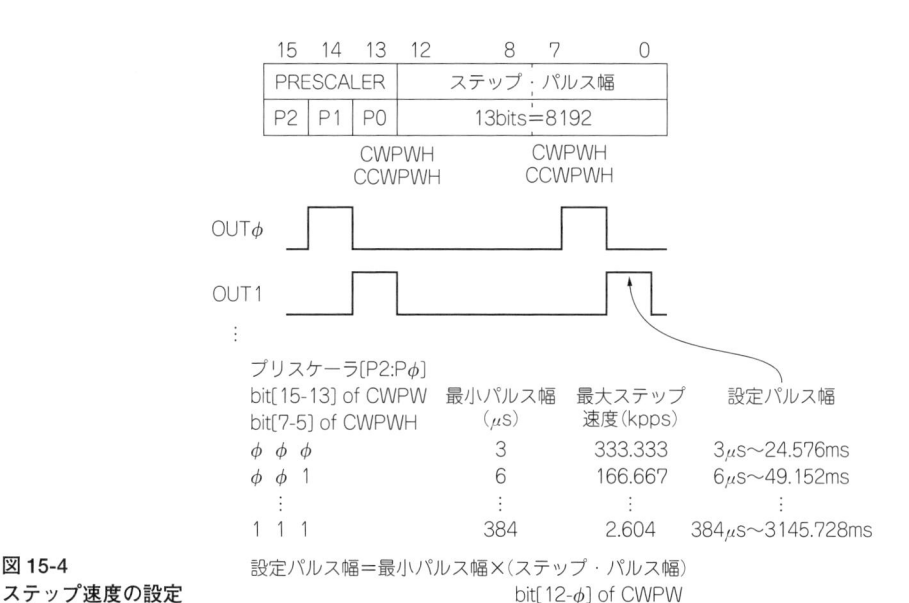

```
        15 14 13 12     8  7           0
        ┌─────────┬────────┬─────────────┐
        │PRESCALER│        │ステップ・パルス幅│
        ├──┬──┬──┤        │              │
        │P2│P1│P0│         │ 13bits=8192  │
        └──┴──┴──┴────────┴─────────────┘
            CWPWH          CWPWH
            CCWPWH         CCWPWH
```

図 15-4 ステップ速度の設定

プリスケーラ[P2:Pϕ]
bit[15-13] of CWPW
bit[7-5] of CWPWH

プリスケーラ	最小パルス幅 (μs)	最大ステップ速度 (kpps)	設定パルス幅
$\phi\ \phi\ \phi$	3	333.333	3μs～24.576ms
$\phi\ \phi\ 1$	6	166.667	6μs～49.152ms
⋮	⋮	⋮	⋮
1 1 1	384	2.604	384μs～3145.728ms

設定パルス幅＝最小パルス幅×(ステップ・パルス幅)
bit[12-ϕ] of CWPW

(11h) LOOPDLY_CCW

モータの回転方向反転時の遅延時間を設定します．

遅延時間 = 4ms × 設定値で，0 ～ 1.02s（精度 ±3%）まで設定できます．

時計方向回転ステップ数レジスタ（12h，13h）
CWSCOUNTL，CWSCOUNTH

反時計方向回転ステップ数レジスタ（14h，15h）
CCWSCOUNTL，CCWSCOUNTH

CWSCOUNT，CCWSCOUNT レジスタは，回転方向が違うだけで内容は同じです．

16ビット長のレジスタなので，LとHの2バイトで扱います．CWSCOUNTは，時計方向の動作させたいステップ数です．

時計方向回転ステップ・パルス幅レジスタ（16h，17h）CWPWL，CWPWH

反時計方向回転ステップ・パルス幅レジスタ（18h，19h）CCWPWL，CCWPWH

図 15-4 に，CWPWL，CWPWH レジスタの場合を示します．CCWPWL，CCWPWH レジスタは，回転方向が違うだけで内容は同じです．

16ビット長のレジスタなので，LとHの2バイトで扱います．上位3ビットはプリスケーラで最小ステップ・パルス幅を，3～384μs（1倍～128倍）に設定できます．ステップ・パルス幅の設定は，13bit長で最小ステップ・パルス幅に設定値＋1を掛けたものが実際のステップ・パルス幅となります．

ランプ・アップ制御レジスタ（0Dh）RUCNTL
ランプ・ダウン制御レジスタ（0Eh）RDCNTL

ランプ・アップ，ダウンの違いだけで同じ内容なので，RUCNTL レジスタだけを説明します．内容を，

表 15-13 RUCNTL レジスタの内容（0Dh）

Bit	アクセス	値	内容
7:6	R	00*	予約
5	R/W	0*	起動時にランプアップを禁止
		1	起動時にランプアップを許可
4	R/W	0*	新ランプアップ率設定後自己クリア
		1	ランプアップ率の変化を再許可[1]
3:0	R/W	0000*	ランプアップ・ステップの倍数[2]

*デフォルト
[1] Bit5 = 0の時，もしくはモータが最終（トップ）スピードの時影響なし
[2] 2 ^ 設定値 0000 = 1，0001 = 2…1101 = 8192 1110，1111は設定禁止

表 15-13 に示します．図 15-5 は，ランプ・アップ，ダウン動作の概要，表 15-14 は，ランプ動作時のパルス幅と増減時間です．

動作時のタイミングはすべて，図 15-4 で示したステップ速度設定用 CWPW/CCWPW[15:13] のプリスケーラ値が基本です．例えば，プリスケーラ値を，"001" とした場合，ランプ動作開始時の最初のパルス幅は，最長の 49.152ms となります．次のパルス幅は，最小増減時間 6μs×2^RUCNTL[3:0] = 6μs×16（[3:0]="0100" の場合）= 96μs なので，49.152ms － 0.096ms = 49.056ms となります．このように，96μs ずつパルス幅が小さくなっていき，CWPW/CCWPW で設定されたパルス幅に到達するとランプ・アップ動作は終了し，定常動作となります．

ランプ・ダウン動作はまったく逆で，パルス幅が大きくなっていき，98.304μs でランプ・ダウン動作は終了します．

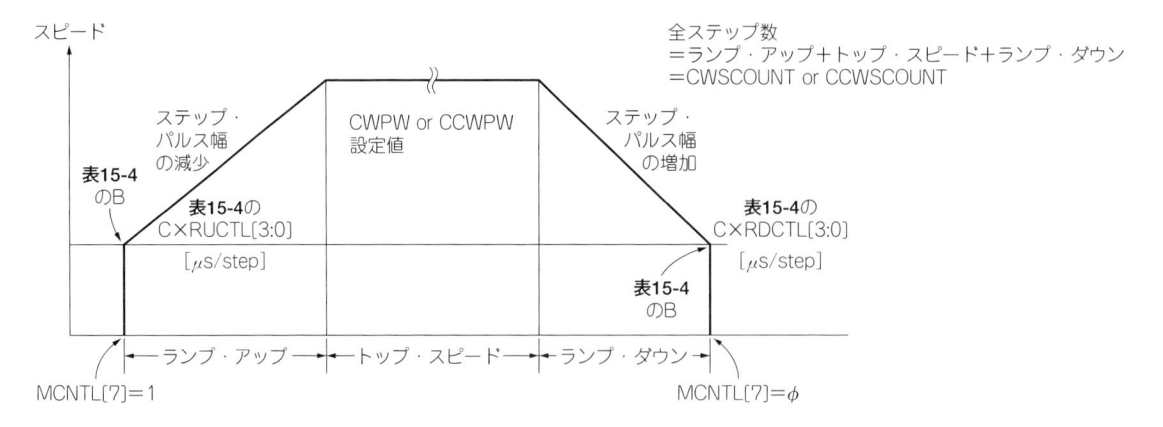

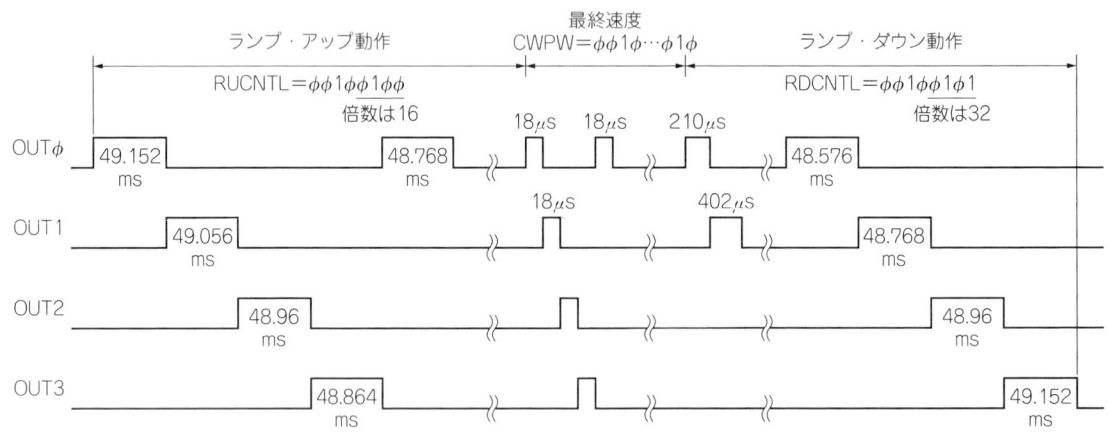

図15-5 ランプアップ，ダウンの操作の概図

表15-14 ランプ動作時のパルス幅と増減時間

プリスケーラ CWPW/CCWPW[15:13]A	ランプ開始/終了 ステップ幅B	最小増減時間C
000	24.576ms	3μs
001	49.152ms	6μs
010	98.304ms	12μs
011	196.608ms	24μs
100	393.216ms	48μs
101	786.432ms	96μs
110	1572.864ms	192μs
111	3145.728ms	384μs

モータ制御レジスタ(1Ah)MCNTL

モータ制御レジスタの概要を，**表15-15** に示します．モータ制御に必要な各パラメータを設定後，本レジスタでモータを実際に動作させます．

▶ モータのスタート，停止・モード(bit7)

モータの動作状態を示し，"1"＝動作中，"0"＝停止中となります．モータを回転させたい場合，"1"を書き込みます．動作終了後モータが停止すると，"0"にクリアされるので，モータ動作が終了したかを本ビットで確認できます．

bit7 = 1の状態では，後述するbit[1:0]は無視されます．

モータ停止後，各設定パラメータは更新されるので，bit7 = 1とすると同じ動作を繰り返すことができます．

モータ動作中に，bit7 = 0とすると，モータをいつでも停止することができます．

▶ モータの再スタート(bit6)

モータを停止することなしに速度などを変更できます．変更したいパラメータを設定後，bit[7:6]="11"とすると，新パラメータで再スタートします．新パラメータに変更された後，本ビットはクリアされます．

再スタートは設定ステップ数がまだ残っているときだけ有効で，CWSCOUNT/CCWSCOUNT，PMA，EXTRASTEPS0/EXTRASTEPS1 は変更されません．そして新パラメータ設定後，残りのステップ数だけ動作します．

設定変更可能なレジスタは，INT_MTR_ACT，LOOPDLY_CW/LOOPDLY_CCW，RUCNTL/RDCNTL，CWPW[12:0]/CCWPW[12:0] で，詳しくはデータシートを読んでください．

表 15-15 MCNTL レジスタの内容 (1Ah)

Bit	アクセス	値	内容
7	R/W	0*	モータ停止
		1	モータ起動
6	R/W	0*	新速度スタート実行後自己クリア
		1	新速度実行にモータを再スタート
5	R/W	0*	モータ停止後自己クリア，Bit7 = 0
		1	モータの緊急停止
4	W	0*	P0によるSTART(Bit7)無視を禁止
		1	P0によるSTART(Bit7)無視を許可
3	W		START(Bit7)無視のためP0極性を設定
		0*	LOW時にSTART(Bit7)無視
		1	HIGH時にSTART(Bit7)無視
2	R	0*	予約
1:0	R/W	0	時計周り(CW)に回転
		0	反時計周り(CCW)に回転
		0	最初に時計周り(CW)に回転，それから反時計周り(CCW)に回転
		1*	最初に反時計周り(CCW)に回転，それから最初に時計周り(CW)に回転

*デフォルト

▶ モータの緊急停止(bit5)

本 bit に，"1"を書き込むと，モータは緊急停止します．ランプ動作は無視されるので，ただちに停止したい場合に使います．ランプ動作を使って停止したい場合は，bit7 = 0 で停止してください．

▶ P0 による START(bit7)無視の許可，禁止(bit4)
▶ P0 の極性設定(bit3)

P0(ホーム位置を示す)の状態でモータのスタート/停止をしたい場合に使います．

bit7 = 0 のとき，bit7 = 1，bit[4:3] = "10"を書き込む

1. P0 が LOW のとき，bit7 は無視されモータは動作しない
2. P0 が HIGH のとき，モータは P0 が LOW になるまで動作する

bit7 = 0 のとき，bit7 = 1，bit[4:3] = "11"を書き込む

1. P0 が HIGH のとき，bit7 は無視されモータは動作しない
2. P0 が LOW のとき，モータは P0 が HIGH になるまで動作する

これらの動作を定期的に使うことにより，P0 の状態を監視しなくてもモータの位置をホーム位置にキープできます．

▶ CW/CCW の設定(bit[1:0])

モータの回転方向を設定します．

ステップ・カウンタ・レジスタ(1Fh-22h)STEPCOUNT [0:3]

32 ビット・カウンタなので，STEPCOUNT0 から連続的に 4 バイト読み出します．モータ・コイルの駆動パルスを計数するカウンタです．読み出し後，オーバ・フロー後，リセット後に 0 にクリアされます．

回 路

● 変換基板

図 15-6 に評価回路を，外観を写真 15-1 に示します．基板の番号は，2A です．SDA, SCL のプルアップ抵抗を基板上に実装することもできます．

気軽に評価したいので，モータ・ドライバ，モータは接続せず，OUT[3:0]には LED を接続しました．LED の点滅とモータの回転は容易に連想できるので，評価は十分できます．

P0, P1 割り込みを評価したい場合は，プルアップ抵抗とスイッチ，もしくはフォト・インタラプト・センサなどを接続してください．RESET 端子は内部で

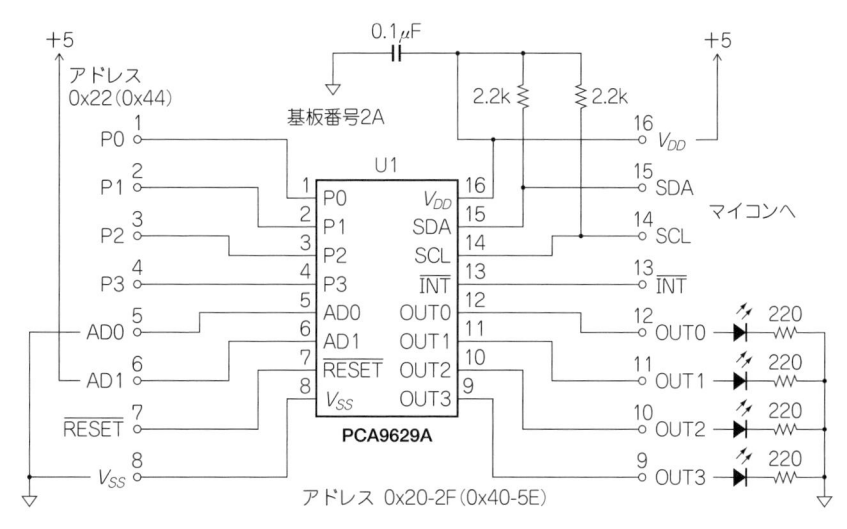

図 15-6
PCA9629A 変換基板の回路

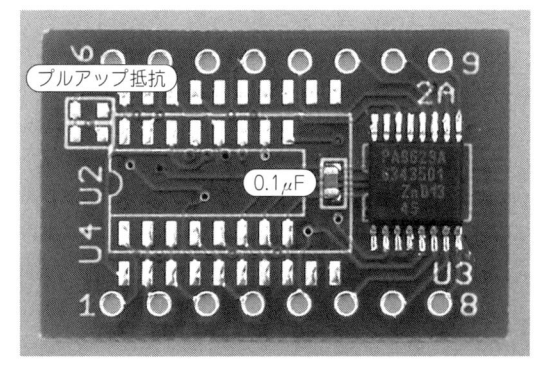

写真 15-1 変換基板の外観

プルアップされているので，開放状態で動作します．
　電源電圧は，5V なので，3.3V 系マイコンで使う場合，SDA，SCL のロジック電圧の変換が必要です．付録の，PCA9517ADP，PCA9546A などを使ってください．

基本的な使い方の例

　サンプル・プログラムを実行すると「CW->CCW .. 1，Ramp .. 2，Phase .. 3 ?」と表示されるので，希望の数字を入力します．

● CW->CCW

　時計方向側に，98.304ms のパルス幅で 256 ステップ，反時計方向側に，49.152ms のパルス幅で 128 ステップ回転します．

● Ramp

　時計方向側に，6.144ms/step でランプ・アップ，12.288ms の最終速度，12.288ms/step でランプ・ダウン，320 ステップ回転します．

● Phase

　「1相 .. 1，2相 .. 2，1-2相 .. 3 ?」と表示されるので，希望の励磁方法を選択します．時計方向側に，196.6ms

のパルス幅で，64 ステップ指定の励磁方法で回転します．
　CW → CCW のサンプル・プログラムを，リスト 15-1 に示します．基本的な使い方は同じなので，他は PCA9629A.cpp を参考にしてください．

①MODE レジスタで Normal 設定し，動作できるようにします．
②OP_CFG_PHS レジスタによる励磁方法と出力端子の設定で，ここでは 1 相励磁，OUT はモータ・ドライブ設定とします．
③の CWPWL レジスタ，④の CCWPWL レジスタで，両回転方向におけるパルス幅を設定します．プリスケーラを 3 としたので，最小パルス幅は 24μs となります．したがって，時計方向パルス幅は，24μs×4096 = 98.304ms，反時計方向パルス幅は，24μs×2048 = 49.152ms となります．今回は負荷として LED を使ったので，パルス幅は動作が見やすいように大きくしています．実際にステッピング・モータを駆動する場合，シャフトの回転で動作確認できるので，パルス幅をもっと小さくしてください．
⑤CWSCOUNTL レジスタ，⑥の CCWSCOUNTL レジスタで，両回転方向における駆動パルス数を設定します．ここでは，時計方向パルス数は 256 ステップ，反時計方向パルス数は 128 ステップとしました．
⑦PMA レジスタで試行回数を，1 回に設定します．したがって，CW を 256 ステップ，CCW を 128 ステップ動作したのち，LED の明滅（モータ）は停止します．
⑧MCNTL レジスタで CW → CCW 設定で動作開始とすれば，OUT 出力は設定どおりに変化します．
⑨駆動されたステップ数を STEPCOUNT0 レジスタで取得します．
⑩⑨の値が 0，すなわちモータが停止したら，while ループから抜けます．なお，INTSTAT レジスタの，Motor Stop フラグでモータの停止を検出してもよいでしょう．

リスト 15-1　PCA9629A のサンプル・プログラム(CW → CCW)

```
pc.printf("CW->CCW Sample Start\r\n");

cmd[0] = MODE;
cmd[1] = 0x0;              // Normal ……①
i2c.write(PCA9629A_ADDR, cmd, 2);

cmd[0] = OP_CFG_PHS;
cmd[1] = 0x10;             // 1Phase, OUT[3:0]= motor drv ……②
i2c.write(PCA9629A_ADDR, cmd, 2);

cmd[0] = CWPWL + 0x80;     // Auto Increment
cmd[1] = 0x0;              // 24us * 4096 = 98.304ms ……③
cmd[2] = (0x3 << 5) + 0x10;    // Prescaler = 3
i2c.write(PCA9629A_ADDR, cmd, 3);

cmd[0] = CCWPWL + 0x80;    // Auto Increment
cmd[1] = 0x0;              // 24us * 2048 = 49.152ms ……④
cmd[2] = (0x3 << 5) + 0x8;     // Prescaler = 3
i2c.write(PCA9629A_ADDR, cmd, 3);

cmd[0] = CWSCOUNTL + 0x80;  // Auto Increment
cmd[1] = 0x00;             // 256 steps ……⑤
cmd[2] = 0x1;              //
i2c.write(PCA9629A_ADDR, cmd, 3);

cmd[0] = CCWSCOUNTL + 0x80;
cmd[1] = 0x80;             // 128 steps ……⑥
cmd[2] = 0x0;              //
i2c.write(PCA9629A_ADDR, cmd, 3);
cmd[0] = PMA;
cmd[1] = 2;                // One time ……⑦
i2c.write(PCA9629A_ADDR, cmd, 2);

cmd[0] = MCNTL;
cmd[1] = 0x80 + 0x2;       // Start, CW->CCW ……⑧
i2c.write(PCA9629A_ADDR, cmd, 2);

while(1)
{
    wait(1);
    cmd[0] = 0x80 + STEPCOUNT0; ……⑨
    i2c.write(PCA9629A_ADDR, cmd, 1, true);
    i2c.read(PCA9629A_ADDR, cmd, 4);    // STEPCOUNT 4byteを読み込み
    dum = cmd[0] + (cmd[1] << 8) + (cmd[2] << 16) + (cmd[3] << 24);
    if (dum == 0) break;       ……⑩
}
pc.printf("CW->CCW Sample End\r\n");
```

第16章
マルチプレクサ PCA9541AD/01

二つの I²C バス・マスタを接続し，一つのスレーブ・デバイスに接続するマスタ・セレクタ．メンテナンス中も動作させる必要のあるサーバなどのアプリケーションに利用可．

　PCA9541A は，NXP 社の 2-to-1 I²C バス・マスタの切り替え用 IC です．高信頼化のために，二つのマスタ（本制御用とバックアップ用など）と，一つのスレーブ側バスを持つシステムにおいて，独自にマスタ側バスを切り替えて使用することができます．

　起動時に，チャネル 0 が選択される PCA9541A/01 と，何も選択されない PCA9541A/03 の二種類があります．

　スレーブ・デバイスからの割り込み信号を，二つのマスタ側に任意に知らせることができます．したがって，割り込み処理が適切に処理されない場合，本制御側の故障を検知でき，自動的にバックアップ側を起動するようなこともできます．

　スレーブ側バスの監視回路により，I²C バス通信が途中で切り替えられた場合など，割り込みを発生させることができます．

　切り替え用ゲート回路の端子電圧は，PCA9541A の V_{DD} に制限されるので，スレーブ側のバス電圧が 5V の場合でも，マスタ側は追加回路なしに，1.8V，2.5V，3.3V などで使用することができます．

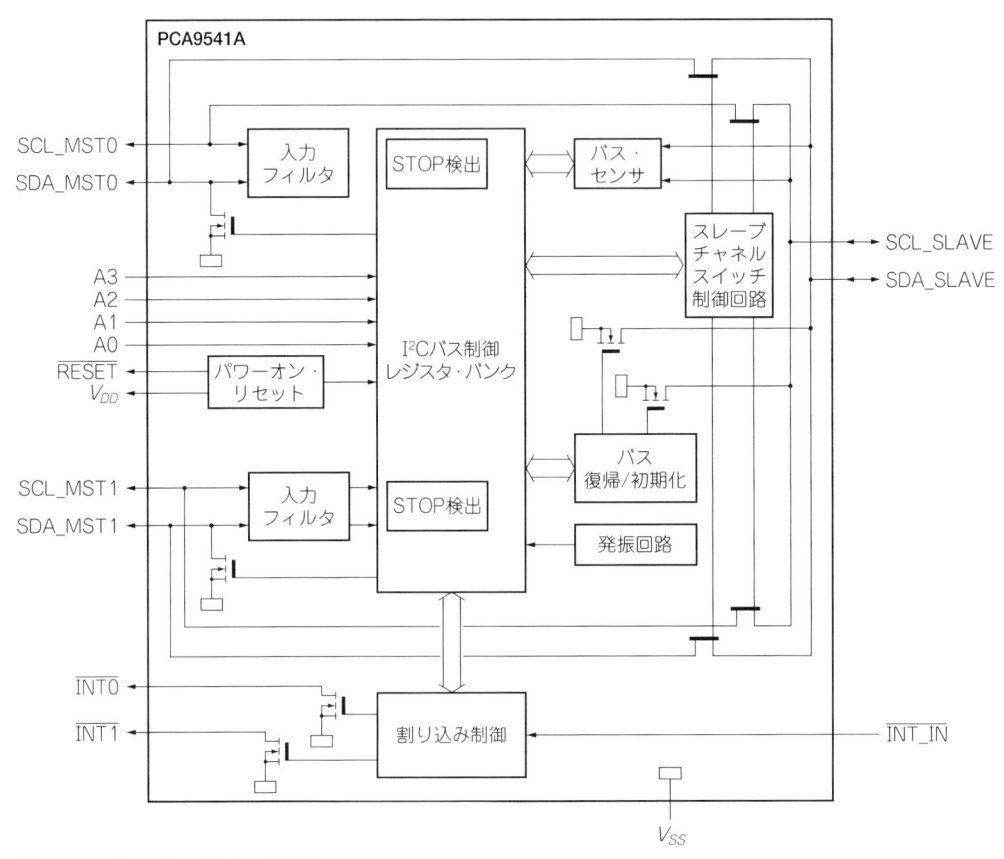

図 16-1　ブロック・ダイアグラム

特徴

PCA9541Aの，おもな特徴を以下に示します．

- 2-to-1 双方向 I^{2}C バス・マスタ切り替え用 IC
- I^{2}C バス・クロックは 400kHz（FAST モード）に対応
- SMBus とコンパチブル
- 割り込み入力端子あり
- 二つのオープン・ドレイン割り込み出力
- 4本のアドレス選択端子により，16個の PCA9541A が，同一 I^{2}C バスに実装可能
- I^{2}C バスの初期化／復帰機能を内蔵
- スレーブ側バスの通信監視回路
- 異なるバス電圧で動作可能；1.8V，2.5V，3.3V，5V
- 動作電圧；2.3 ～ 5.5V
- 各端子電圧は 6.0V トレラント
- 低消費動作時電流；152μA（標準）V_{DD} = 3.6V，f_{SCL} = 100kHz
- スタンバイ電流；30μA（標準）V_{DD} = 3.6V
- パッケージ；SO16，TSSOP16，HVQFN16

図 16-1 にブロック・ダイアグラムを示します．MST0 と MST1 は，まったく同じ回路構成で，任意にスレーブ側バスに接続，切り離しが可能です．

電気的特性

表 16-1 に，おもな電気的特性を示します．電源電圧 V_{DD} は，マスタ側に接続するマイコンなどの動作電圧にします．スレーブ側のバス電圧は端子が，6V トレラントなので，6V まで可能です．スタンバイ電流は，100μA 以下なので低消費電力回路に使えます．

機能説明

● I^{2}C アドレス

図 16-2 に，I^{2}C アドレスを示します．A0 ～ A3 までの4端子でアドレスを選択することができます．ただし，いくつかのアドレスは予約されているので，そのアドレスは選択しないようにします（詳細は，データシート参照）．低消費電流化のために，アドレス設定端子はプルアップされていないので，必ず GND か V_{DD} に接続します．

このアドレスは，MST0，MST1 側共に同じです．PCA9541A が，どちらのマスタに接続されているかは，任意に独立して知ることができます．

●レジスタ

図 16-3 に，内部レジスタ・マップを示します．レジスタは，各マスタに対し三つずつあります．このレジスタは，図 16-4 に示すコマンド・コードで指定します．

IE レジスタは，割り込み設定用で，マスク・ビットにより各種割り込み処理方法を設定します．ISTAT レジスタは，読み込み専用で，各割り込みの状況を知ることができます．詳細は省略します．

コントロール・レジスタの内容を，図 16-5 に示します．バスの接続状況の読み込みや，バスの制御権の取得などは，下位4ビットで行います．TSETON，NTESTON ビットにより，他のチャネルの INT 信号を操作できるので，例えば，バス制御権が奪われたよ

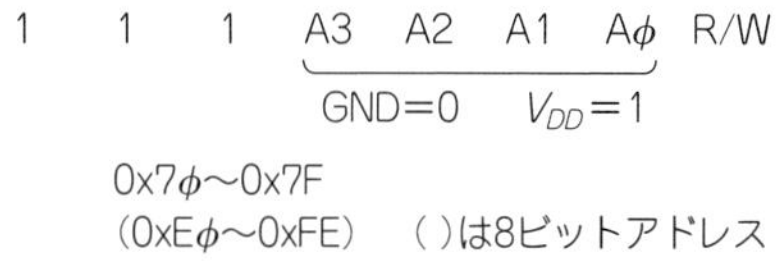

```
1  1  1  A3 A2 A1 A0  R/W
         GND=0  V_DD=1
```

0x7φ～0x7F
(0xEφ～0xFE) ( )は8ビットアドレス

図 16-2 PCA9541A の I^{2}C アドレス

表 16-1 PCA9541A のおもな電気的特性

項目	記号	規格値 最小	規格値 標準	規格値 最大	単位	条件
電源電圧	V_{DD}	2.3		5.5	V	
消費電流	I_{DD}		152	200	μA	V_{DD} = 3.6V, f_{SCL} = 100kHz
			349	600	μA	V_{DD} = 5.5V, f_{SCL} = 100kHz
スタンバイ電流	I_{stb}		30	80	μA	V_{DD} = 3.6V, f_{SCL} = 0Hz
			40	100	μA	V_{DD} = 5.5V, f_{SCL} = 0Hz
POR 電圧	V_{POR}		1.5	2.1	V	
SCL クロック周波数	f_{SCL}	0		400	kHz	Fast モード+

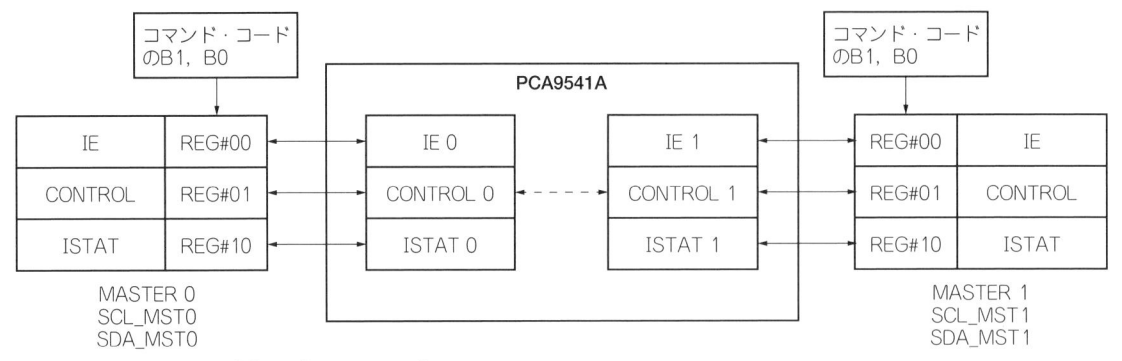

図16-3 PCA9541Aの内部レジスタ・マップ

図16-4 コマンド・コード

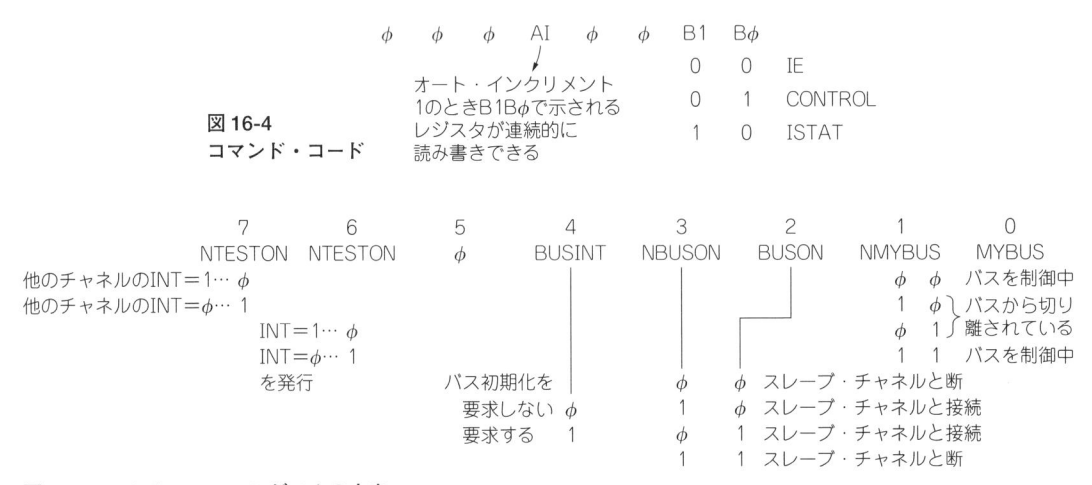

```
φ  φ  φ  AI  φ  φ  B1  B0
              オート・インクリメント   0  0  IE
              1のときB1B0で示される   0  1  CONTROL
              レジスタが連続的に       1  0  ISTAT
              読み書きできる
```

```
 7        6       5      4        3       2      1        0
NTESTON  NTESTON  φ   BUSINT   NBUSON  BUSON  NMYBUS  MYBUS
他のチャネルのINT＝1…φ                              φ    φ  バスを制御中
他のチャネルのINT＝φ…1                              1    φ  バスから切り
                  INT＝1…φ                          φ    1  離されている
                  INT＝φ…1                          1    1  バスを制御中
                  を発行
                          バス初期化を         φ   φ  スレーブ・チャネルと断
                          要求しない  φ        1   φ  スレーブ・チャネルと接続
                          要求する    1        φ   1  スレーブ・チャネルと接続
                                                   1   1  スレーブ・チャネルと断
```

図16-5 コントロール・レジスタの内容

表16-2 コントロール・レジスタの初期値

Type version	Master	Bit 7 NTESTON	Bit 6 TESTON	Bit 5 not used	Bit 4 BUSINIT	Bit 3 NBUSON	Bit 2 BUSON	Bit 1 NMYBUS	Bit 0 MYBUS
PCA9541A/01	MST_0	0	0	0	0	0	1	0	0
	MST_1	0	0	0	0	1	0	1	0
PCA9541A/03	MST_0	0	0	0	0	0	0	0	0
	MST_1	0	0	0	0	0	0	1	0

うなときに，他に接続されているマスタに知らせることができます．

表16-2に，コントロール・レジスタの初期値を示します．ICの型番で違った初期値となります．サンプルのPC9541A/01は，パワーONリセット時，MST_0側では，Bit2のBUSONが"1"，Bit0のMYBUSが"0"なので，下流のスレーブ・バスに接続，制御できる状態です．いっぽう，MST_1側では，Bit2のNBUSONが"1"，Bit0のNMYBUSが"1"なので，バスはON状態ですが，制御はできません（バス制御したい場合は，NMYBUS，MYBUS＝11とする）．

したがって，電源が加えられると，V_{DD}がVPOR（最大2.1V）以上でリセットが解除されますが，そのときの初期化状態は，以下の通りです．

- PCA9541A/01 MST0バスがSLAVEバスに接続
- PCA9541A/03 両マスタ・バスとSLAVEバスは切り離されています．

外部リセット回路により，リセット端子を10ns以上'L'にすると，リセットされデバイスが初期化され上記の状態となります．

詳しくは，使い方の項で説明します．

図 16-6
PCA9541A 変換基板
の回路

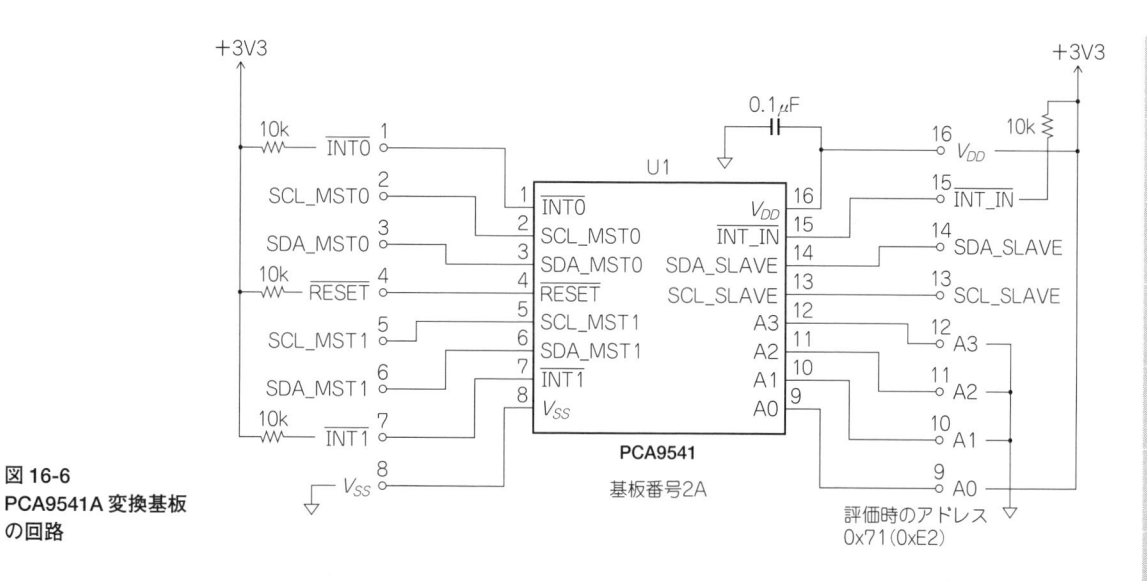

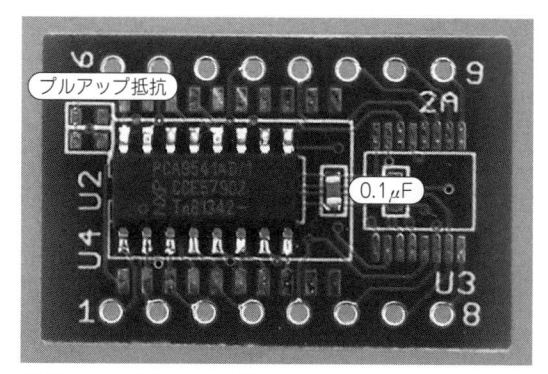

写真 16-1　変換基板の外観

回　路

● 変換基板

図 16-6 に，回路を，外観を，写真 16-1 に示します．基板の番号は，2A です．割り込み機能を使わない場合でも，INT_IN 端子のプルアップ抵抗は必要です．INT0，INT1 端子は，オープン・ドレインなのでプルアップ抵抗が必要です．

応用回路例

図 16-7 に，実際使用した回路を示します．評価は，MST0 側に mbed 基板の LPC11U24，MST1 側にトラ技 2014 年 2 月号に付録の LPC810 を使いました．三つの I²C バスは，すべてプルアップ抵抗が必要です．I²C アドレスは，0x71(0xE2) としました．スレーブ側には，付録の IC をすべて I²C バス経由で接続しています．したがって，LPC11U24，LPC810 からすべてのデバイスを制御可能です．

基本的な使い方

ここでは，自分の I²C マスタ・バス(MST_0) をスレーブ側に接続し，かつ，その制御権を取得します．その部分だけを，リスト 16-1 に示します．処理は，次のような流れになります．

①コントロール・レジスタの内容を取得し，その下位 4bit の値からバスの接続状態，制御権の有無を調べます．②その状況で③でバスを接続，制御権を取得するコマンドを発行します．そして，実際に取得できたかを④で確認します．

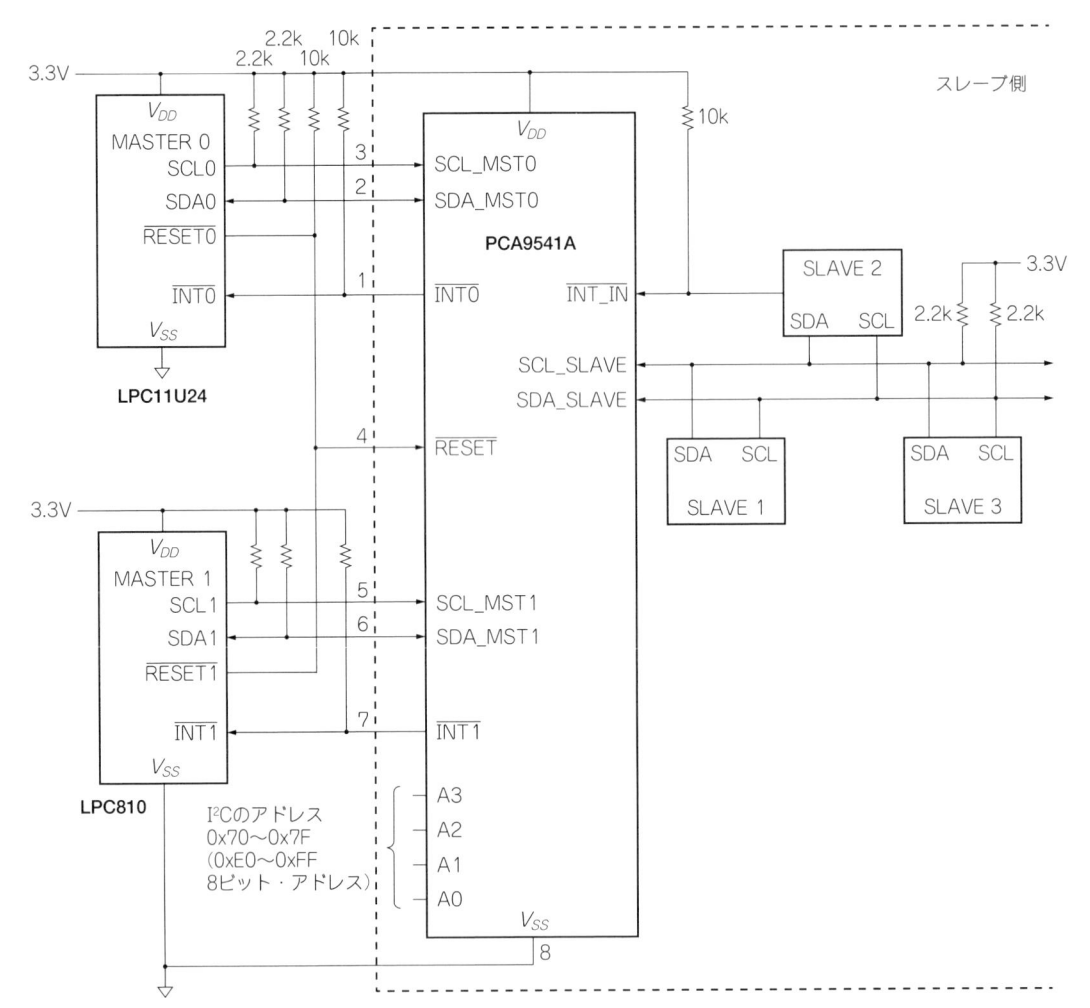

図 16-7 応用回路例

リスト16-1　PCA9541Aのサンプル・プログラム

```
// PCA9541のサンプルMST_0側　自分にスレーブ側の制御権を得る場合
    cmd[0] = 1;                         // PCA9541コマンドコードCont Reg …… ①
    i2c.write( 0xe2, cmd, 1);           // Cont Regを指定
    i2c.read( 0xe2, cmd, 1);            // Cont Regを読込み
    pc.printf("%x\r\n",cmd[0]);         // Cont Regを表示
    wait(0.1);                          // 0.1s待つ
    switch(cmd[0] & 0xf)// バスの接続状況、制御権の有無を調べる …… ②
    {
    case 0:                             // bus off, has control
    case 1:                             // bus off, no control
    case 5:                             // bus on, no control
        cmd[0] = 1;                     // PCA9541コマンドコードCont Reg …… ③
        cmd[1] = 4;                     // bus on, has control
        i2c.write( 0xe2, cmd, 2);       // Cont Regにcmd[1]を書込み
        i2c.read( 0xe2, cmd, 1);        // Cont Regを読込み …… ④
        break;
    case 2:                             // bus off, no control
    case 3:                             // bus off, has control
    case 6:                             // bus on, no control
        cmd[0] = 1;                     // PCA9541コマンドコードCont Reg …… ③
        cmd[1] = 5;                     // bus on, has control
        i2c.write( 0xe2, cmd, 2);       // Cont Regにcmd[1]を書込み
        i2c.read( 0xe2, cmd, 1);        // Cont Regを読込み …… ④
        break;

中略

    default:
        break;
    }   break;
        pc.printf("%x\r\n",cmd[0]);  // Cont Regを表示
```

Column 6　2相ステッピング・モータの駆動方法

ステッピング・モータには，一般的な，2相（4相とも呼ばれる）や3相ステッピング・モータのほかに，ステップ角を微小化するために，相数を多くした，5相ステッピング・モータなどがあります．駆動方法がもっとも簡単な，2相ステッピング・モータを例に説明します．

● 1相励磁

図H(a)に示すように，一つの相だけ電流を流し，ステップを進めます．まず，A相に電流を流すと，回転子の位置は図の左端となります．次にB相に電流を流すと，固定子のN極の位置が90°右に移動し，回転子もそれに吸引されて90°（実際は1ステップ角）右に回転します．次に，A̅相，B̅相というように順番に電流を流すと，右に回転します．

● 2相励磁

図H(b)に示すように，二つの相に同時に電流を流しステップを進めます．1相励磁に対し電流が2倍流れ，回転トルクは1.4倍になります．ただし，モータの発熱には注意します．

まず，A相とB相に電流を流すと，回転子の位置は図の左端のようにA相とB相の中間にきます．次に，B相とA̅相に電流を流すと，回転子は90°（実際は1ステップ角）右に回転します．さらにA̅相とB̅相というように順番に電流を流すと，右に回転します．

● 1-2相励磁

図H(c)に示すように，1相励磁と2相励磁を組み合わせた方法です．1パルスによる回転角が，1/2ステップ角（ハーフ・ステップ角）となり，トルクが大きい，回転が滑らか，最大応答周波数が大きくなるという特徴があります．

● マイクロステップ励磁

各相の駆動電流をアナログ状に変化させる駆動方式です．二つの相に流す電流比により，1ステップ角の任意の位置に回転子を止めることができ，さらに位置決め精度を上げることができます．

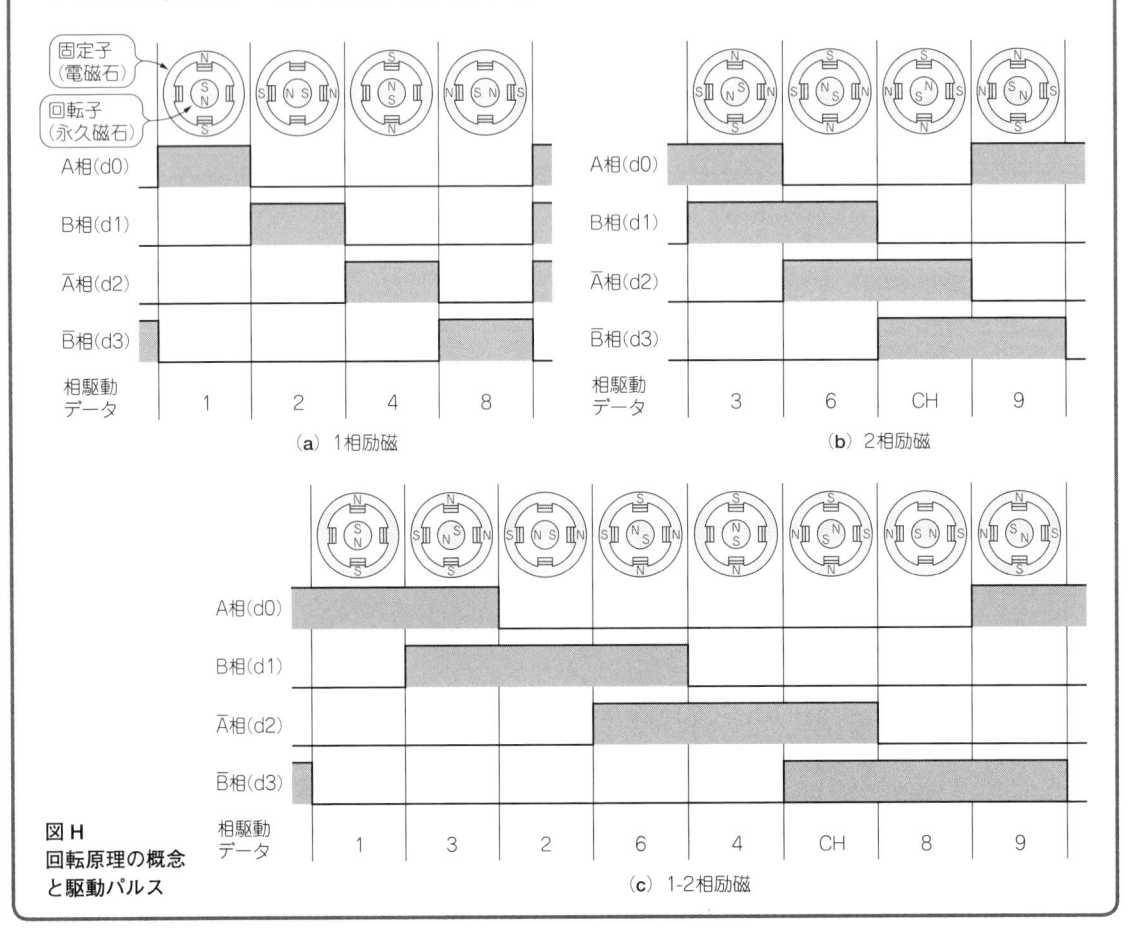

図H 回転原理の概念と駆動パルス

(a) 1相励磁

(b) 2相励磁

(c) 1-2相励磁

第17章

スイッチ
PCA9546AD

1:4の双方向I²Cスイッチ．内部レジスタのプログラミングにより，出力先を決定する．
最大8デバイスを同一バス上に配置可能．出力側を1系統，または複数の選択が可能．

PCA9546Aは，NXP社の4チャネルのI²Cバス双方向スイッチです．上流側のバスを任意の組み合わせで下流側の4チャネルのバスに変換することができます．

リセット端子をLOWにすることにより，すべての下流側のバスは切り離されるので，下流側のバスのどれかがハングアップしても復旧できます．

パス・ゲート電圧は，電源電圧に比例したハイ電圧に制限されるので，電源電圧を適切な電圧にすることにより，5Vのバスと1.8，2.5，3.3Vのバスをそのまま接続することができます．

特 徴

PCA9546Aの，おもな特徴を以下に示します．

- 1-of-4の双方向変換スイッチ
- SMBus標準とコンパチブル
- I²Cバス・クロック周波数；0〜400kHz
- 三つのアドレス設定端子により，八つのデバイスを同一バスに接続可能
- I²Cバス経由で任意のチャネルを選択可能

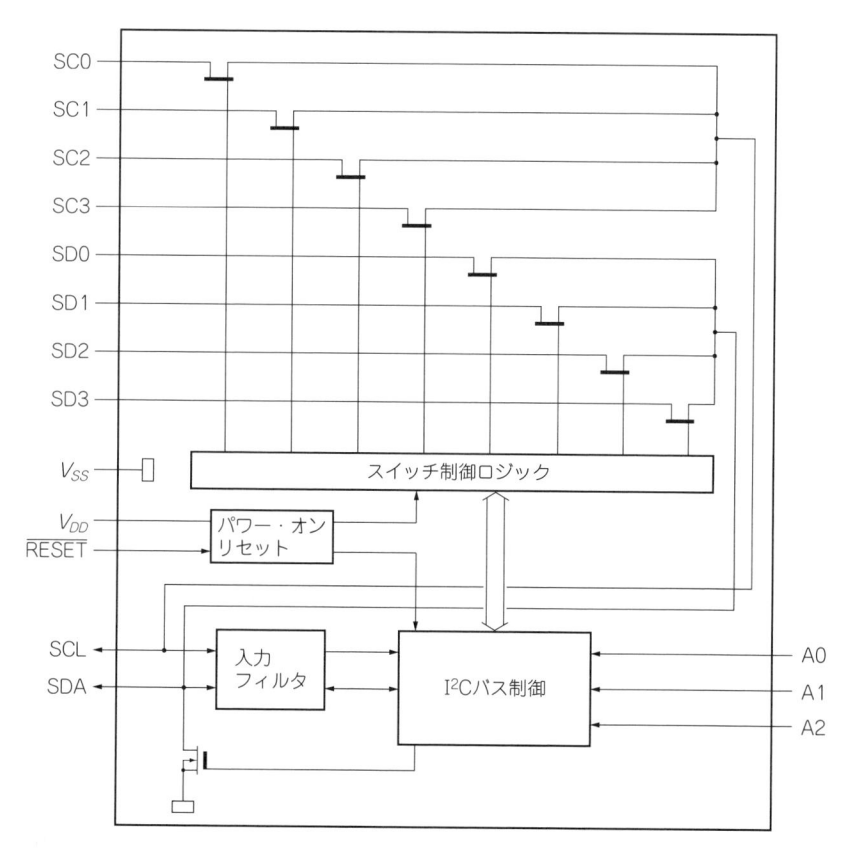

図17-1
PCA9546Aのブロック・ダイアグラム

特 徴 143

表 17-1　PCA9546Aのおもな電気的特性

(a)

項　目	記号	規格値 最小	規格値 標準	規格値 最大	単位	条　件
電源電圧	V_{DD}	2.3		3.6	V	
消費電流	I_{DD}		16	50	μA	$V_{DD} = 3.6V$, $f_{SCL} = 100kHz$
スタンバイ電流	I_{stb}		0.1	1	μA	$V_{DD} = 3.6V$
パワー・オン・リセット電圧	V_{POR}		1.6	2.1	V	
SCL, SDALOW時出力電流	I_{OL}	3			mA	$V_{OL} = 0.4V$
		6				$V_{OL} = 0.6V$
バス・ゲート・オン時抵抗	R_{ON}	5	11	30	Ω	$V_{DD} = 3.6V$; $V_O = 0.4V$; $I_O = 15mA$
		7	16	55		$V_{DD} = 2.3 \sim 2.7V$; $V_O = 0.4V$; $I_O = 10mA$
バス・ゲート・スイッチ出力電圧	$V_{O(SW)}$			1.9	V	$V_{i(SW)} = V_{DD} = 3.3V$; $I_{O(SW)} = -100\mu A$
		1.6		2.8		$V_{i(SW)} = V_{DD} = 3.0 \sim 3.6V$; $I_{O(SW)} = -100\mu A$
				1.5		$V_{i(SW)} = V_{DD} = 2.5V$; $I_{O(SW)} = -100\mu A$
		1.1		2		$V_{i(SW)} = V_{DD} = 2.3 \sim 2.7V$; $I_{O(SW)} = -100\mu A$
SCLクロック周波数	f_{SCL}	0		400	kHz	Fastモード+

(b)

項　目	記号	規格値 最小	規格値 標準	規格値 最大	単位	条　件
電源電圧	V_{DD}	4.5		5.5	V	
消費電流	I_{DD}		65	100	μA	$V_{DD} = 5.5V$, $f_{SCL} = 100kHz$
スタンバイ電流	I_{stb}		0.3	1	μA	$V_{DD} = 5.5V$
パワー・オン・リセット電圧	V_{POR}		1.7	2.1	V	
SCL, SDALOW時出力電流	I_{OL}	3			mA	$V_{OL} = 0.4V$
		6				$V_{OL} = 0.6V$
バス・ゲート・オン時抵抗	R_{ON}	4	9	24	Ω	$V_{DD} = 4.5 \sim 5.5V$; $V_O = 0.4V$; $I_O = 15mA$
バス・ゲート・スイッチ出力電圧	$V_{O(SW)}$		3.6		V	$V_{i(SW)} = V_{DD} = 5.0V$; $I_{O(SW)} = -100\mu A$
		2.6		4.5		$V_{i(SW)} = V_{DD} = 4.5 \sim 5.5V$; $I_{O(SW)} = -100\mu A$
SCLクロック周波数	f_{SCL}	0		400	kHz	Fastモード+

- 1.8〜5Vのバス電圧変換可能
- ホット・インサーション可能
- 低スタンバイ電流
- 動作電圧範囲；2.3〜5.5V
- 5Vトレラント入力
- パッケージ；SO16, TSSOP16, HVQFN16

ブロック・ダイアグラム

図17-1に，ブロック・ダイアグラムを示します．上流側のSCL，SDAが，下流側のSC0〜3，SD0〜3に，それぞれ接続可能です．

電気的特性

表17-1に，おもな電気的特性を示します．(a)と(b)の違いは，電源電圧の違いです．スイッチするバス電圧が異なる場合，電圧のレベル変換が必要なので，適切な電源電圧を選択する必要があります（後述）．

機能説明

● デバイス・アドレス

A0〜2の3端子により，70h〜77h(8ビット・アドレス；E0h〜EEh)の八つのアドレスに設定可能です．各端子は低消費電流動作のため，プルアップ抵抗を内蔵していないので，必ず，V_{DD}かV_{SS}に接続してください．

● コントロール・レジスタ

図17-2に，コントロール・レジスタの概要を示します．各チャネルの選択は，独立したビットなので，任意の組み合わせで接続可能です．

● 電圧変換

PCA9546Aは，接続されているバス間の電圧のレベル変換ができます．パス・ゲート・トランジスタにより，パス・ゲート電圧は制限され，その値は，図

7	6	5	4	3	2	1	0
×	×	×	×	B3	B2	B1	B0

チャンネル選択ビット
（読み書き可）

0…不選択
1…選択

- channel 0
- channel 1
- channel 2
- channel 3

図 17-2　コントロール・レジスタ

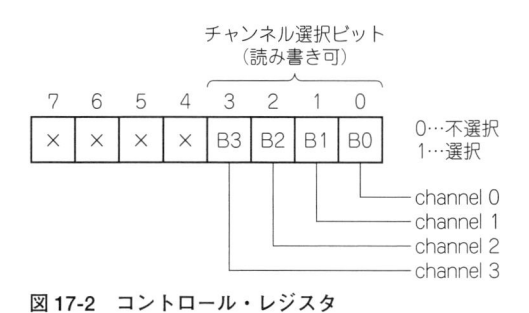

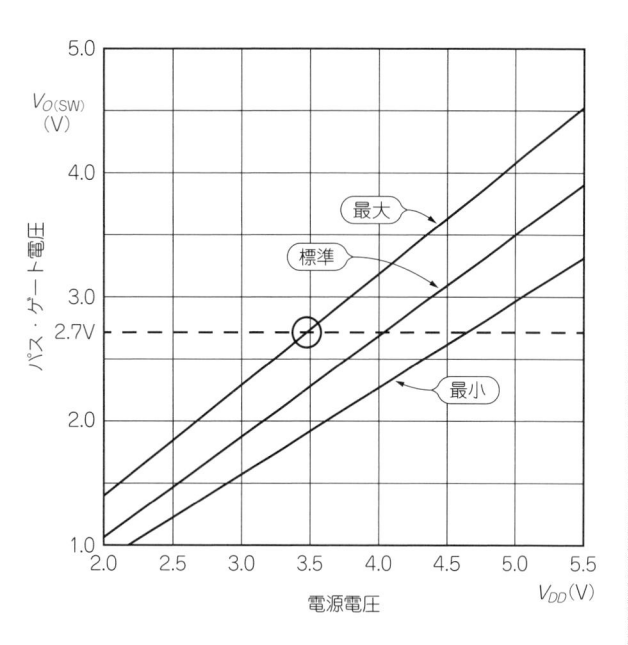

図 17-3　電源電圧とバス・ゲート電圧

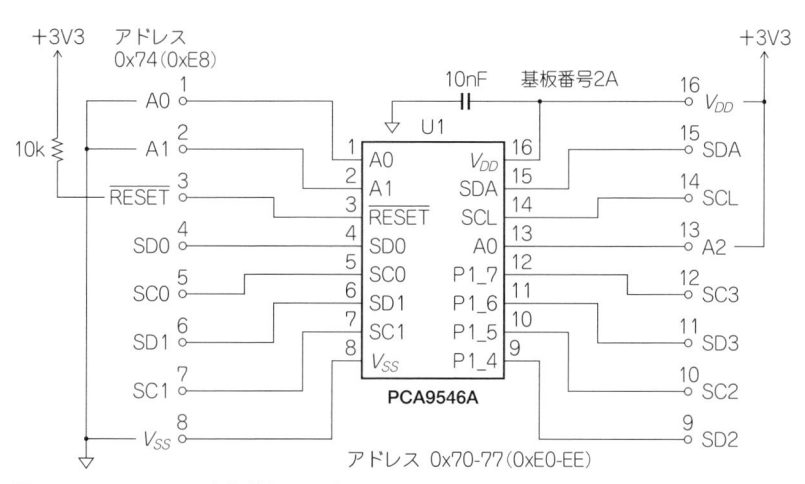

図 17-4　PCA9546A 変換基板の回路

17-3 に示すように，PCA9546A の電源電圧で変化します．バス電圧のレベル変換時，一番低いバス電圧に合わせる必要があります．したがって，PCA9546A の電源電圧を，図の最大値の直線との交点より小さな値にしなければなりません．例えば，一番低いバス電圧が，2.7V の場合，最大値との交点の電源電圧は，3.5V なので，PCA9546A の電源電圧は，3.5V 以下にする必要があります．

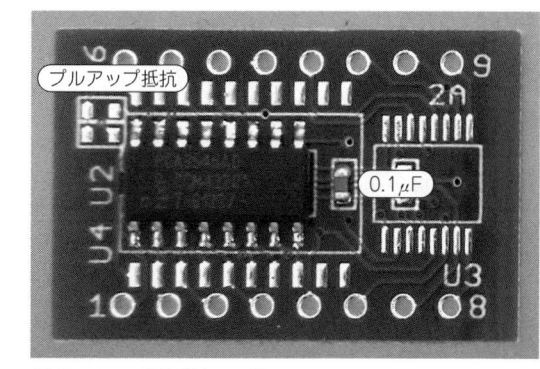

写真 17-1　変換基板の外観

回　路

● 変換基板

図 17-4 に，変換基板の回路を，写真 17-1 に，外

回　路　**145**

図 17-5
応用回路例

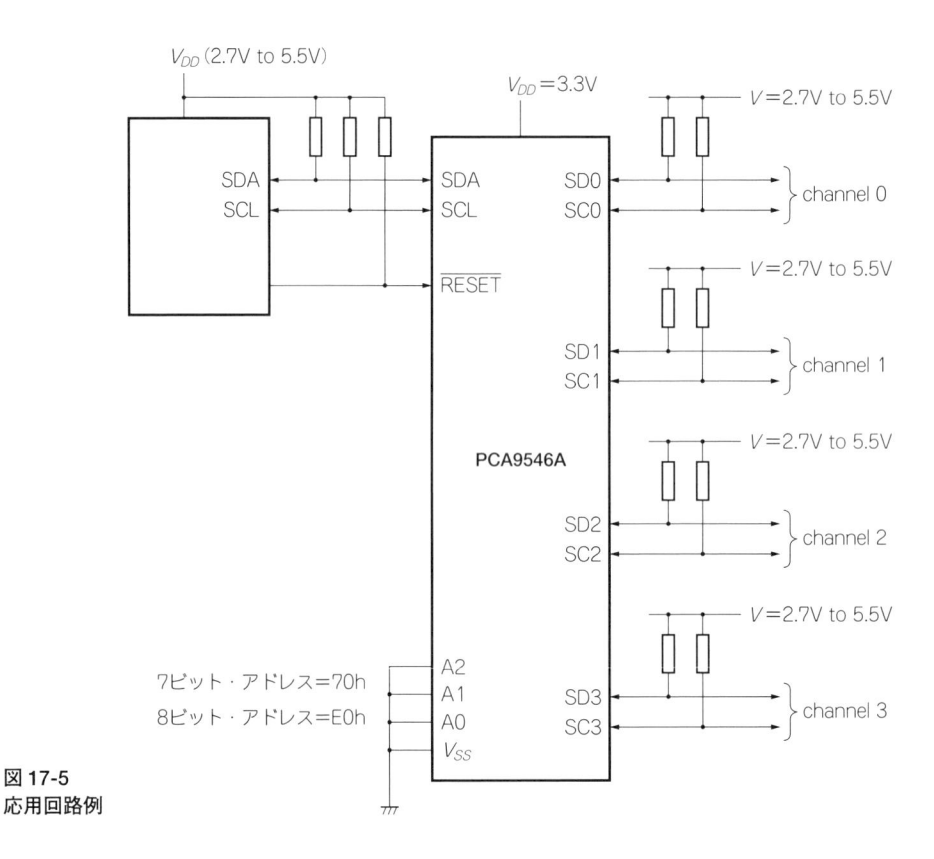

リスト 17-1　PCA9546A のサンプル・プログラム

```
    while(1)
    {
        pc.printf("選択チャネルは？ 0 0 0 0 CH3 CH2 CH1 CH0 16進数で入力 \r\n");
        pc.scanf("%x", &sw);
        pc.printf("CH3=%d, CH2=%d, CH1=%d, CH0=%d\r\n\r\n",
                                  (sw & 0x8)>>3, (sw & 0x4)>>2, (sw & 0x2)>>1, (sw & 0x1));
        cmd[0] = sw;                // PCA9546 Cont Reg …… ①
        i2c.write(0xe8, cmd, 1);    // Send command string …… ②
    }
```

観を示します．基板の番号は，2A です．単にピン・ツー・ピンで変換しています．$\overline{\text{RESET}}$ 端子は，必ず外部でプルアップしてください．

● 応用回路

図 17-5 に，応用回路を示します．各バスにプルアップ抵抗が必要です．PCA9546A の電源電圧は，3.3V なので，上流，下流のバスは，バス電圧 2.7 ～ 5.5V の範囲で使うことができます．

基本的な使い方の例

リスト 17-1 に，サンプル・プログラムを示します．
実行すると，「選択チャネルは？ 0 0 0 0 CH3 CH2 CH1 CH0 16 進数で入力」と聞いてくるので，例えば A と入力すると「CH3=1, CH2=0, CH1=1, CH0=0」と表示され，CH3 と CH1 が接続されます．

手順は，
① cmd[0] に設定値を代入する
② PCA9546A のアドレスに cmd[0] を 1 バイト書き込む

以上で OK です．While 文で無限ループするので，何回も試すことができます．

第18章
A-Dコンバータ/D-Aコンバータ PCF8591T

4アナログ入力，1アナログ出力の8ビットSAR A-Dコンバータ/D-Aコンバータ．A-D変換速度は，I²Cバスのスピードに依存する．同一バス上に最大8デバイスを配置可能．

PCF8591は単電源で動作する低消費電力の8ビットA-D変換器とD-A変換器用ICです．4チャネルの入力と1チャネルの出力があります．インターフェースはI²Cで三つのアドレス端子により同一のI²Cバスに8ヶまで接続可能です．

アナログ入力マルチプレクサ，トラック・アンド・ホールド，8ビットADC，8ビットDACより構成されています．I²Cバスの読み込み命令に同期してA-D変換が行われるので，最大変換速度はI²Cバスの最大クロック周波数の場合に得られます．

特徴

PCF8591の，おもな特徴を以下に示します．

- 単電源動作
- 動作電圧；2.5V - 6.0V
- 低スタンバイ電流；1μA(標準)
- I²Cバス・クロックは，最大100kHz
- I²Cアドレスは，三つのアドレス端子で選択可能
- I²Cバスの読み込み命令に同期して，A-D変換
- I²Cバスの書き込み命令に同期して，D-A変換
- 四つのアナログ入力端子は，シングルエンド構成，差動構成が選択可能
- 連続読み込み時，変換チャネルをオート・インクリメント可能
- アナログ入力電圧範囲は $V_{SS} \sim V_{DD}$
- トラック・アンド・ホールド回路内蔵
- 8ビット逐次比較型A-D変換器
- パッケージ；SO16, DIP16

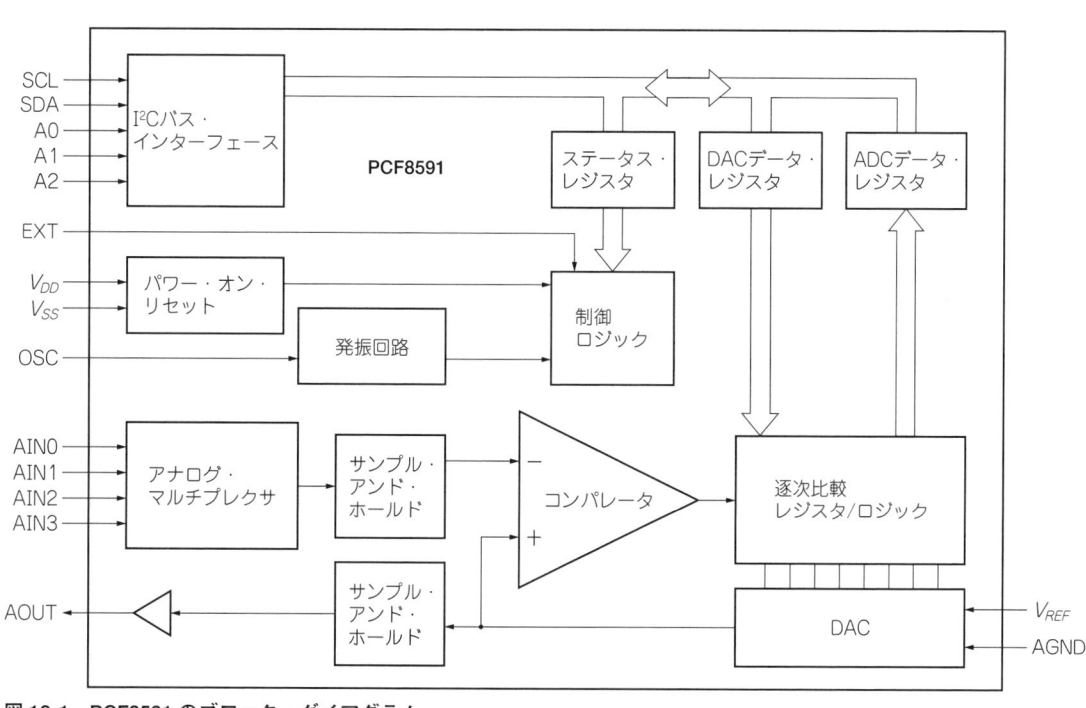

図 18-1 PCF8591のブロック・ダイアグラム

表18-1　PCF8591のおもな電気的特性

項　目	記号	規格値 最小	規格値 標準	規格値 最大	単位	条　件
電源電圧	V_{DD}	2.5		6	V	
消費電流	I_{DD}		0.125	0.25	mA	Aout off, f_{SCL} = 100kHz
			0.45	1		Aout active, f_{SCL} = 100kHz
スタンバイ電流			1	15	μA	
POR電圧	V_{POR}	0.8		2	V	
基準電圧	V_{ref}	V_{ss} + 1.6		V_{DD}	V	
AGND端子電圧	V_{AGND}	V_{ss}		V_{DD} - 0.8	V	
基準抵抗	R_{ref}		100		kΩ	V_{REF}端子とAGND端子間の抵抗値
発振器周波数	f_{OSC}	0.75		1.25	MHz	
アナログ出力電圧	V_{oa}	V_{ss}		V_{DD}	V	AOUT端子に負荷抵抗なし
		V_{ss}		$0.9 \times V_{DD}$		AOUT端子に負荷抵抗 = 10kΩ
SCLクロック周波数	f_{SCL}			100	kHz	

表18-2　PCF8591のおもな変換特性

項　目	記号	規格値 最小	規格値 標準	規格値 最大	単位	条　件
DA変換特性						
アナログ出力電圧	V_{oa}	V_{ss}		V_{DD}	V	AOUT端子に負荷抵抗なし
		V_{ss}		$0.9 \times V_{DD}$		AOUT端子に負荷抵抗 = 10kΩ
オフセット誤差	E_o			50	mV	周囲温度25℃
直線誤差	E_L			±1.5	LSB	
ゲイン誤差	E_G			1	%	負荷抵抗なし
DACセトリング時間	$t_{S(DAC)}$			90	us	フルスケールに対し1/2LSBとなるまでの時間
DAC変換周波数	$f_{C(DAC)}$			11.1	kHz	
AD変換特性						
アナログ出力電圧	V_{oa}	V_{ss}		V_{DD}	V	
アナログ出力漏洩電流	I_{LIA}			10	nA	
オフセット誤差	E_o			20	mV	周囲温度25℃
直線誤差	E_L			±1.5	LSB	
ゲイン誤差	E_G			1	%	ΔV_i < 16LSB時, それ以下は5%
変換時間	t_{conv}			90	us	フルスケールに対し1/2LSBとなるまでの時間
サンプリング周波数	t_S			11.1	kHz	
同相信号除去比	CMRR		60		dB	

ブロック・ダイアグラム

図18-1に，ブロック・ダイアグラムを示します．一つの8ビットDACで，逐次比較ADCとDAC機能を構成しています．DAC機能をONにすると，DAC出力はサンプル・アンド・ホールド回路によって変換値がホールドされ，AOUT端子に出力されます．

ADCの場合は，I²Cの読み込み命令に同期して，アナログ入力端子の選択，サンプル・アンド・ホールドによる入力電圧のホールドが行われます．この電圧は，DACの出力電圧とコンパレータでMSB側から8回逐次比較されます．8回行われた逐次比較の結果から，8ビットのA-D変換値が得られます．

電気的特性

表18-1に，おもな電気的特性を示します．I²C通信が行われていないときは，スタンバイ状態で低消費電流です．I²Cクロック周波数が最大100kHzなので，注意が必要です．FASTモード・デバイスと混在して，400kHz I²Cクロックで使いたい場合は，本雑誌に付録のバス切り替え用PCA9546を使い，独立したI²Cバスで使います．

```
         MSB           LSB
        ┌─┬─┬─┬─┬─┬─┬─┬─┐
        │0│X│X│X│0│X│X│X│  CONTROL BYTE
        └─┴─┴─┴─┴─┴─┴─┴─┘
```

A/D チャネル番号
00 channel 0
01 channel 1
10 channel 2
11 channel 3

AUTO-INCREMENT オートインクリメント・フラグ
active if 1

ANALOG INPUT PROGRAMMING: アナログ入力設定
00 4チャネル・シングルエンド入力
  AIN0 channel 0
  AIN1 channel 1
  AIN2 channel 2
  AIN3 channel 3
01 3チャネル差動入力
  AIN0 ─ channel 0
  AIN1 ─ channel 1
  AIN2/AIN3 ─ channel 2
10 2チャネル・シングルエンド，1チャネル差動
  AIN0 channel 0
  AIN1 channel 1
  AIN2/AIN3 ─ channel 2
11 2チャネル差動入力
  AIN0/AIN1 ─ channel 0
  AIN2/AIN3 ─ channel 1

アナログ出力イネーブル・フラグ
1の時アナログ出力オン

図 18-2
コントロール・バイトの内容

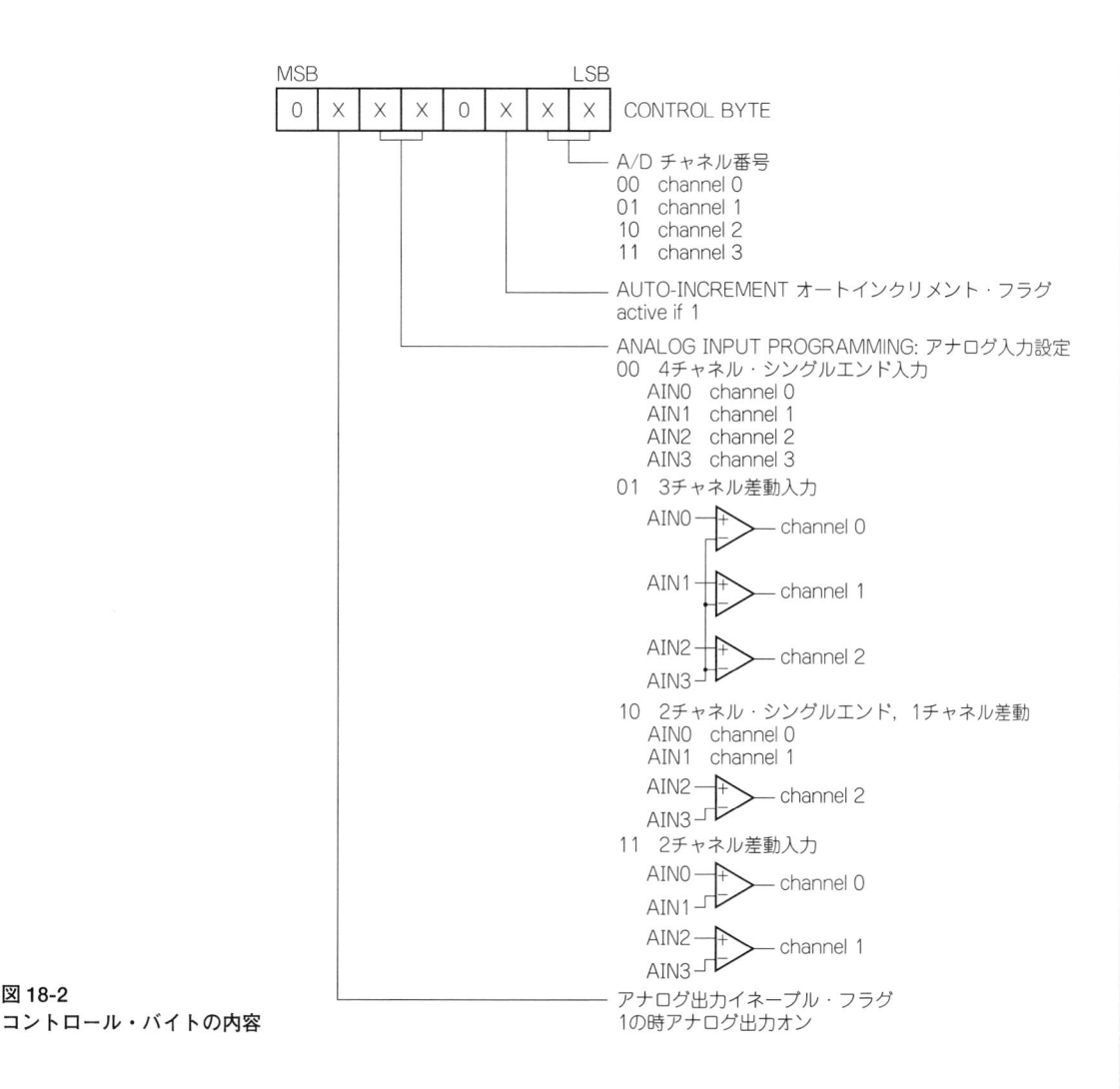

表 18-2 に，おもな変換特性を示します．I²C の読み書きに同期して変換が行われるので，I²C クロック = 100kHz 時に最速となり，ADC，DAC ともに，90 μs（9 クロック分），11.1kHz となります．

機能説明

● I²C アドレス

A0 ～ A2 までの 3 端子で，0x48 ～ 0x4F（0x90 ～ 0x9E；8 ビット・アドレス）を選択できます．したがって，8 個のデバイスまで同一 I²C バスに接続できます．

● コントロール・バイト

すべての操作は，図 18-2 に示すコントロール・バイトで行います．オート・インクリメント・フラグをセットした場合，チャネル 0 からの ADC となります．入力チャネルを固定して連続変換したい場合は，オート・インクリメント・フラグをクリアして，A-D チャネル番号で指定します．

アナログ出力イネーブル・フラグを 1 にすると，設定した値で DAC からの AOUT 端子出力電圧が出続けますが，アナログ出力イネーブル・フラグを 0 にすると，不定となるので注意が必要です．

D-A 変換

図 18-3 に，変換シーケンスを示します．アドレス＋書き込みビットに続いて，bit6 = 1 にしたコントロール・バイトを書き込みます．次のデータ・バイトの ACK ビット転送後に，D-A 変換が開始します．

$$\text{アナログ出力} = V_{AGND} + (V_{VREF} - V_{AGND})/256 \times \text{変換データ・バイト}$$

となります．

なお，この DAC は ADC 変換時にも使われますが，コントロール・バイトの，bit6 = 1 にしておけば，ト

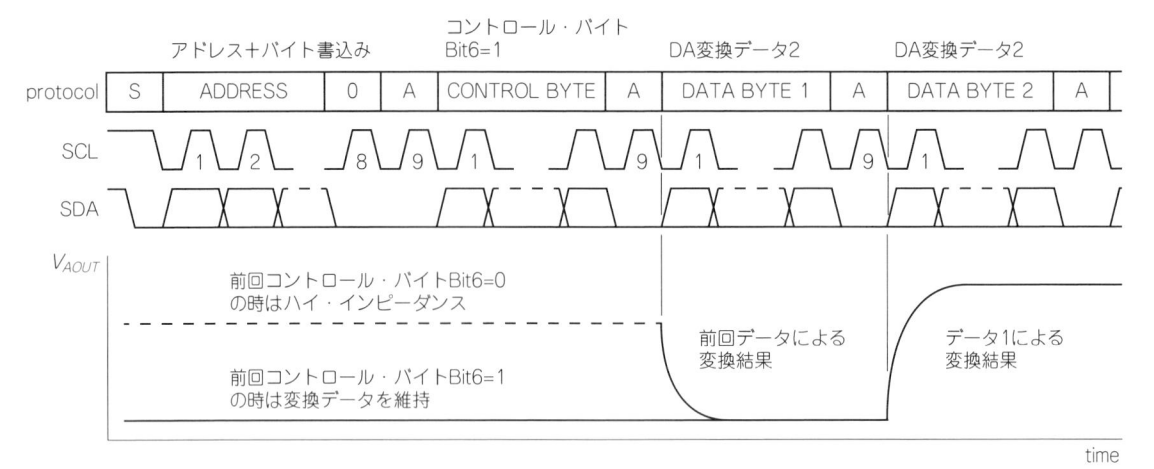

図18-3 D-A変換シーケンス

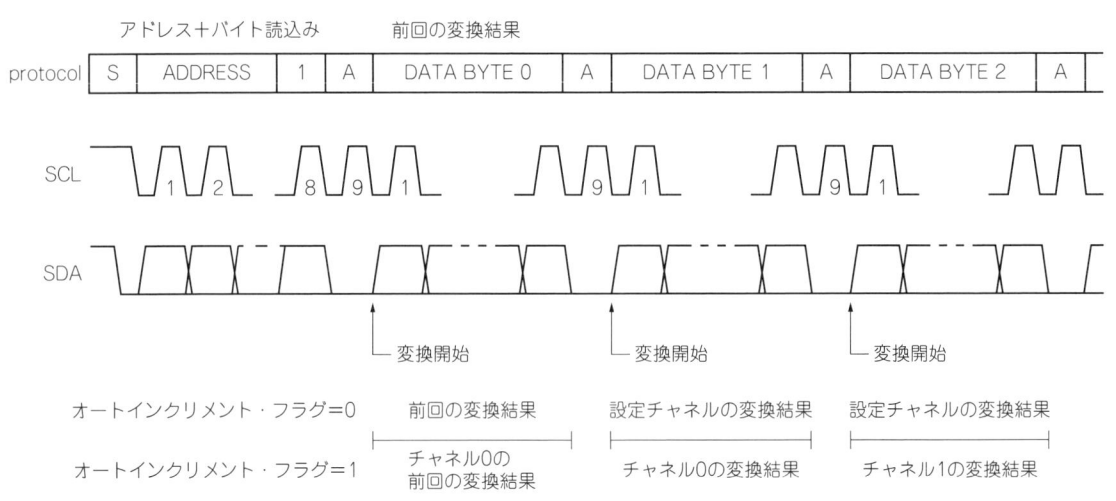

図18-4 A-D変換シーケンス

ラック・アンド・ホールド回路で出力電圧はキープされています．

A-D変換

まず，**図18-3**に示したように，コントロール・バイトでA-D変換の設定を書き込みます．次に，**図18-4**の，シーケンスで変換データを読み込みます．チャネルを固定した場合，最初の読み込みバイトは，前回の設定時の同じチャネルの変換データ・バイトなので，変換データを連続的に読み出すことができます．

いっぽう，オート・インクリメント・オンの場合，コントロール・バイトを書き込むと，前回の変換結果（チャネル0），チャネル0，1，2，3，0，1，2……の変換データとなります．コントロール・バイトを書き込まずに，連続で読み出した場合，前回の変換チャネルのデータ，次のチャネルの変換データとなります．例えば，毎回4バイトずつ読み込んだ場合，コントロール・バイト設定後は前回の変換結果，チャネル0，1，2ですが，次の読み出しは，チャネル3，0，1，2というようになります．このように若干複雑ですし，1回で得られる変換データに時間差が生じるので，コントロール・バイトを書いてチャネル・カウンタをリセットしてから，チャネル0～3を読み込んだ方がすっきりします．

LSBの値は $V_{LSB} = (V_{REF} - V_{AGND})/256$ で，シングルエンド入力設定の場合A-D変換値は $0 \sim (V_{REF} - V_{AGND})/256 * 255$，差動入力設定の場合A-D変換値は $-(V_{REF} - V_{AGND})/256 * 128 \sim (V_{REF} - V_{AGND})/256 * 127$ となります．

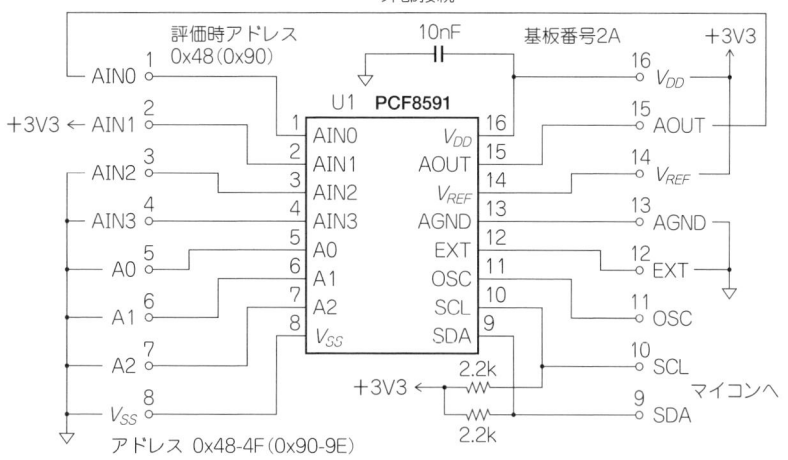

図 18-5
PCF8591 変換基板の回路

```
AOUT=d7   PREV=d5  AIN0=d6  AIN1=ff  AIN2= 0  AIN3= 0
AOUT=d8   PREV=d6  AIN0=d7  AIN1=ff  AIN2= 0  AIN3= 0
AOUT=d9   PREV=d7  AIN0=d8  AIN1=ff  AIN2= 0  AIN3= 0
AOUT=da   PREV=d8  AIN0=d9  AIN1=ff  AIN2= 0  AIN3= 0
AOUT=db   PREV=d9  AIN0=da  AIN1=ff  AIN2= 0  AIN3= 0
AOUT=dc   PREV=da  AIN0=db  AIN1=ff  AIN2= 0  AIN3= 0
AOUT=dd   PREV=db  AIN0=dc  AIN1=ff  AIN2= 0  AIN3= 0
```

図 18-6 サンプルの実行結果

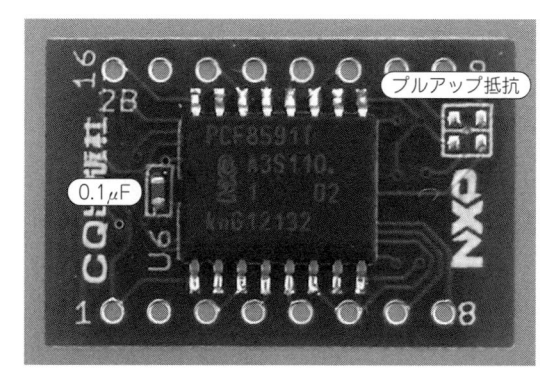

写真 18-1 変換基板の外観

回　路

● 変換基板

図 18-5 に，評価回路を，写真 18-1 に外観を示します．基板の番号は，2A です．評価では，AOUT を AIN0 に接続することで，ループバック・テストをしました．AIN1 = V_{REF} = 3.3V，AIN2 = AIN3 = 0V としました．内蔵発振回路を使うために EXT 端子は GND とします．

基本的な使い方の例

リスト 18-1 に，サンプル・プログラムを示します．DAC を，0 ～ 255 まで 1 ずつ設定値を増やし，そのときの AOUT の電圧値を，AIN0 で A-D 変換して読み出します．

手順は次のようになります．

① cmd[0] のコントロール・バイトを DAC 有効，オート・インクリメントに設定します．
② cmd[1] は DAC の設定値なので i 変数として 0 ～ 255 に設定します．
③ この 2 バイトを，PCF8591 に書き込めば，AOUT のアナログ出力電圧が DAC の設定値となります．

① でコントロール・バイトを書き込んでいるので，
④ でデータの読み込みをすれば A-D 変換データを得ることができます．ただし，最初の読み込みバイトは，前回のチャネル 0 の変換結果なので，通常は無視します．

⑤ のように PREV として表示します．同様に ⑤ で AIN0 ～ AIN3 の変換結果を表示します．

実行結果を，図 18-6 に示します．AOUT の設定値より AIN0 の A-D 変換値は，-1 でした．AOUT の設定値が，0x80 以下では同じ値を示していたので，変換精度は問題ないと感じました．また，PREV 値は，前回の AIN0 値と同じなので，読み出しの最初の 1 バイトは，チャネル 0 の前回の変換結果だということがわかります．AIN1(3.3V = V_{REF}) = ff，AIN2 = AIN3 = 0 と安定して A-D 変換値を取得できました．

リスト 18-1　サンプル・プログラム

```
while(1)
{
  cmd[0] = 0x44;              // DAC有効，オートインクリメント …… ①
  cmd[1] = i;                 // DAC値設定 0～0xFF …… ②
  i2c.write(PCF8591_ADDR, cmd, 2);    // DAC値更新 …… ③

  i2c.read(PCF8591_ADDR, cmd, 5);     // AD変換値を5バイト分取得 …… ④
  // AD変換値はCH0の前回データ，CH0～CH3の変換データ
  pc.printf("AOUT=%2x   PREV=%2x AIN0=%2x AIN1=%2x AIN2=%2x AIN3=%2x\r\n", i++, cmd[0], cmd[1],
                                            cmd[2], cmd[3], cmd[4]);   // を表示 …… ⑤
  wait(1.0);
}
```

第19章

RTC
PCF85263ATT1

主電源が一定電圧まで低下した場合，自動的にバックアップ電源に切り替え可．水晶振動子校正機能．クロック出力と排他使用の2本目のインタラプト，ストップウォッチ・モード搭載．

PCF85263ATは，NXP社のカレンダ機能を持つ，低消費電力のリアル・タイム・クロックです．バックアップ用電池に自動的に切り替える回路を内蔵しています．タイム・カウンタとして使えるストップ・ウオッチとしても使えます．三つの時間記録レジスタは，電池の切り替え時，入力端子イベントで記録されます．

特　徴

PCF85263ATの，おもな特徴を以下に示します．

- 32.768kHz水晶振動子から0.01秒，年月日時分秒が得られます
- ストップ・ウオッチ・モードでは0.01sから999999時間までカウント可能
- 二つの独立したアラーム
- ウオッチ・ドッグ・タイマ機能
- 三つのタイムスタンプ・レジスタ
- 二つの独立した割り込み発生回路
- 秒，分，時間で内部割り込み可
- 電池バックアップ回路
- 周波数調整用プログラム可能なオフセット・レジスタ
- クロック動作電圧；0.9V‐5.5V
- 低消費電流；0.27μA（標準）V_{DD} = 3.0V，周囲温度 = 25℃時
- I^{2}Cバス・クロックは400kHz（FASTモード）に対応 V_{DD} = 1.8‐5.5V
- プログラム可能な外部クロック出力（オープン・ドレイン）；32.768kHz，16.384kHz，8.192kHz，4.096kHz，2.048kHz，1.024kHz，1Hz
- 水晶振動子の負荷容量選択可；C_L = 6，7，12.5pF
- パッケージ；SO8，DFN2626-10，TSSOP8，10

ブロック・ダイアグラム

図19-1に，ブロック・ダイアグラムを示します．V_{DD}とV_{BAT}は，スイッチ回路で自動的に切り替わるので，外部にスイッチ回路は不要です．また，直接バックアップ用電池を接続することができます．インターフェースはI^{2}Cです．

アラームから電池動作モードの6種の割り込みが使え，これらは独立した二つの割り込み出力から得られます（8ピン・パッケージは一つ）．出力はパルス出力，レベル出力が選択可能です．

レジスタは48個ありますが，アラーム，ストップ・ウオッチ，割り込み，タイムスタンプ機能などを使わなければ，単に日時の設定，日時の取得だけで使用することができます．

電気的特性

表19-1に，おもな電気的特性を示します．データ通信が行われていないとき，消費電流は，0.数μAと低消費電流です．通常，電池でバックアップされているとき，データ通信は行われないので，消費電流はとても低い値です．ここで，仮に消費電流を0.3μAとして計算してみると，220mAhのCR2032をバックアップ電池として使用した場合では，730,000時間 = 84年程度のバックアップが可能となります．電池の自己放電電流の方が大きいのではないかと言えるほど，低消費電流のICです．

機能説明

● I^{2}Cスレーブ・アドレス

0xA2に固定です．付録のRTC（PCF2129AT）も同じ0xA2なので，同一I^{2}Cバスに接続することはでき

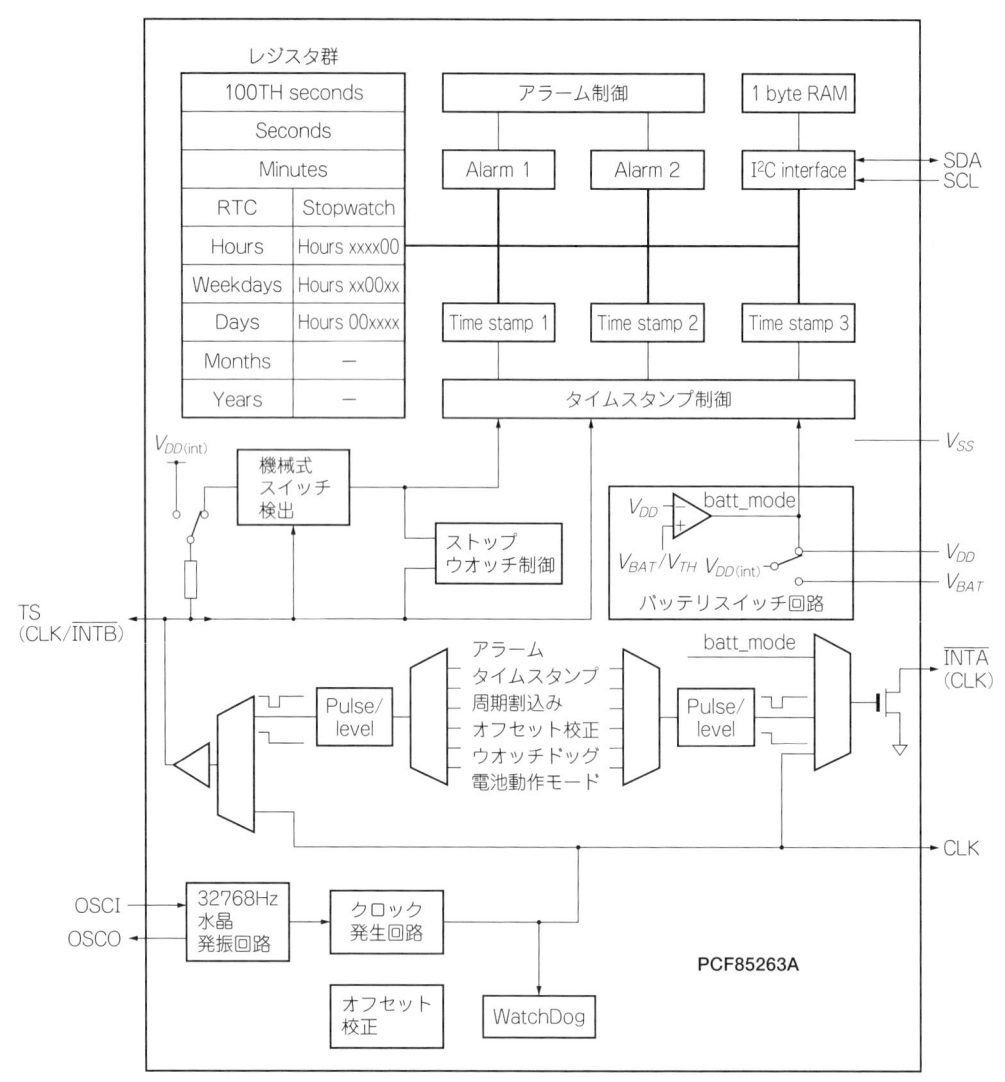

図 19-1 PCF85263AT のブロック・ダイアグラム

表 19-1 PCF85263AT のおもな電気的特性

項　目	記号	規格値 最小	規格値 標準	規格値 最大	単位	条　件
電源電圧	V_{DD}	0.9		5.5	V	f_{SCL} = 0Hz
		1.8		5.5		f_{SCL} = 400kHz
電池電源電圧	V_{BAT}	0.9		5.5	V	I²C は使用不可
消費電流	I_{DD}			10	μA	f_{SCL} = 400kHz
			0.23			V_{DD}, V_{BAT} 切替え回路使用, V_{DD} = 3.3V, CLKOUT = HiZ
			0.165			V_{DD}, V_{BAT} 切替え回路不使用, V_{DD} = 3.3V, CLKOUT = HiZ
電池切替用比較電圧	V_{TH}	2.575	2.8	3.025	V	高比較電圧
		1.375	1.5	1.625		低比較電圧
出力周波数	f_O		32.768		kHz	CLKOUT 端子出力, V_{DD} = 3.3V
周波数安定性	$\Delta f/f$		±3	±5	ppm	V_{DD} = 3.3V, Tamb = -15～+60℃
SCLクロック周波数	f_{SCL}	0		400	kHz	ファスト・モード

ません．もし同時に評価をしたい場合は，バス切り替え用の PCA9546 を使ってください．

● レジスタ

レジスタの総数は 48 個と多いのですが，図 19-2 に示したように，機能別にグループ分けできるので，使い方はそれほど難しくありません．おもに，時間レジスタ，アラーム・レジスタ，タイムスタンプ・レジスタ，オフセット・レジスタ，機能セッティングなどがあります．

デフォルト値では，タイマ・モード，24 時間計時で，アラーム機能，タイムスタンプ機能，ウオッチ・ドッグ機能，割り込み機能は，不使用の設定になっています．この状態で使うのであれば，単に時間レジスタへの日時設定，日時取得だけで使用することができます．

時間レジスタ

年・月・日・曜日・時・分・秒・0.01 秒用レジスタで，RTC 用とストップ・ウオッチ用の 2 セットがあります．これは，Function Control レジスタ (28h) の RTCM (bit4) で選択できます．

Oscillator レジスタ

図 19-3 に，Oscillator レジスタの概要を示します．OFFM は，水晶振動子の発振のズレを修正する時間を，4 時間ごとか 8 分ごとかを選択します．詳しくは Offset レジスタで説明します．OSCD[1:0] は，発振回路のドライブ能力を選択します．水晶振動子の R_s 値で選択します．一般的には，デフォルト値で使います．CL[1:0] は水晶振動子の負荷容量で，指定の負荷容量もしくはそれに近い値を選択します．

Function レジスタ

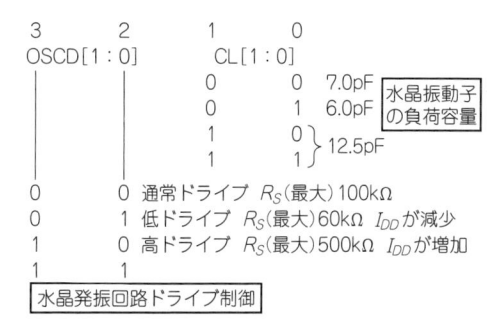

図 19-4 に，Function レジスタの概要を示します．100TH は，0.01 秒単位までの計時をするかどうかを設定します．COF[2:0] は，クロック出力端子からの出力周波数を選択します．高精度ユニバーサル・カウンタで発振周波数を調べ，Offset レジスタで周波数を校正すれば，正確な RTC 用クロックとなります．

▶ 0.01 秒チックの作り方

32.768kHz から分周した 256Hz から作ります．最初の 14 カウント (0.14s) ぶんは，3 分周します．したがってカウント数は，256 × 0.14 / 3 = 11.94 = 11 カウントとなります．次の 11 カウント (0.11s) ぶんは，2 分周します．したがってカウント数は，256 × 0.11 / 2 = 14.08 = 14 カウントとなります．したがって，0.25 秒間のカウント数は，25 となり 0.01 秒チックとなります．ただし，256Hz と非整数倍のクロックから作るので，最大 3.91ms のジッタが発生します．

● 水晶発振回路の周波数校正

水晶振動子は，ECS Inc 社の ECS-SX8X を使いました．指定負荷容量は，12.5pF です．100 円ショップのディジタル時計にも使われているので，それから取

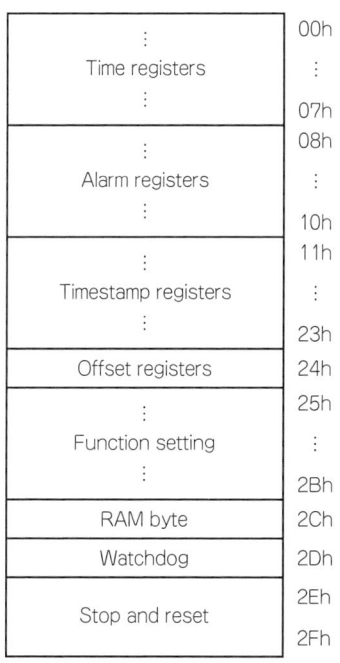

図 19-2 レジスタのアドレス・マップ

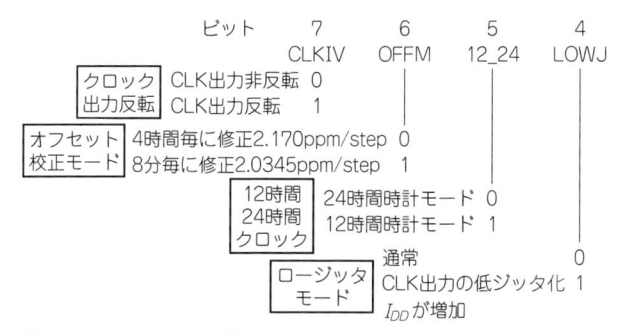

00h–07h	Time registers
08h–10h	Alarm registers
11h–23h	Timestamp registers
24h	Offset registers
25h–2Bh	Function setting
2Ch	RAM byte
2Dh	Watchdog
2Eh–2Fh	Stop and reset

図 19-3 Oscillator レジスタ

ビット	7	6	5	4	3	2	1	0
	CLKIV	OFFM	12_24	LOWJ	OSCD[1:0]		CL[1:0]	

クロック出力反転
- CLK出力非反転: 0
- CLK出力反転: 1

オフセット校正モード
- 4時間毎に修正 2.170ppm/step: 0
- 8分毎に修正 2.0345ppm/step: 1

12時間 / 24時間クロック
- 24時間時計モード: 0
- 12時間時計モード: 1

ロージッタモード
- 通常: 0
- CLK出力の低ジッタ化 I_{DD} が増加: 1

水晶振動子の負荷容量
- 0 0: 7.0pF
- 0 1: 6.0pF
- 1 0 / 1 1: 12.5pF

水晶発振回路ドライブ制御
- 0 0: 通常ドライブ R_S (最大) 100kΩ
- 0 1: 低ドライブ R_S (最大) 60kΩ I_{DD} が減少
- 1 0: 高ドライブ R_S (最大) 500kΩ I_{DD} が増加

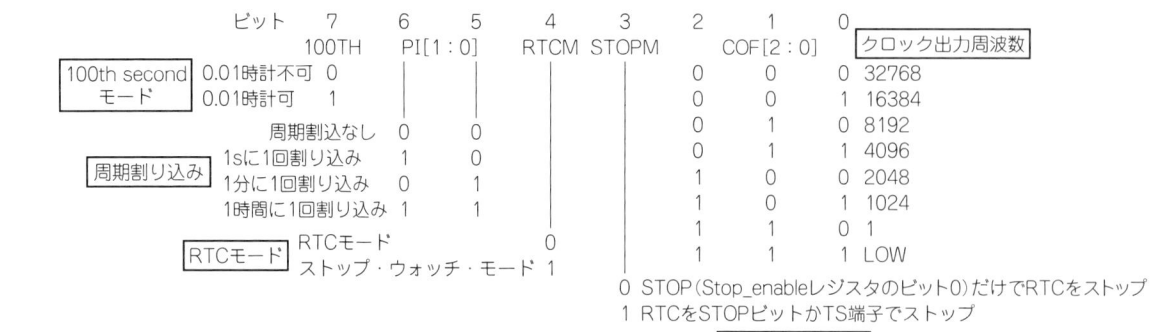

	ビット	7	6	5	4	3	2	1	0	クロック出力周波数
		100TH	PI[1:0]		RTCM	STOPM		COF[2:0]		
100th second モード	0.01時計不可	0					0	0	0	32768
	0.01時計可	1					0	0	1	16384
周期割り込み	周期割込なし		0	0			0	1	0	8192
	1sに1回割り込み		1	0			0	1	1	4096
	1分に1回割り込み		0	1			1	0	0	2048
	1時間に1回割り込み		1	1			1	0	1	1024
RTCモード	RTCモード				0		1	1	0	1
	ストップ・ウォッチ・モード				1		1	1	1	LOW

0 STOP(Stop_enableレジスタのビット0)だけでRTCをストップ
1 RTCをSTOPビットかTS端子でストップ

STOPモード制御

図19-4 Function レジスタ

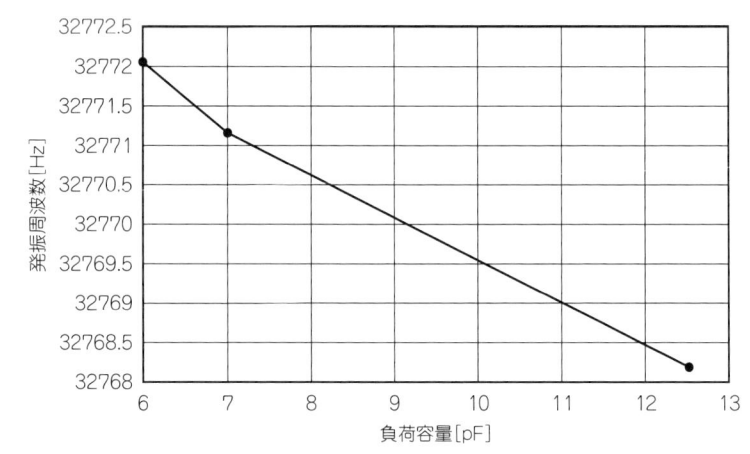

図19-5
32.768kHz 水晶（ECS INC. 社 ECS-3X8X）の発振周波数

負荷容量の設定

市販の水晶振動子は，マッチングを取るために負荷容量が指定されています．おもに，6pF，12.5pF が多いようです．PCF85263AT は，この負荷容量を内蔵しており，外部にコンデンサを接続する必要はありません．図19-5 に，負荷容量を変えた場合の発振周波数の変化を示します．発振周波数は，CLK 端子で測定しました．12.5pF のときの発振周波数は，32.76819kHz で，偏差は 5.8ppm でした．

Offset レジスタ(24h)による発振周波数の校正

一般に，32.768kHz の水晶振動子は，音叉型水晶振動子で，図19-6 のような温度特性を示します．カーブは二乗特性で，温度 T における発振周波数 $= -0.040\text{ppm} \times (T-25)^2$ となります．温度10℃のときの発振周波数の求め方を図中に示します．

このように，25℃を中心に，温度が上がっても下がっても，発振周波数は低下し RTC としての時刻は遅れていきます．1年を通してより正確な時刻を得たい場合は，25℃のときの発振周波数を少し高くしておき，冬，夏などに発振周波数が低下しても1年を通じ

て時刻が極力ずれないように設定します．

今回の水晶の発振周波数は，5.8ppm でした．32.768kHz ぴったりにする場合，まず修正の時間間隔を Oscillator レジスタの OFFMbit で設定します．今回は，"1" の Fast Mode を選択しました．したがって，8分間に1回修正が行われます．修正係数は，2.0345ppm/step なので，5.8/2.0345 = 2.85 ≒ 3 を，Offset レジスタに設定します．

修正方法は，8分間，もしくは4時間に1回，Offset レジスタに設定された値から計算されたパルス数が，付加，もしくは差し引かれます．したがって，発振周波数そのものが修正されるわけではないので，CLK 端子の発振周波数を測定しても変化はありません．

図19-6 の，温度変化による発振周波数の低下を考慮する場合，今回室内で使うのでそれほど大きな温度変化はないと想定して，4ppm 程度に設定しました．したがって，4 − 5.8 = −1.8ppm 周波数を低くしてやればよいことになります．したがって，−1(FFh) = −2.0345ppm を Offset レジスタに設定しました．

なお，1ppm は 12日で1秒，1月で3秒，1年で32秒ずれる程度の偏差です．一般品のクオーツ・ウオッ

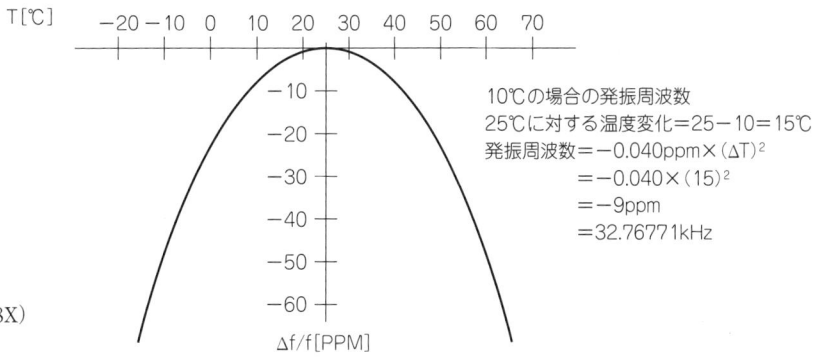

図 19-6
水晶振動子 (ECS Inc. 社 ECS-3X8X) の温度特性

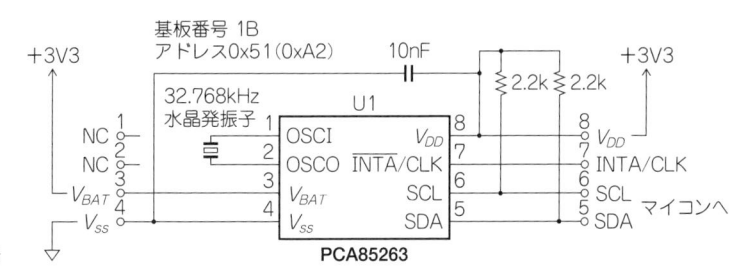

10℃の場合の発振周波数
25℃に対する温度変化＝25－10＝15℃
発振周波数＝－0.040ppm×(ΔT)^2
　　　　　＝－0.040×(15)^2
　　　　　＝－9ppm
　　　　　＝32.76771kHz

図 19-7
PCF85263AT 変換基板の回路

チの時間精度は，月差 ±20 秒のレベルなので，±2ppm 程度まで実測により追い込めれば十分でしょう．

水晶の経年変化による発振周波数のズレの補正

水晶の経年変化による発振周波数の変化を，Offset レジスタ (24h) により補正することができます．方法は，前述とまったく同じで，ユニバーサル・カウンタを使って発振周波数を測定して補正する方法と，1年間前からの時刻のズレから周波数を ppm 単位で計算し，Offset レジスタで修正する方法があります．

● **RAM バイト**

アドレスは，2Ch で自由に使うことができます．RTC は通常電池でバックアップされているので，電源 OFF で消失できないデータなどの保存に使えます．

回　路

● **変換基板**

図 19-7 に評価回路を，写真 19-1 に外観を示します．基板の番号は，1B です．バックアップ用電池を接続しない場合，V_{BAT} 端子は，V_{DD} に接続します．発振周波数を測定する場合，$\overline{INTA}/CLK$ 端子は，オープン・ドレインなのでプルアップ抵抗が必要です．

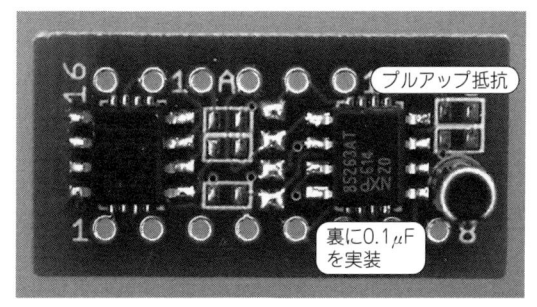

写真 19-1　変換基板の外観

基本的な使い方の例

リスト 19-1 に，サンプル・プログラムを示します．日時のレジスタはグループ化されているので，(a) のように構造体としておけば，アクセスが簡単になります．

①(b) は，日時取得，設定のサブルーチンです．各レジスタは，BCD フォーマットなので，10 進数との交互変換を行う．

②日時取得の場合，先頭アドレスとして Seconds_100th を設定する．

③日時のレジスタ群は 8 バイトなので，一気に取得する．取得したデータは，①で 10 進化して各構造体のメンバに保存する．

リスト 19-1　サンプル・プログラム

```
(a) 日時の変数の構造体
typedef struct
{
  char    s100th;     // 0.01秒
  char    s;          // 秒
  char    m;          // 分
  char    h;          // 時間
  char    d;          // 日
  char    wd;         // 曜日
  char    mm;         // 月
  short   y;          // 年
}dt_dat, *pdt_dat;

(b) 日時取得，設定のサブルーチン
void  get_time(dt_dat *dt)           // 日時の取得
{
    cmd[0] = Seconds_100th;                              // 取得はレジスタSecondsから
    i2c.write(PCF85263AT_ADDR, cmd, 1);                  // レジスタの設定 …… ②
    i2c.read(PCF85263AT_ADDR, cmd, 8);                   // SecondsからYearsまで取得 …… ③
    cmd[0] &= 0x7f;                                      // 有効なのは下位7ビット
    dt->s = (cmd[1] >> 4) * 10 + (cmd[1] & 0xf);         // BCDの数値化 …… ①
    cmd[1] &= 0x7f;                                      // 有効なのは下位7ビット
    dt->m = (cmd[2] >> 4) * 10 + (cmd[2] & 0xf);         // BCDの数値化 …… ①
    cmd[2] &= 0x3f;                                      // 有効なのは下位6ビット
    dt->h = (cmd[3] >> 4) * 10 + (cmd[3] & 0xf);         // BCDの数値化 …… ①
    cmd[3] &= 0x3f;                                      // 有効なのは下位6ビット
    dt->d = (cmd[4] >> 4) * 10 + (cmd[4] & 0xf);         // BCDの数値化 …… ①
    dt->wd = (cmd[5] & 0x3);                             // BCDの数値化 …… ①
    cmd[6] &= 0x1f;                                      // 有効なのは下位5ビット
    dt->mm = (cmd[6] >> 4) * 10 + (cmd[6] & 0xf);        // BCDの数値化 …… ①
    dt->y = (cmd[7] >> 4) * 10 + (cmd[7] & 0xf);         // BCDの数値化 …… ①
}
```

⑤日時設定は，10進数をBCD化して，各cmd配列に格納して，8バイトぶん書き込み，Seconds_100thレジスタから8バイトぶん日時レジスタに設定する．

⑥(c)はメイン・ルーチンからの使い方で，日時構造体を変数dtに設定し，今後はdtですべて処理を行う．

⑦で日時をdtに設定する．
⑧set_time()で日時を設定する．
⑨後は1秒おきにget_time()で日時を取得する．
⑩でテラタームに日時を表示します．

実行結果を，**図 19-8**に示します．1秒ごとに日時

```
PC85263AT Sample Program
2014/10/07 10:22:00
2014/10/07 10:22:01
2014/10/07 10:22:02
2014/10/07 10:22:03
2014/10/07 10:22:04
2014/10/07 10:22:05
```

図 19-8　サンプルの実行結果

を取得しているので，1秒ずつ時間が増えていくことがわかります．

```
void set_time(dt_dat *dt)          // 日時の設定
{
    cmd[0] = Seconds_100th;                      // 設定はレジスタSeconds_100thから …… ④
    cmd[1] = ((dt->s100th / 10) << 4) + (dt->s100th % 10);// 0.01秒のBCD化 …… ①
    cmd[2] = ((dt->s / 10) << 4) + (dt->s % 10) + 0x80;  // 秒のBCD化 …… ①
    cmd[3] = ((dt->m / 10) << 4) + (dt->m % 10);         // 分のBCD化 …… ①
    cmd[4] = ((dt->h / 10) << 4) + (dt->h % 10);         // 時のBCD化 …… ①
    cmd[5] = ((dt->d / 10) << 4) + (dt->d % 10);         // 日のBCD化 …… ①
    cmd[7] = ((dt->mm / 10) << 4) + (dt->mm % 10);       // 月のBCD化 …… ①
    dt->y = dt->y - 2000;
    cmd[8] = ((dt->y / 10) << 4) + (dt->y % 10);         // 年のBCD化 …… ①
    i2c.write(PCF85263AT_ADDR, cmd, 9);                  // 日時の設定
}

(c) 使い方
    dt_dat dt;              // 日時構造体の変数設定 …… ⑥

    dt.y = 2014;            // 年の設定 …… ⑦
    dt.mm = 10;             // 月の設定
    dt.d = 7;               // 日の設定
    dt.h = 10;              // 時の設定
    dt.m = 22;              // 分の設定
    dt.s = 0;               // 秒の設定
    set_time(&dt);          // 日時の設定 …… ⑧

    while(1)
    {
        get_time(&dt);      // 日時の取得
        // 日時の表示
        pc.printf("%04d/%02d/%02d %02d:%02d:%02d\r\n", 2000 + dt.y, dt.mm, dt.d, dt.h, dt.m, dt.s);
        wait(1.0);
    }
```

第20章
RTC（発振子一体型） PCF2129AT/2

温度補償回路搭載．月差7.8秒，±3ppm，400kHz I²Cインターフェース以外にも，3線SPIも選択可能．外部から入力があったときに，その時間を記録するタイムスタンプ機能．

PCF2129ATは，NXP社のカレンダ機能を持つリアル・タイム・クロックです．32.768kHzの温度補償された水晶発振回路（TCXO；Temperature Compensated Crystal(Xtal)Oscillator）を内蔵しています．この，TCXOは，超高精度，かつ超低消費電力です．

インターフェースは，I²CとSPIが選択でき，バックアップ用電池のスイッチ回路，プログラム可能なウオッチ・ドッグ機能，タイムスタンプ機能など，多くの特徴を持っています．

特徴

PCF2129ATの，おもな特徴を以下に示します．

- TCXOと負荷容量を内蔵
- 標準精度；±3ppm（-15 〜 60℃）
- 年月日，曜日，時分秒，閏年を取得可能
- タイムスタンプ機能
  割り込み機能
  マルチレベル入力端子による，二つの異なるイベント検出
- I²C バス・クロックは，400kHz（FAST モード）に対応
- 3線式 SPI バス（最大 6.5Mbit/s）に対応
- バックアップ電池用端子とスイッチ回路内蔵
- 電池バックアップされた電圧出力端子
- 電池の電圧モニタによる低電圧検出
- 入出力端子における過電圧検出機能
- POR（Power On Reset）を受け付けない機能
- 発振停止検出
- オープン・ドレインの割り込み出力
- プログラム可能な，1秒，1分割り込み
- プログラム可能な割り込み機能を持つ，ウオッチドッグ・タイマ
- プログラム可能な割り込み機能を持つ，アラーム機能

- オープン・ドレイン発振出力端子
- 動作電圧；1.2V - 4.2V
- 低消費電流；0.65μA（標準）V_{DD} = 3.0V 時
- パッケージ；SO20

ブロック・ダイアグラム

ブロック・ダイアグラムを，図20-1に示します．V_{DD}とV_{BAT}は，スイッチ回路です．自動的に切り替わるので，外部にスイッチ回路は不要で，直接バックアップ用電池を接続することができます．インターフェースは，I²CとSPIで，IFS端子の設定で選択できます．

内蔵の温度センサによって温度を測定し，TCXOの水晶発振回路の負荷容量を変化させ，周波数補正を行います．発振周波数は，±3ppm以内に校正されているので，特に自分で校正することなく使用することもできます．

レジスタは，28個ありますが，アラーム，割り込み，タイムスタンプ機能などを使わなければ，単に日時の設定，日時の取得だけで使用することができます．

電気的特性

表20-1に，おもな電気的特性を示します．データ通信が行われていないとき，消費電流は数μAと低消費電流です．通常電池でバックアップされているとき，データ通信は行われないので，そのときの消費電流を3μAとして計算すると，220mAhのCR2032をバックアップ電池として使用した場合，73,000時間＝8.4年程度のバックアップが可能です．

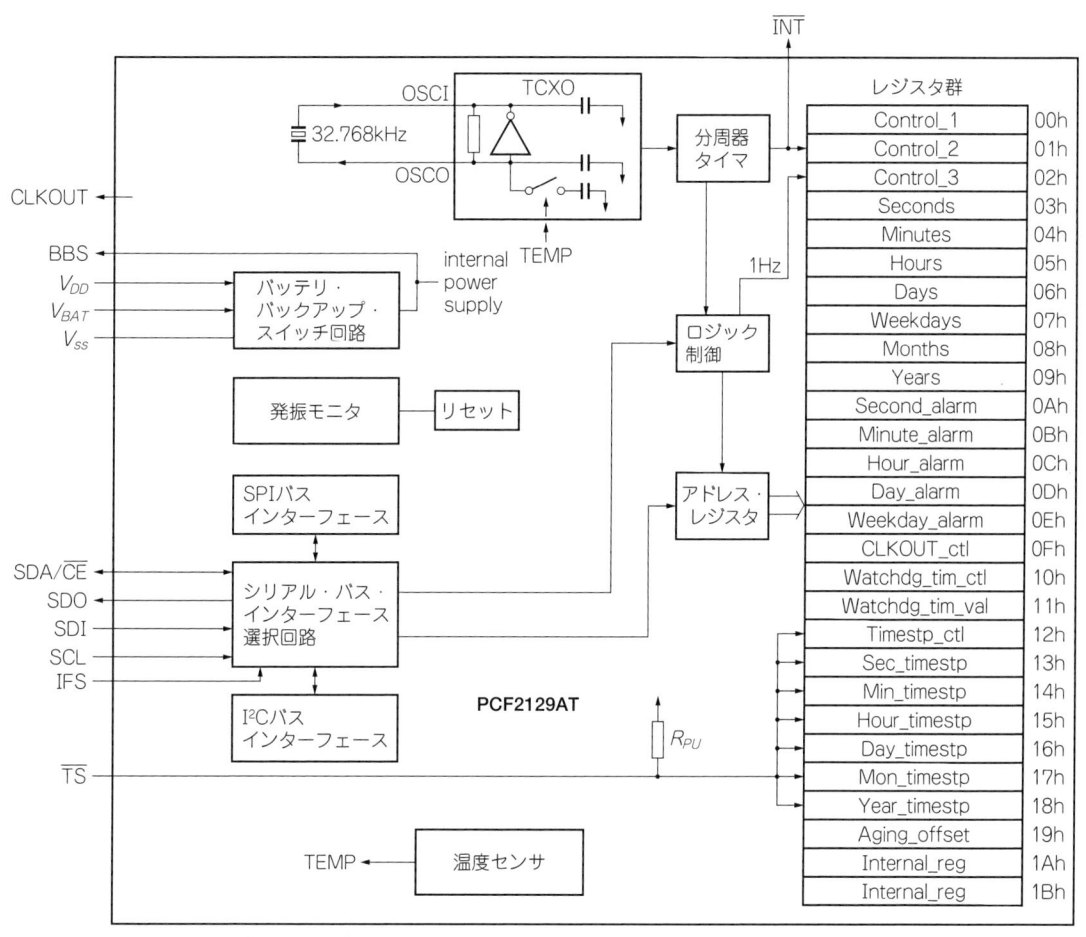

図 20-1　PCF2129ATのブロック・ダイアグラム

表 20-1　PCF2129ATのおもな電気的特性

項　目	記号	規格値 最小	規格値 標準	規格値 最大	単位	条　件
電源電圧	V_{DD}	1.8		4.2	V	
電池電源電圧	V_{BAT}	1.8		4.2	V	
校正時の電源電圧	V_{BAT}		3.3		V	
低電源電圧	V_{low}		1.2		V	
消費電流	I_{DD}			200	μA	I²Cバス (f_{SCL} = 400kHz)
				800		SPIバス (f_{SCL} = 6.5MHz)
			2.15			V_{DD}, V_{BAT}切替え回路使用, V_{DD} = 3.3V, CLKOUT = HiZ
			2.3			V_{DD}, V_{BAT}切替え回路使用, V_{DD} = 3.3V, CLKOUT = 32.768kHz
電池切替え閾電圧	$V_{th(sw)bat}$		2.5		V	
出力周波数	f_O		32.768		kHz	CLKOUT端子出力, V_{DD} = 3.3V
周波数安定性	$\Delta f/f$		±3	±5	ppm	V_{DD} = 3.3V, Tamb = -15～+60℃
SCLクロック周波数	f_{SCL}	0		400	kHz	ファスト・モード

機能説明

SPIインターフェース，I²Cインターフェースのどちらを使っても基本的な使い方は同じなので，本記事ではI²Cインターフェースだけを説明します．SPIインターフェースで使う場合はデータシートを参考にしてください．

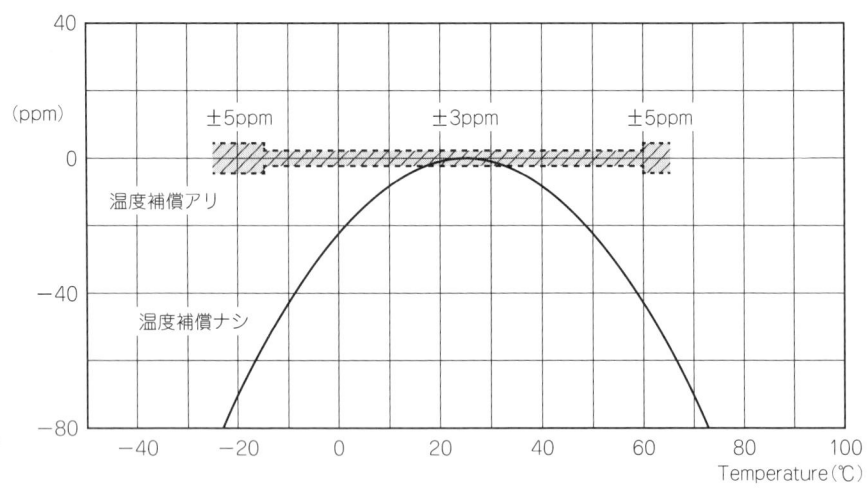

図 20-2
内蔵水晶発振回路の
温度特性

● I²C スレーブ・アドレス

0xA2 に固定です．付録の RTC（PCF85263AT）も，同じ 0xA2 なので，同一 I²C バスに接続することはできません．もし同時に評価をしたい場合は，バス切替え用の PCA9546 を使ってください．

● レジスタ

レジスタの総数は，図 20-1 に示したように，28 個あります．グループ分けすると，コントロール・レジスタ，時間データ・レジスタ，アラーム・レジスタ，クロック出力制御レジスタ，ウオッチドッグ・レジスタ，タイムスタンプ・レジスタ，エージング・オフセット・レジスタとなります．

デフォルト値では，24 時間計時，アラーム機能，タイムスタンプ機能，ウォッチ・ドッグ機能，割り込み機能は，不使用です．この状態で使うのであれば，単に時間データ・レジスタでの日時設定，日時取得だけで使用することができます．

コントロール・レジスタ

▶ Control_1 レジスタ

テスト・モード，クロック停止，POR 設定，割り込み設定などを行います．Bit2 では，24 時間計時かどうかを設定します．0 = 24 時間計時（初期値），1 = 12 時間計時です．

▶ Control_2 レジスタ

割り込み設定などを行います．

▶ Control_3 レジスタ

電源管理をおもに行うレジスタで bit7-5 の PWRMNG[2:0] で電池，電源の切替え条件を設定します．他に電池動作の監視，割り込み設定などを制御します．

時間データ・レジスタ

年・月・日・曜日・時・分・秒レジスタです．使い方で説明するのでここでは省略します．

● 水晶発振回路の温度補正

内蔵の音叉型水晶振動子は，図 20-2 の実線で示すように，温度で発振周波数が変化します．PCF2129AT は，水晶発振回路の負荷容量を変化させることにより，この温度による周波数変化を補正しています．具体的には二つの負荷容量をスイッチングするデューティを変化させることにより，等価的に負荷容量を可変しています．この結果，図 20-2 の斜線に示すように，−15 〜 +60℃ の間で周波数の温度変化は，±3ppm に補正されています．この発振周波数は，CLKOUT 端子で測定できます（精度を高めるため≦16384Hz）．

1ppm は，12 日で 1 秒ずれる程度の偏差なので，±3ppm は 4 日で ±1 秒，1 月で ±8 秒，1 年で ±95 秒程度の誤差となります．なお，校正する場合は高精度，高分解能のユニバーサル・カウンタが必要です．

温度補正用に，温度センサと測定回路が内蔵されています．温度測定は，POR 後に即座に行われ，そのあとは周期的に測定され，発振周波数が補正されます．この温度測定周期は，CLKOUT_ctl レジスタの TCR[1:0] で，"00" = 4 分（デフォルト），"01" = 2 分，"10" = 1 分，"11" = 30 秒と設定することができます．頻度が増すと，それだけ消費電流は増えます．

水晶の経年変化による発振周波数のズレの補正

水晶の経年変化による発振周波数の変化を，Aging_offset レジスタ（0x19）により補正することができます．値は，AO[bit3 〜 0] で設定でき，"0000" の +8ppm 〜 "1111" の −7ppm まで，1ppm ステップで補正できます．この補正値は，水晶発振回路の温度補正回路に設定されます．

実測した結果は，Aging_offset レジスタの設定値，0ppm = 32768.048Hz，+8ppm = 32768.448Hz，−7

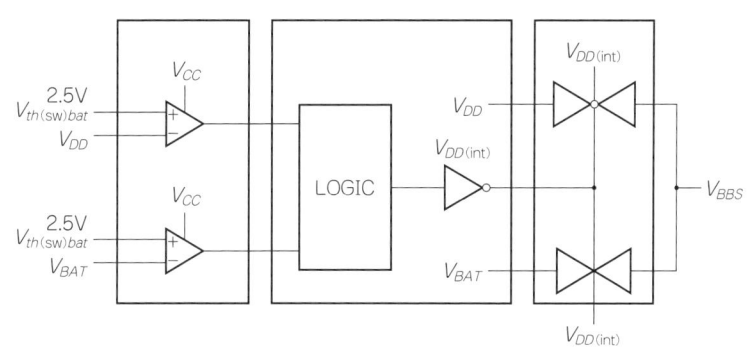

図 20-3
電池切り替え回路の概略

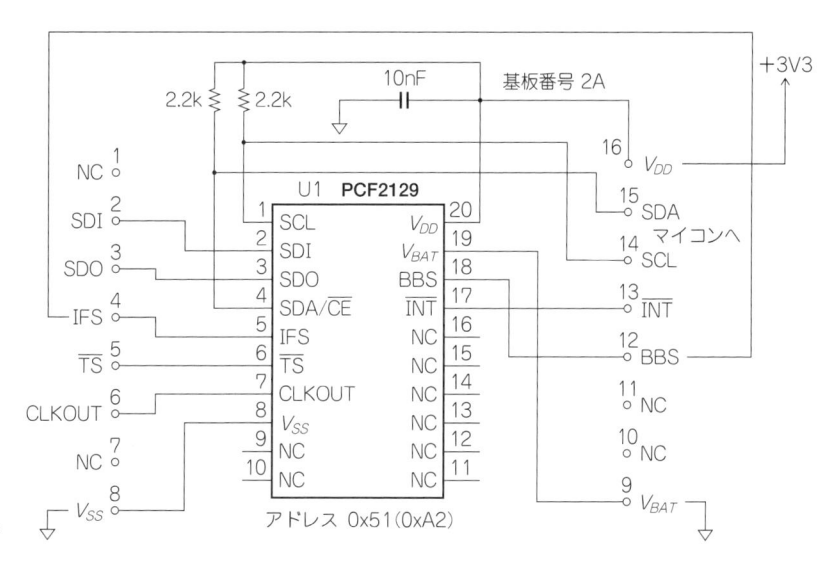

図 20-4
PCF2129AT 変換基板の回路

ppm = 32767.776Hz でした．これらから，32768Hz からの偏差を求めると，0ppm 時 +1.5ppm，+8ppm 時 +13.7ppm，-7ppm 時 -6.8ppm と，設定値より若干大きめの補正がされていることがわかりました．

AO 値を，9(-1ppm)にしたところ，発振周波数は，32768.012Hz(0.4ppm のズレ)となりました．

● 電圧管理機能

PCF2129AT は，V_{DD} と V_{BAT} の二つの電源端子があります．これらは，設定された条件でどちらかが選択され，内部回路の電源電圧になると同時に，BBS 端子に出力されます．図 20-3 に電源切替え回路を示します．どのような条件で選択するかは，Control_3 レジスタの，PWRMNG[2:0] ビットで設定します．

V_{DD} と V_{BAT} の切替えスイッチは，ダイオードではなく FET スイッチなので，ここにおける電圧降下は非常に少ない設計です．したがって，バックアップ電池の容量を使いきることも可能ですが，電池電圧が，2.5V 以下を検出したら，その場合は，速やかに電池交換したほうがよいでしょう．

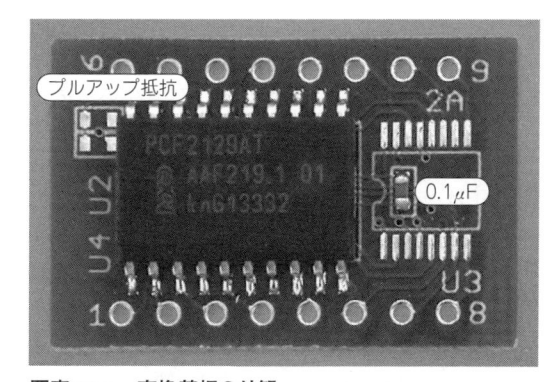

写真 20-1 変換基板の外観

回　路

● 変換基板

図 20-4 に評価回路を，写真 20-1 に外観を示します．基板の番号は，2A です．I²C インターフェースで使うので，IFS 端子を BBS 端子に接続します．バックアッ

リスト 20-1　サンプル・プログラム

```
(a) 日時の変数の構造体
typedef struct
{
  char    s;          // 秒
  char    m;          // 分
  char    h;          // 時間
  char    d;          // 日
  char    wd;         // 曜日
  char    mm;         // 月
  short   y;          // 年
} dt_dat, *pdt_dat;

(b) 日時取得, 設定のサブルーチン
void  get_time(dt_dat*dt)          //  日時の取得
{
    cmd[0] = Seconds;                            // 取得はレジスタSecondsから
    i2c.write(PCF2129AT_ADDR, cmd, 1);           // レジスタの設定 …… ②
    i2c.read(PCF2129AT_ADDR, cmd, 7);            // SecondsからYearsまで取得 …… ③
    cmd[0] &= 0x7f;                              // 有効なのは下位7ビット
    dt->s = (cmd[0] >> 4) * 10 + (cmd[0] & 0xf); // BCDの数値化 …… ①
    cmd[1] &= 0x7f;                              // 有効なのは下位7ビット
    dt->m = (cmd[1] >> 4) * 10 + (cmd[1] & 0xf); // BCDの数値化 …… ①
    cmd[2] &= 0x3f;                              // 有効なのは下位6ビット
    dt->h = (cmd[2] >> 4) * 10 + (cmd[2] & 0xf); // BCDの数値化 …… ①
    cmd[3] &= 0x3f;                              // 有効なのは下位6ビット
    dt->d = (cmd[3] >> 4) * 10 + (cmd[3] & 0xf); // BCDの数値化 …… ①
    dt->wd = (cmd[4] & 0x3);                     // BCDの数値化 …… ①
    cmd[5] &= 0x1f;                              // 有効なのは下位5ビット
    dt->mm = (cmd[5] >> 4) * 10 + (cmd[5] & 0xf);// BCDの数値化 …… ①
    dt->y = (cmd[6] >> 4) * 10 + (cmd[6] & 0xf); // BCDの数値化 …… ①
}
```

プ用電池を接続せず，バッテリ切り替えスイッチ回路を使用しない場合，V_{BAT} 端子は，GND に接続します．発振周波数を測定する場合，CLKOUT 端子はオープン・ドレインなので，プルアップ抵抗が必要です．$\overline{TS}$ 端子は，タイムス・タンプ機能用の入力端子です．200kΩ でプルアップされているので，GND に接続，200kΩ で GND に接続することにより，2 レベルの入力端子となっています．

基本的な使い方の例

リスト 20-1 に，サンプル・プログラムを示します．日時のレジスタはグループ化されているので，(a) のように構造体としておけば，アクセスが簡単になります．

①(b) は，日時取得，設定のサブルーチン．各レジスタは，BCD フォーマットなので，10 進数との交互変換を行う．

②日時取得の場合，先頭アドレスとして Seconds を設定する．

③日時のレジスタ群は 7 バイトなので，一気に取得します．取得したデータは①で 10 進化して各構造体のメンバに保存します．

④日時設定は 10 進数を BCD 化して各 cmd 配列に格納して，8 バイト書き込み Seconds レジスタから 7 バイト分日時レジスタに設定します．

⑤(c) は，メイン・ルーチンからの使い方で，日時構造体を変数 dt に設定する．

⑥今後は dt ですべて処理を行います．日時を dt に設定する．

⑦ set_time() で日時を設定する．

⑧ 1 秒おきに get_time() で日時を取得する．

⑨テラタームに日時を表示する．

実行結果を，図 20-5 に示します．1 秒ごとに日時を取得しているので，1 秒ずつ時間が増えていくことがわかります．

```
void set_time(dt_dat *dt)            // 日時の設定
{
    cmd[0] = Seconds;                                    // 設定はレジスタSecondsから
    cmd[1] = ((dt->s / 10) << 4) + (dt->s % 10) + 0x80;  // 秒のBCD化 …… ①
    cmd[2] = ((dt->m / 10) << 4) + (dt->m % 10);         // 分のBCD化 …… ①
    cmd[3] = ((dt->h / 10) << 4) + (dt->h % 10);         // 時間のBCD化 …… ①
    cmd[4] = ((dt->d / 10) << 4) + (dt->d % 10);         // 日のBCD化 …… ①
    cmd[6] = ((dt->mm / 10) << 4) + (dt->mm % 10);       // 月のBCD化 …… ①
    dt->y = dt->y -2000;
    cmd[7] = ((dt->y / 10) << 4) + (dt->y % 10);         // 年のBCD化 …… ①
    i2c.write(PCF2129AT_ADDR, cmd, 8);       // 日時の設定 …… ④
}

(c) 使い方
    dt_dat dt;                  // 日時構造体の変数設定 …… ⑤

    dt.y = 2014;                // 年の設定 …… ⑥
    dt.mm = 10;                 // 月の設定
    dt.d = 5;                   // 日の設定
    dt.h = 8;                   // 時の設定
    dt.m = 31;                  // 分の設定
    dt.s = 0;                   // 秒の設定
    set_time(&dt);              // 日時の設定 …… ⑦

    while(1)
    {
        get_time(&dt);          // 日時の取得 …… ⑧
            // 日時の表示 …… ⑨
        pc.printf("%04d/%02d/%02d %02d:%02d:%02d\r\n", 2000 + dt.y, dt.mm, dt.d, dt.h, dt.m, dt.s);
        wait(1.0);
    }
```

```
PC2129AT Sample Program
2014/10/05 08:31:00
2014/10/05 08:31:01
2014/10/05 08:31:02
2014/10/05 08:31:03
2014/10/05 08:31:04
2014/10/05 08:31:05
2014/10/05 08:31:06
2014/10/05 08:31:07
```

図 20-5　サンプルの実行結果

好評発売中！ 充実の基板付き書籍＆キット・ラインナップ
すぐに試せる！開発できる！

アナログもディジタルもソフトウェアも…
マウス・クルクル好き放題！
開発編 ARM PSoCで作る Myスペシャル・マイコン

圓山 宗智 著
B5判 424ページ
DVD-ROM付き
定価：本体3,600円＋税
JAN9784789848169

アナログもディジタルもソフトウェアも…
マウス・クルクル好き放題！
基板付き体験編 ARM PSoCで作る Myスペシャル・マイコン

圓山 宗智 著
B5判 160ページ
基板，DVD-ROM付き
定価：本体3,800円＋税
JAN9784789848176

WEBブラウザで即席プログラミング！
サクッと動かしてバッチリ仕上がる
mbed×デバッガ！ 一枚二役ARMマイコン基板

島田 義人 ほか著
B5判 176ページ
基板，部品，
CD-ROM付き
定価：本体3,600円＋税

オーディオ用から計測用までいろいろ試せる！
実験用OPアンプICサンプル・ブック[IC&基板付き]

佐藤 尚一 著
B5判 144ページ
変換基板，
OPアンプ26品種付き
定価：本体3,800円＋税
JAN9784789848152

フリーのCPUコアNios II/eと
高速ロジックで七変化
FPGAスタータ・キットで初体験！ オリジナル・マイコン作り

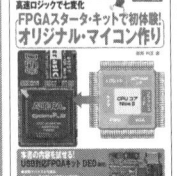

※ご注意：当書籍には
FPGA基板は付属して
おりません．

岩田 利王 著
B5判 336ページ
定価：本体6,400円＋税
JAN9784789848190

VGA表示/音楽再生からSDR/動画処理まで，
できることがパッと広がる
FPGA版Arduino!!Papilioで 作るディジタル・ガジェット

※ご注意：当書籍には
ボード，部品類は付属
しておりません．

横溝 憲治，岩田 利王，
土井 滋貴，平 一平 著
B5判 256ページ
定価：本体3,600円＋税
JAN9784789848145

液晶表示からSDメモリーカード制御
まで…できることがパッと広がる
すぐに動き出す！FPGAスタータ・キットDE0 HDL応用回路集

※本書の内容は別売の
「USB対応FPGAキット
DE0」
で試すことができます．

芹井 滋喜 著
B5判 240ページ
定価：本体5,600円＋税
JAN9784789848206

すぐ始められる！USB対応・
書き込み器不要・大容量FPGA搭載！
超入門！FPGAスタータ・キット DE0で始めるVerilog HDL

※本書の内容は別売の
「USB対応FPGAキット
DE0」
で試すことができます．

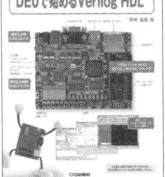

芹井 滋喜 著
B5判 272ページ
定価：本体4,800円＋税
JAN9784789831376

ブレッド・ボードで
気軽に始めよう！
ARM32ビット・マイコン 電子工作キット

島田 義人 ほか著
B5判 248ページ
マイコン基板1枚，
生基板1枚，
マイコン1個，
電子部品，
DVD-ROM付き
定価：本体3,800円＋税
JAN9784789848183

[XBee 2個＋書込基板＋解説書]キット付き
超お手軽 無線モジュールXBee

濱原 和明/佐藤 尚一
ほか著
B5判 176ページ
キット(XBeeモジュール
×2,書込基板×1)，
CD-ROM付き
定価：本体10,000円＋税
JAN9784789848251

あのPSoCが生まれ変わった！
アナログもディジタルも一新
シリーズ最強！ PSoC 3ボード＋デバッグ・ボード

古平 晃洋 著
B5判 128ページ
基板2枚付き
定価：本体4,800円＋税
JAN9784789848220

夢の発振器誕生！20MHzまで1Hz
きざみでピターッ！ほしい波形が一発で！
すぐ使えるディジタル周波数 シンセサイザ基板[DDS搭載]

登地 功/石井 聡/
山本 洋一ほか著
B5判 160ページ
CD-ROM，基板付き
定価：本体4,000円＋税
JAN9784789848213

CQ出版社 http://shop.cqpub.co.jp/

■ 著者略歴

岡野 彰文(おかの・あきふみ)　第1章担当

  1966年　大阪生まれ

  1987年　日本フィリップス入社

      （※ 入社後配属になった応用技術部での最初の仕事はI^2C仕様書の翻訳）

      CDプレーヤ，DCC，MPEGオーディオ，メディアプロセッサ，USB等の製品アプリケーションを担当

  2006年　半導体事業部分社化．NXPに転籍

  現在はI^2C関連製品のアプリケーション．製品の企画，ツールの開発・サポートを担当

  P&Cテクニカルエキスパート

渡辺 明禎(わたなべ・あきよし)　第2章～第20章担当

  1955年　静岡県に生まれる

  1973年　㈱ミタチ音響に入社

      コンデンサ・カートリッジの開発など

  1975年　同社退社

  1980年　名古屋工業大学　工学部電子工学科卒業

  1982年　名古屋大学院　理工学研究科　電気系専攻修了

  1982年　㈱日立製作所に入所

      化合物半導体の結晶成長の研究など

  1993年　工学博士

  2002年　同社退社

- **本書記載の社名,製品名について** ── 本書に記載されている社名および製品名は,一般に開発メーカーの登録商標または商標です.なお,本文中ではTM,®,©の各表示を明記していません.
- **本書掲載記事の利用についてのご注意** ── 本書掲載記事は著作権法により保護され,また産業財産権が確立されている場合があります.したがって,記事として掲載された技術情報をもとに製品化をするには,著作権者および産業財産権者の許可が必要です.また,掲載された技術情報を利用することにより発生した損害などに関して,CQ出版社および著作権者ならびに産業財産権者は責任を負いかねますのでご了承ください.
- **本書に関するご質問について** ── 文章,数式などの記述上の不明点についてのご質問は,必ず往復はがきか返信用封筒を同封した封書でお願いいたします.勝手ながら,電話での質問にはお答えできません.ご質問は著者に回送し直接回答していただきますので,多少時間がかかります.また,本書の記載範囲を越えるご質問には応じられませんので,ご了承ください.
- **本書の複製等について** ── 本書のコピー,スキャン,デジタル化等の無断複製は著作権法上での例外を除き禁じられています.本書を代行業者等の第三者に依頼してスキャンやデジタル化することは,たとえ個人や家庭内の利用でも認められておりません.

JCOPY 〈(社)出版者著作権管理機構委託出版物〉
本書の全部または一部を無断で複写複製(コピー)することは,著作権法上での例外を除き,禁じられています.本書からの複製を希望される場合は,(社)出版者著作権管理機構(TEL:03-3513-6969)にご連絡ください.

マイコンにプラス!
シリアル拡張IC サンプル・ブック[基板付き]

基板付き

2015年4月1日発行

© 岡野 彰文/渡辺 明禎 2015

著 者　岡野 彰文/渡辺 明禎
発行人　寺前 裕司
発行所　CQ出版株式会社
〒170-8461　東京都豊島区巣鴨1-14-2
電話　編集　03-5395-2123
　　　販売　03-5395-2141
振替　00100-7-10665

定価は裏表紙に表示してあります
無断転載を禁じます
乱丁,落丁本はお取り替えします
Printed in Japan

編集担当　今 一義
DTP　西澤 賢一郎
印刷・製本　三晃印刷株式会社
表紙撮影　田中 仁司(スタジオ・サイファー)
イラスト　神崎 真理子